全国碳排放权交易市场建设
探索和实践研究

上海联合产权交易所
上海环境能源交易所 编著

Exploration and Practice Research on the Construction of China National Carbon Emission Trading Market

上海财经大学出版社

图书在版编目(CIP)数据

全国碳排放权交易市场建设探索和实践研究 / 上海联合产权交易所，上海环境能源交易所编著. 一上海：上海财经大学出版社，2021. 8

ISBN 978 - 7 - 5642 - 3829 - 2/F · 3829

Ⅰ. ①全… Ⅱ. ①上…②上… Ⅲ. ①二氧化碳-排污交易-市场-研究-中国 Ⅳ. ①X511

中国版本图书馆 CIP 数据核字(2021)第 133491 号

全国碳排放权交易市场建设探索和实践研究

著　作　者：上海联合产权交易所 上海环境能源交易所 编著

责任编辑：朱静怡

封面设计：张克瑶

出版发行：上海财经大学出版社有限公司

地　　址：上海市中山北一路 369 号(邮编 200083)

网　　址：http://www.sufep.com

经　　销：全国新华书店

印刷装订：上海华教印务有限公司

开　　本：710mm×1000mm　1/16

印　　张：19.5

字　　数：279 千字

版　　次：2021 年 8 月第 1 版

印　　次：2023 年 3 月第 2 次印刷

定　　价：68.00 元

编写委员会

主　任

周小全

副主任

余旭峰　纪康文

编写组成员

贾　彦　赖晓明　刘　杰　李　瑾

朱丽娜　刘申燕　陈思思　余梦娜

戴　婧　施文逸　常　征　张倩云

辛广益

前　言

全球气候治理是全球环境与发展、国际政治及经济、非传统安全领域出现的少数最受全球瞩目、影响极为深远的议题，是在维护全球生态安全和全人类共同利益下的国际合作行动，是在现行多边体制下的一种共商共建和制度探索，是国家治理体系和治理能力现代化中的新兴主题，其紧迫性和重要性日益突出。

多年来，中国始终以高度负责任的态度重视气候变化问题，坚持把资源节约和环境保护作为基本国策，把实现可持续发展作为国家战略，主动承担与自身国情、发展阶段和实际能力相符的国际义务，积极参与和推动全球气候治理进程。2011 年 10 月，国家发改委印发《关于开展碳排放权交易试点工作的通知》，确定在广东、湖北两省和北京、天津、上海、重庆、深圳五市开展碳排放权交易试点，拉开了我国碳排放权交易试点的大幕。随着我国碳市场的不断发展，对建设全国统一碳市场的呼声日益高涨。2017 年，国家发改委印发《全国碳排放权交易市场建设方案（发电行业）》，要求将发电行业作为首批纳入行业，率先启动碳排放权交易，标志着全国碳排放权交易体系完成了总体设计并正式启动。2020 年 9 月，习近平主席在第 75 届联合国大会一般性辩论上指出，“中国将提高国家自主贡献力度，采取更加有力的政策和措施，二氧化碳排放力争于 2030 年前达到峰值，努力争取2060年前实现碳中和”。该目标的提出标志着我国碳排放权交易市场建设迈出实质性步伐。

作为全球碳排放大国，中国积极践行碳达峰、碳中和“3060”目标是党中央和国务院基于新发展格局和现实国情统筹规划做出的重大战略决策，已纳入国家生态文明建设整体布局。作为负责任的大国，构建成熟完善的中国碳排放权交易市场是中国履约《巴黎协定》，提升国际地位的重要抓手，是实现“双碳”目标和经济转型目标的重要途径，是推动绿色金融体系建设的内在要求，也是推动我国从金融大国迈入金融强国的重要举措。上海联合产权交易所和上海环境能源交易所作为全国碳排放权交易市场的重要建设主体，基于长达二十年对中国碳排放权交易市场建设运营的经验，积累了丰富的国际国内碳市场研究资源和培养了一批理论和实务操作能力兼备的业内专家。在国家整体发展战略转型背景下，上海联交所和上海环交所紧紧围绕全国碳市场创新发展路径和政策支持体系，积极开展中国碳排放权交易市场建设探索与实践研究，本书是聚焦中国碳市场发展的长期性、持续性、系统性的重要研究成果，具有较强的现实意义和社会应用价值。

第一，本书总结了全国碳市场发展的宏观背景以及中国在全球气候治理中的积极作用，并对全球碳市场发展的制度演进和中国碳排放权交易市场制度体系进行了全面、系统的梳理。在此基础上，对支撑全国碳市场运行的《碳排放权交易管理暂行条例（草案修改稿）》《碳排放权交易管理办法（试行）》等顶层设计和登记、交易、结算、核查等制度体系展开了详细阐述。通过对现有碳市场法规制度体系的梳理，系统回顾了国际国内碳市场发展建设的演进历程和路径设计。

第二，本书在完整梳理各地碳排放权交易市场运行情况，以及包括配额分配方式、MRV制度和监管机制、抵消机制、惩罚机制等在内的运行机制基础上，对试点和区域碳市场存在的优势和不足进行系统分析总结。经过近十年大量细致的探索性工作，试点和区域碳市场为全国碳市场建设营造了良好的舆论环境，提升了企业和公众实施碳管理、参与碳交易的理念和行动能力，锻炼培养了人才队伍，推动逐渐形成碳管理产业，更重要的是逐渐摸索出建设符合中国特色的碳交易体系的模式和路径，为全国碳市场的顺利启动提供了宝贵的实践经验；但也应看到目前碳市场仍存在着流动性缺乏、交易活跃度不足，碳市场建设法律层级不高，碳市场控排效果不明显，配额分配方式方法有待改进等问题。

第三，本书系统分析了碳金融的源起、定义和内涵，碳金融与碳排放权交易市场的关系，以及碳金融发展的必要性和可行性，并对标国外碳金融市场发展情况，提出目前应形成全方位的碳金融市场体系、构建多层次的碳金融产品体系来解决国内碳市场流动性不足的问题。碳排放权交易市场本质上是以供求关系为基础的风险定价市场，全国碳市场建设的重点在于跨区配置投资与风险管理，因而具有明显的金融属性，是绿色金融的重要组成部分。鉴于此，本书从加快全国碳排放权交易市场的金融化探索，持续提升国际碳定价能力，加大金融政策指引和支持力度，进一步完善相关法律法规，建立精准有效的政策和配套措施等方面对推进全国碳金融市场发展提出思路建议，为打造国际碳金融中心、全球碳定价中心奠定研究基础。

第四，鉴于欧盟等发达国家碳市场起步较早，发展已较为成熟，其发展经验具有一定的参考意义。因此，本书选取了欧盟、美国、澳大利亚、日本等国际碳市场作为对标对象，从市场体系、运行模式、治理模式、发展阶段、市场要素，以及存在的问题和经验等角度进行全方位的深入分析，为全国碳市场发展提供有益的经验借鉴。

第五，在深入研究全国碳市场发展的宏观背景、试点和区域市场的探索实践，全国碳金融市场发展方向，以及国外碳市场发展经验等基础上，本书提出应加快完善碳市场基础制度保障，构建以国务院《全国碳排放权交易管理条例》为根本、以生态环境部相关管理制度为重点、以交易所交易规则为支撑的"1+N+X"政策制度体系。同时，进一步提出加快推进全国碳市场建设的政策建议，包括合理构建碳定价机制、审慎对待碳抵消机制及设置碳市场调节机制以及建立碳市场风险识别和防范机制，持续深化国际国内交流与合作等相关应用对策。

尽管上海联交所和上海环交所组织国内碳市场领域的专家学者和实际部门的工作者对撰写的内容进行了专门的潜心研究，但由于全国碳市场的发展日新月异，政策支持体系也在不断完善规范之中，现有研究成果必须及时更新，加之时间紧迫，本书难免存在疏漏和不足。在全国碳市场上线交易顺利启动之际，希望本书能为中国碳市场的创新发展抛砖引玉，提供思想、观点和建议等方面的借鉴与参考，如有不妥之处，敬请各位读者批评指正。

上海联合产权交易所

上海环境能源交易所

本书编写委员会

2021年7月

目 录

第一章　碳市场发展演进及制度体系构建

一、碳市场发展背景

(一)全球气候治理的总体情况

气候变化是当前全球各国面临的最严峻的挑战之一,引起了社会各界的广泛关注。1988 年联合国政府间成立气候变化委员会,气候问题正式被提上国际政治议程。《2020 年全球气候状况》报告指出,2020 年仍是有记录以来三个最热的年份之一,全球平均温度比工业化之前高出了 1.2 摄氏度,全球平均海平面仍在继续上升。全球气候治理是在维护全球生态安全和全人类共同利益下的国际合作行动,是构建人类命运共同体的重要环节,在现行多边体制下的一种共商共建和制度探索,其紧迫性和重要性日益突出。

(二)中国对国际气候治理的贡献

我国对全球气候变化问题一直高度关注,以大国担当的姿态,坚持多边主义,积极投身气候变化国际谈判,推动人类命运共同体建设,促进国际各方在气候变化问题上达成共识,为国际气候变化改进工作做出了积极贡献。

1. 为全球气候治理提供了新理念

我国传统优秀文化积极的处世之道和气候治理理念相结合,引起了全世界的共鸣。我国所主导的气候治理的全球性体现在治理主体、治理

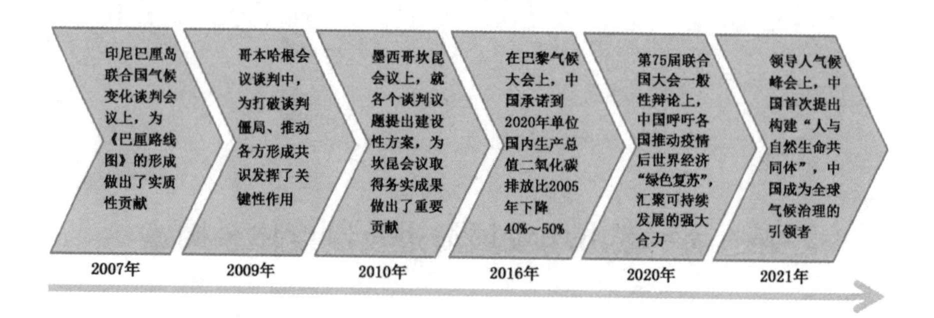

图 1　我国推动全球气候治理历程

对象和治理视野。从治理主体而言，世界上每个国家，都是国际大家庭的平等成员，都应该享有平等参与全球治理的权力，负有参与全球治理的义务。从治理对象上而言，气候变化伴随着资源短缺、粮食安全、生态恶化等问题，加上各种不可预测性因素，世界各国应该从整体利益角度出发，共同应对。从气候治理的视野而言，气候治理需要整体谋划、统筹施策，我国倡导并且积极努力推动全球气候治理体系的变革与发展，提出了很多新理念和新举措。如 2020 年 9 月，我国在第 75 届联合国大会一般性辩论上积极呼吁各国推动疫情后世界经济“绿色复苏”，汇聚起可持续发展的强大合力。2021 年 4 月，我国在国际领导人气候峰会上提出构建“人与自然生命共同体”，坚持人与自然和谐共生，坚持绿色发展，坚持以人为本，坚持多边主义，坚持共同但有区别的责任原则。

2. 为全球气候治理注入了新动能

传统的以西方为主的全球气候治理存在诸多有待完善的地方，在西方国家自身经济增长乏力的情况下，我国逐渐成为全球气候治理的引领者，成为全球气候治理的积极践行者，为全球气候治理注入了新动能。我国高度重视、积极宣传全球气候治理的理念与主张，多次提及和倡导人类命运共同体理念，并努力为广大发展中国家参与全球治理提供机会。而且，我国以身作则，通过高标准、严要求的自我约束、自我发展，积极推动气候治理新方案落地。2016 年，在巴黎气候大会上，我国承诺到 2020 年单位国内生产总值二氧化碳排放比2005年下降40%～45%。我国作为率先签约的国际大国之一，为气候绿色治理做出了表率，推动了《巴黎协定》的签署工作，促进了全社会的低碳转型。“十三五”期间是我国生态环境质量改善最大的五年，我国的空气质量、水质、污染物排放等9项约束性指标均圆满超额完成。我国率先表明将进一步提高国家自主贡献力度，采取更加有力的政策和措施，二氧化碳排放力争于2030年前达到峰值，努力争取2060年前实现碳中和。这是我国对国际社会的承诺，也是对国内的动员令，体现了我国主动应对气候变化、积极减少温室气体排放、建立应对气候变化多元化措施的能力，并展现了深度参与全球治理、承担国际责任的姿态和决心。

3. 为全球气候治理指明了新方向

随着我国参与全球气候治理的程度不断加深、力度不断加大，我国在不同阶段，通过实际行动推动了气候治理的规章制度建立工作，逐渐为国际社会所认同。在推动全球气候治理制度建设方面，2007年印尼巴厘岛联合国气候变化谈判会议上，我国为《巴厘路线图》的形成做出了实质性贡献，我国提出最晚于2009年底谈判确定发达国家2012年后的减排指标、切实将《联合国气候变化框架公约》《京都议定书》中向发展中国家提供资金和技术转让的规定落到实处等，得到了与会各方的认可，并最终被采纳到该路线图中。2009年我国积极参加哥本哈根会议谈判，为打破谈判僵局、推动各方形成共识发挥了关键性作用。我国政府公布《落实巴厘路线图——中国政府关于哥本哈根气候变化会议的立场》，提出了我国关于哥本哈根会议的原则、目标，就进一步加强《联合国气候变化框架公约》的全面、有效和持续实施，以及发达国家在《京都议定书》第二承诺期进一步量化减排指标等方面阐明了立场，推动形成了《哥本哈根协议》。①

---

① 《中国应对气候变化的政策与行动》白皮书(2011)，国务院新闻办公室印发。

二、全球碳市场发展的制度演进

(一)国际应对气候变化的制度演进

1988年联合国政府间成立气候变化委员会,标志着气候变化从科学问题正式转变为国际政治问题。自气候变化委员会成立以来,推进全球气候治理可分为四个阶段。

1. 第一阶段:《联合国气候变化框架公约》形成时期

1992年,在巴西里约热内卢举行的联合国环境与发展大会制定形成《联合国气候变化框架公约》[①],其生效于1993年3月,作为全球第一个为全面控制温室气体二氧化碳排放、应对全球气候变暖的国际公约,《联合国气候变化框架公约》推动了全球气候治理的国际合作,提供了合作思路、合作模式以及合作方法。旨在控制大气中二氧化碳、甲烷和其他温室气体的排放,将温室气体的浓度稳定在使气候系统免遭破坏的水平上,奠定了应对气候变化国际合作的法律基础,是具有权威性、普遍性、全面性的国际框架。已有190多个国家批准了《联合国气候变化框架公约》成为缔约方。《联合国气候变化框架公约》以"共同但有区别的责任"作为原则,充分考虑到发展中国家缔约方尤其是特别易受气候变化不利影响的那些发展中国家缔约方的具体需要和特殊情况,与对发达国家规定的义务及履行义务程序有所区别。其要求发达国家作为温室气体的排放大户,采取具体措施限制自身温室气体的排放,并在采取有关提供资金和技术转让的行动时,充分考虑到最不发达国家的具体需要和特殊情况。《联合国气候变化框架公约》规定每年举行一次缔约方大会,自1995年3月28日首次缔约方大会在柏林举行以来,缔约方每年都召开会议,当前已举办了二十五次会议,第二十六届会议(COP26)由于疫情原因已推迟至2021年。

---

① 《气候变化国际框架公约》(United Nations Framework Convention on Climate Change, UNFCCC或FCCC)。

2. 第二阶段:《京都议定书》单方面为发达国家规定减限排义务,又称后京都时期

1997 年《京都议定书》[①]在《联合国气候变化框架公约》基础上诞生,成为全球首个自上而下且具有法律约束力的温室气体减排条约。《京都议定书》在日本京都制定,于 2005 年 2 月 16 日生效,首次以法律文件的形式规定了缔约方国家(主要为发达国家)在 2008 年至 2012 年的承诺期内应在 1990 年温室气体排放水平基础上减排 5.2%。

按照《京都议定书》的规定,国际温室气体排放权交易分为以项目为基础的交易和以配额为基础的交易两种类型。存在三种灵活的碳抵消机制:联合履约机制(JI)、清洁发展机制(CDM)和国际排放贸易机制(ET)。由于不同国家经济发展程度不同,碳减排的成本各异,为了让《京都议定书》缔约国获得低成本高效率的减排或帮助其他国家得到减排的机会,国际碳交易体系不断发展和完善。

(1)联合履约机制

《京都议定书》下的联合履约机制是以项目为基础的,缔约方的国家之间通过实施项目合作,减少排放或者吸收大气中 CO_2 的途径。这种机制下获得的减排单位是 ERUs。"任一缔约方可以向任何其他此类缔约方转让或从它们获得由任何经济部门旨在减少温室气体的各种源的人为排放或增强各种汇的人为清除的项目所产生的减少排放单位,但:(a)任何此类项目须经有关缔约方批准;(b)任何此类项目须能减少源的排放,或增强汇的清除,这一减少或增强对任何以其他方式发生的减少或增强是额外的;(c)缔约方如果不遵守其依第五条和第七条规定的义务,则不可以获得任何减少排放单位;(d)减少排放单位的获得应是对为履行依第三条规定的承诺而采取的本国行动的补充。"[②]

(2)清洁发展机制

① 《京都议定书》(Kyoto Protocol),又译为《京都协议书》《京都条约》,全称为《联合国气候变化框架公约的京都议定书》。

② 《京都议定书》第六条。

《京都议定书》下的清洁发展机制也是以项目为基础的，目的是“协助未列入缔约方实现可持续发展和有益于《联合国气候变化框架公约》的最终目标，并协助缔约方实现遵守第三条规定的其量化的限制和减少排放的承诺。依清洁发展机制：(a)未列入附件一的缔约方将获益于产生经证明的减少排放的项目活动；(b)附件一所列缔约方可以利用通过此种项目活动获得的经证明的减少排放，促进遵守由作为本议定书缔约方会议的《公约》缔约方会议确定的依第三条规定的其量化的限制和减少排放的承诺之一部分”。[①]

(3)国际排放贸易机制

《京都议定书》下的国际排放贸易机制(ETS)就是以配额交易为基础的，“就排放贸易，特别是其核查、报告和责任确定相关的原则、方式、规则和指南。为履行其依第三条规定的承诺的目的，附件 B 所列缔约方可以参与排放贸易。任何此种贸易应是对为实现该条规定的量化的限制和减少排放的承诺之目的而采取的本国行动的补充”。[②] 缔约方国家之间互相买卖碳减排配额的机制。节余排放的发达国家将其超额完成减排义务的指标以贸易的方式转让给未能完成减排义务的发达国家，并同时从转让方的允许排放限额上扣减相应的转让额度。欧盟碳排放权交易体系在此基础上成立，并已成为世界上最大的多边温室气体交易体系。

表 1 **《京都议定书》缔约方**

缔约方	量化的限制或减少排放的承诺 (基准年或基准期百分比)
澳大利亚	108
奥地利	92
比利时	92
保加利亚*	92

① 《京都议定书》第十二条。

② 《京都议定书》第十七条。

续表

缔约方	量化的限制或减少排放的承诺（基准年或基准期百分比）
加拿大	94
克罗地亚*	95
捷克共和国*	95
丹麦	92
爱沙尼亚*	92
欧洲联盟	92
芬兰	92
法国	92
德国	92
希腊	92
匈牙利*	94
冰岛	110
爱尔兰	92
意大利	92
日本	94
拉脱维亚*	92
列支敦士登	92
立陶宛*	92
卢森堡	92
摩纳哥	92
荷兰	92
新西兰	100
挪威	101
波兰	94
葡萄牙	92
罗马尼亚*	92

续表

缔约方	量化的限制或减少排放的承诺 （基准年或基准期百分比）
俄罗斯联邦*	100
斯洛伐克*	92
斯洛文尼亚*	92
西班牙	92
瑞典	92
瑞士	92
乌克兰*	100
大不列颠及北爱尔兰联合王国	92
美利坚合众国	93

注：* 为正在向市场经济过渡的国家。

3. 第三阶段:《巴厘路线图》启动双轨制谈判

2007 年 12 月，在印度尼西亚巴厘岛举行的联合国气候变化大会通过了《巴厘路线图》，落实了全球谈判的关键议题，明确了全球气候治理的谈判议程。《巴厘路线图》共 13 项内容和 1 个附录，以实现《联合国气候变化公约》为最终目标，形成了《巴厘行动计划》、未来谈判时间表。《巴厘路线图》设定了两年的谈判时间，即 2009 年年底的哥本哈根大会完成 2012 年后全球应对气候变化新安排的谈判。《哥本哈根协议》最终延长了"路线图"的授权，从而保证了"双轨"谈判得以继续，以最终达成具有法律约束力的协议。遗憾的是，由于发达国家与发展中国家在责任和义务上的巨大分歧，气候谈判进展十分缓慢，收效甚微。

4. 第四阶段:达成适用于所有公约缔约方的《巴黎协定》

2015 年，在巴黎气候变化大会上通过的《巴黎协定》是继 1992 年《联合国气候变化框架公约》、1997 年《京都议定书》之后，人类历史上应对气候变化的第三个里程碑式的自下而上的国际法律文本，形成了 2020 年后的全球气候治理格局。《巴黎协定》通过后于 2016 年 4 月 22 日在纽约签署,《巴黎协定》为2020年后全球应对气候变化的行动做出了安排,长期目标是将全球平均气温较前工业化时期的上升幅度控制在2摄氏度以内,并努力将温度上升幅度限制在1.5摄氏度以内。截至2020年4月1日,195个缔约国中189个已根据《巴黎协定》要求提交批准书,相关缔约国的温室气体总覆盖比例达95%。所有国家都将以公平为基础并体现共同但有区别的责任和各自能力的原则,同时要根据不同的国情,认识到必须根据现有的最佳科学知识,对气候变化的紧迫威胁做出有效和逐渐的应对。

《巴黎协定》为2020年后全球应对气候变化行动做出安排,明确了全球气候治理所共同追求的目标:"各缔约方承诺,在工业化前水平上,要把全球平均气温升幅控制在2摄氏度以内,并提出努力将气温升幅限制在1.5摄氏度以内的目标。"《巴黎协定》将世界所有国家都纳入了呵护地球生态当中,为实现长期气温目标、尽快达到温室气体排放的全球峰值而共同做出努力。《巴黎协定》认识到:"达峰对发展中国家缔约方来说需要更长的时间;此后利用现有的最佳科学迅速减排,以联系可持续发展和消除贫困,在平等的基础上,在21世纪下半叶实现温室气体源的人为排放与汇的清除之间的平衡"。[①]

国际上已有近20个国家和地区有了应对气候变化的立法成果。比如,欧洲于2019年底出台了《欧洲绿色新政》,并于2020年3月初完成《欧洲气候法》的起草并公开征求意见。已正式颁布环境保护相关法律的还有瑞士、英国、法国、芬兰、德国、丹麦、南非、日本、新西兰、菲律宾、韩国和墨西哥。这些国家的法律原则成为其制定应对气候变化政策、采取减缓和适应气候变化措施的根本遵循。另外,这些国家大多也通过立法建立了应对气候变化的管理体制。

(二)国际主要碳排放权交易制度体系概述

1. 全球碳市场总体情况

碳排放权交易市场的建立,是通过市场化机制减少温室气体排放的

---

① 《巴黎协定》第四条。

重要举措，也是深化生态文明体制改革的迫切需要，有利于降低全社会减排成本，有利于人类命运共同体推动经济向绿色低碳转型升级。随着全球各个国家和地区着手落实《巴黎协定》及其国内应对气候变化的目标，碳排放权交易市场正在不断兴起和发展，根据世界银行和国际碳行动伙伴组织（ICAP）2020 年 3 月发布的《全球碳市场进展 2020 年度报告》，全世界范围内共有 29 个不同级别的司法管辖区正在运行 21 个碳排放权交易体系，包括欧盟碳市场、加州碳市场、新西兰碳市场等。

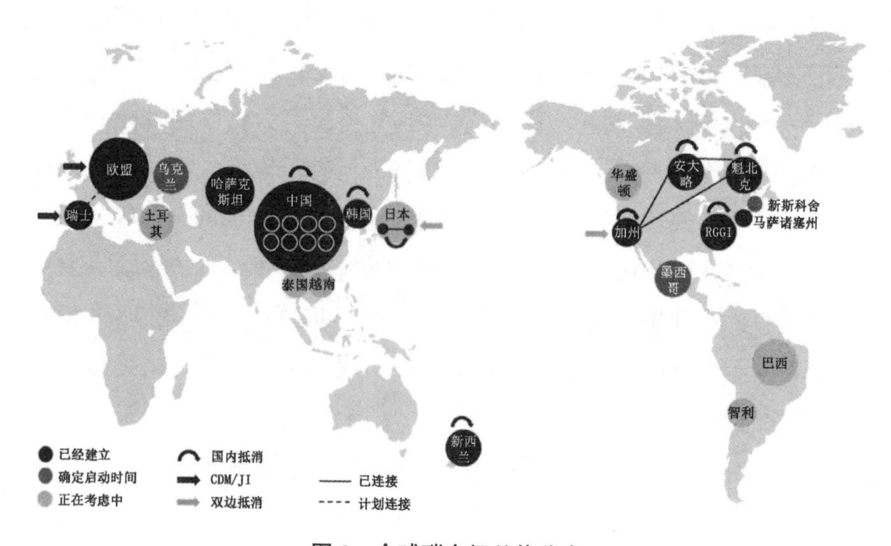

图 2　全球碳市场总体分布

2. 欧盟碳排放权交易制度体系（EU-ETS）

欧盟碳排放权交易体系是目前影响最大、运行最为成功的区域性碳排放权交易体系。欧盟碳排放权交易体系是欧洲议会和理事会于 2003 年 10 月 13 日通过的欧盟 2003 年第 87 号指令，并于 2005 年 1 月 1 日开始实施的温室气体排放配额交易制度。欧盟的碳排放权交易体系法规较为完善，其市场稳定储备机制（Market Stability Reserve）于 2019 年开始运行，对碳交易各环节逐步纳入了法律制度框架，受到严格的监管。欧盟碳交易市场在碳指标的分配方式、受控碳排放源的范围，指标登记、监测、报告、转移、追踪等制度的碳交易相关指令等方面，均建立了完善的交易运营体系，形成了较为成熟的 MRV(监测、报告、核查)制度。

欧盟碳排放权交易通过《欧盟 2003 年 87 号指令》(2003/87/EC)(“排放配额交易指令”)建立温室气体配额排放权交易机制(Emissions Trading Scheme, ETS)，该政策为欧盟碳交易制度的核心政策。2008 年，欧盟通过第 2008/101 号指令(“航空碳排放交易指令”)，对第 2003/87 号指令进行修订，决定自 2012 年 1 月 1 日起将国际航空纳入欧盟排放交易机制，所有进出欧盟机场的国际航班都将受一定排放配额的限制，超出该配额要向欧盟购买排放额度。

相较而言，欧盟碳排放权交易市场及其衍生市场是国际体系最为健全的碳市场。作为衍生品市场之一的碳配额交易市场，受到金融法律的严格管制。欧盟碳排放交易体系及其衍生市场体系的成功与其法制健全关系密切。欧盟实行分权化治理模式，在欧盟体系下，指令、条例、决定具有不同的适用方式。分权治理体现在各国排放总量的设置、配额分配方法、各自的排放监测统计报告制度等方面。兼顾了各成员国不同行业、不同领域减排成本的差异。但在某些技术领域，欧盟有一套统一的标准。欧盟针对注册登记系统、碳排放监测报告与核查、抵消机制、配额拍卖等专门问题颁布了一系列条例、决定和指导文件，由各成员国直接执行。欧盟做到了碳排放交易运行中各个环节都能于法有据、有法可依，保证了制度运行的稳定性和成员国之间的统一性。但如此完善的法制，还存在隐患。

3. 美国碳排放权交易制度体系

美国目前尚未出台联邦层面的碳排放权交易制度，但美国的各个州或地区已构建了州或地区性的碳排放权交易机制。其中，最积极、最先进的碳交易机制当属加州地方碳排放权交易机制。加州碳交易机制设计主要涉及目标、应用领域、配额分配方式、基准设计、应对碳泄露、信用抵消和项目、成本控制、市场监管和执行措施等方面。

美国的碳交易市场是区域性的，加州的气候政策战略采取了范围广泛的组合方法,包括:“可再生能源配额制”、能效目标和“低碳燃料标准”等。加州的《范围界定规划》评估了各项政策的影响,并且明确了这些政策的组合实施方法,最终目标是让“总量控制与交易体系”助力减排目标的实现。

美国碳交易市场首个强制性规章制度依据2005年东北部10州签订的温室气体倡议(Regional Greenhouse Gas Initiative,RGGI)框架协议,该协议通过市场“无形的手”灵活调配资源、减少温室气体排放。美国碳交易市场的监管主体包括州监管机构、区域监管机构(没有监管和执行的权力,保留给各州)、联邦层面监管机构(还只是提案阶段)和第三方监管机构(调查价格操纵、违法行为等二级市场行为)。

4. 其他国家碳排放权交易制度体系

墨西哥2020年启动碳排放权交易系统试点,标志着拉丁美洲首个碳排放权交易体系的出现。该体系涵盖能源和工业部门的二氧化碳直接排放,占全国碳排放总量的37%,该国碳排放权交易体系将于2023年全面运行。

韩国2019年实施了首次定期配额拍卖,并启动了针对第三阶段(2021—2025年)的首轮既定改革。改革内容包括:尚待确定的更严格的排放上限;增加非排放密集型且易受贸易冲击行业的拍卖份额;扩大特定行业基准的使用等。

加拿大魁北克省出台的碳排放权交易政策强调将提升当地经济,特别是交通运输业电气化水平的一系列配套政策协同作用的必要性。该省还在考虑对其总量控制与交易体系进行改革,为工业设施提供更强有力的减排激励,同时为工业设施投资低碳技术提供更有力的支持。

三、我国碳市场发展的制度演进

完善的政策制度体系是碳交易市场正常运行的基本保障。自我国碳达峰目标和碳中和愿景提出以来,全国碳市场建设呈现了加速态势。各项顶层制度文件陆续出台,为我国统一碳交易市场平稳健康运行保驾护航。

（一）我国碳市场政策制度发展历程

1. “十二五”期间

“十二五”规划（《国民经济和社会发展第十二个五年规划纲要》）提出，积极主动参与全球气候治理，控制温室气体排放，逐步建立碳排放权交易体系，推进低碳试点示范。“十二五”期间，我国积极开展碳排放权交易试点，初步建立健全碳排放权初始分配制度。

“十二五”期间
（2011—2015年）

2011年8月31日
国务院印发《“十二五”节能减排综合性工作方案》（国发〔2011〕26号），提出开展碳排放交易试点，建立自愿减排机制，推进碳排放权交易市场建设。

2012年11月8日
中国共产党十八大报告强调，加强生态文明制度建设，积极开展碳排放权交易试点。

2013年11月12日
党的十八届三中全会通过《中共中央关于全面深化改革若干重大问题的决定》，强调推行碳排放权交易制度，全国碳市场建设成为全面深化改革的重点任务之一。

2014年5月8日
国务院发布《关于进一步促进资本市场健康发展的若干意见》（国发〔2014〕17号），提出发展碳排放权交易工具，充分发挥期货市场价格发现和风险管理功能。

2014年9月17日
国务院印发《关于国家应对气候变化规划（2014—2020年的批复）》（国函〔2014〕126号），明确推动自愿减排交易活动、深化碳排放权交易试点、加快建立全国碳排放权交易市场。

2015年4月25日
中共中央、国务院印发《关于加快推进生态文明建设的意见》，提出建立碳排放权交易制度，深化交易试点，推动建立全国碳排放权交易市场。

2015年10月29日
党的十八届五中全会通过《中共中央关于制定国民经济和社会发展第十三个五年规划的建议》，提出建立健全碳排放权初始分配制度，培育和发展交易市场。

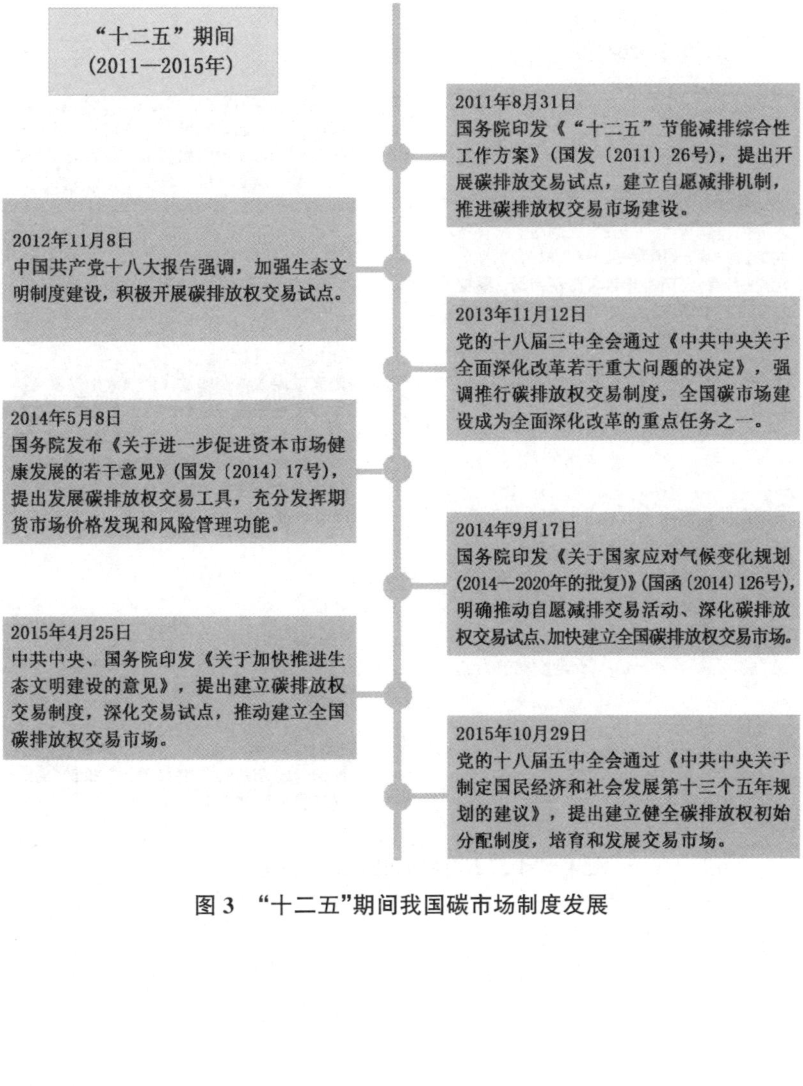

图3　“十二五”期间我国碳市场制度发展

2.“十三五”期间

“十三五”规划(《中华人民共和国国民经济和社会发展第十三个五年规划纲要》)明确,坚持减缓与适应并重,主动控制碳排放,落实减排承诺,推动建设全国统一的碳排放交易市场。“十三五”期间,我国明确碳排放权首批纳入行业,完善碳排放权交易配额总量与分配等相关方案,初步建立了全国碳排放权交易市场保障体系。

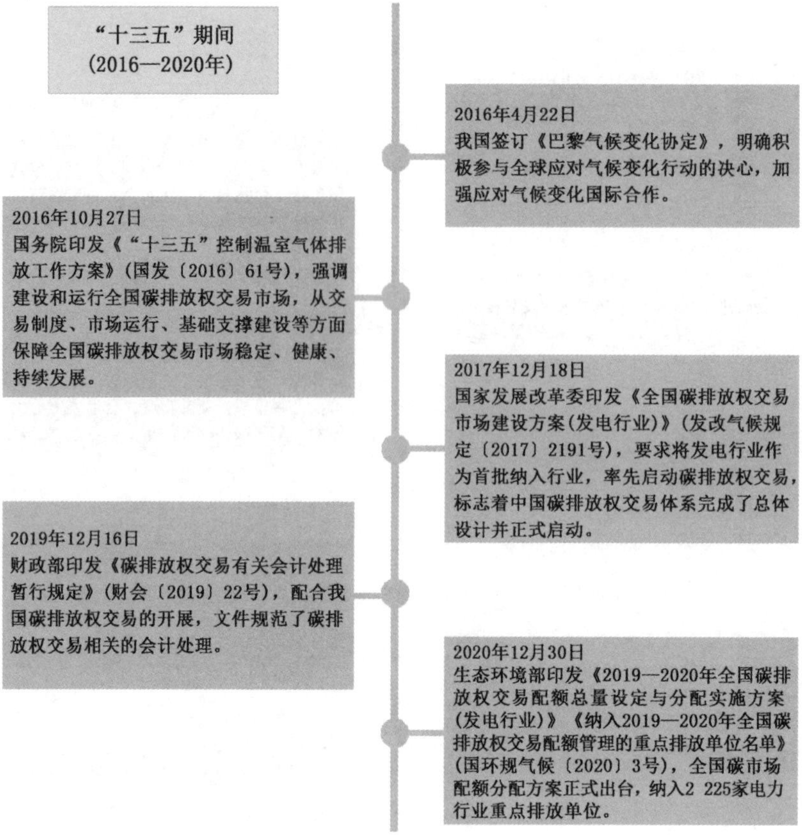

“十三五”期间
(2016—2020年)

2016年4月22日
我国签订《巴黎气候变化协定》,明确积极参与全球应对气候变化行动的决心,加强应对气候变化国际合作。

2016年10月27日
国务院印发《“十三五”控制温室气体排放工作方案》(国发〔2016〕61号),强调建设和运行全国碳排放权交易市场,从交易制度、市场运行、基础支撑建设等方面保障全国碳排放权交易市场稳定、健康、持续发展。

2017年12月18日
国家发展改革委印发《全国碳排放权交易市场建设方案(发电行业)》(发改气候规定〔2017〕2191号),要求将发电行业作为首批纳入行业,率先启动碳排放权交易,标志着中国碳排放权交易体系完成了总体设计并正式启动。

2019年12月16日
财政部印发《碳排放权交易有关会计处理暂行规定》(财会〔2019〕22号),配合我国碳排放权交易的开展,文件规范了碳排放权交易相关的会计处理。

2020年12月30日
生态环境部印发《2019—2020年全国碳排放权交易配额总量设定与分配实施方案(发电行业)》《纳入2019—2020年全国碳排放权交易配额管理的重点排放单位名单》(国环规气候〔2020〕3号),全国碳市场配额分配方案正式出台,纳入2 225家电力行业重点排放单位。

图4 “十三五”期间我国碳市场制度发展

3."十四五"期间

"十四五"规划(《中华人民共和国国民经济和社会发展第十四个五年规划和2035年远景目标纲要》)强调,落实2030年应对气候变化国家自主贡献目标,实施以碳强度控制为主、碳排放总量控制为辅的制度,支持有条件的地方和重点行业、重点企业率先达到碳排放峰值。

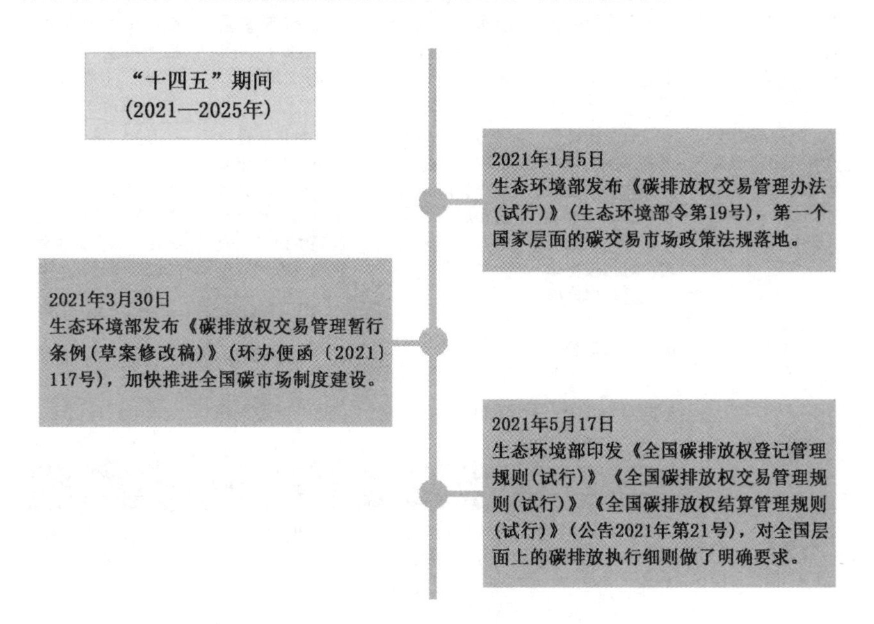

图5　"十四五"期间我国碳市场制度发展

(二)我国碳排放权交易制度体系

气候变化应对既是我国的挑战,也是我国的发展机遇。我国先后颁布了《气候变化应对国家方案》《全国人民代表大会常务委员会关于积极应对气候变化的决议》《能源法》《节约能源法》《可再生能源法》《大气污染防治法》等,都对我国气候治理产生了积极的推进作用。

习近平总书记关于构建人类命运共同体的重要理念彰显出大国风范,对推动全球和全国生态文明建设发挥深远影响,对新时代发展具有重要意义。习近平总书记在多个重要场合提及碳达峰、碳中和的重要目标,明确落实创新、协调、绿色、开放、共享的发展理念,全球碳排放权交易体系的建立是习近平总书记构建人类命运共同体战略思想的具体举措，也是建立全国碳排放权交易体系顶层设计的重要战略指引。

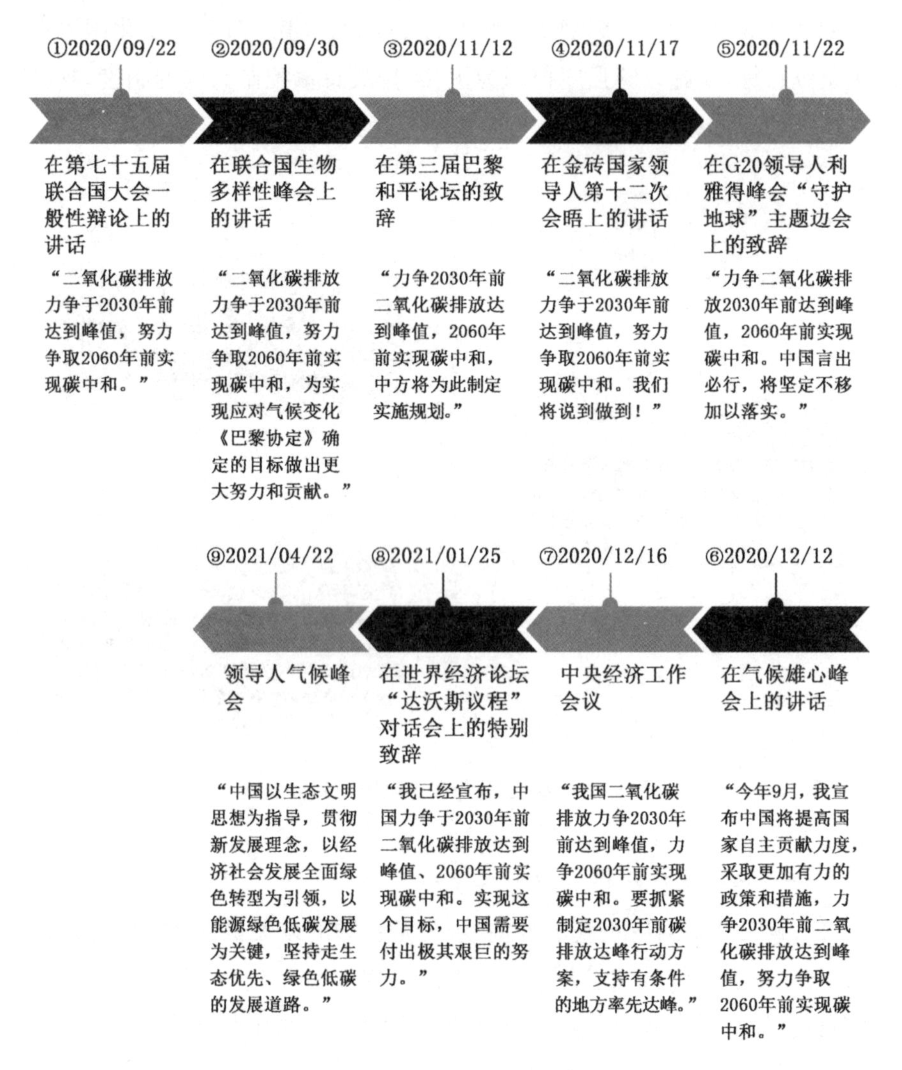

图 6　习近平总书记对碳市场的重要指示

中央层面、国家发改委、生态环境部先后颁布了《碳排放权交易管理暂行条例(草案修改稿)》征求意见稿、《碳排放权交易管理暂行办法》以及相关配套规定。地方层面，各试点省市均颁布了各自的碳排放权交易管理办法及相关配套规定。我国碳排放权交易体系主要由部门规章和试点省市的地方性法规、地方政府规章以及交易所交易规则体系组成，内容涉及管理体制、总量控制、配额管理和交易、排放监测、报告和核查等碳排放权交易制度的核心要素，初步奠定了我国碳排放权交易制度体系，为全国统一碳排放权交易的开展奠定了制度基础。

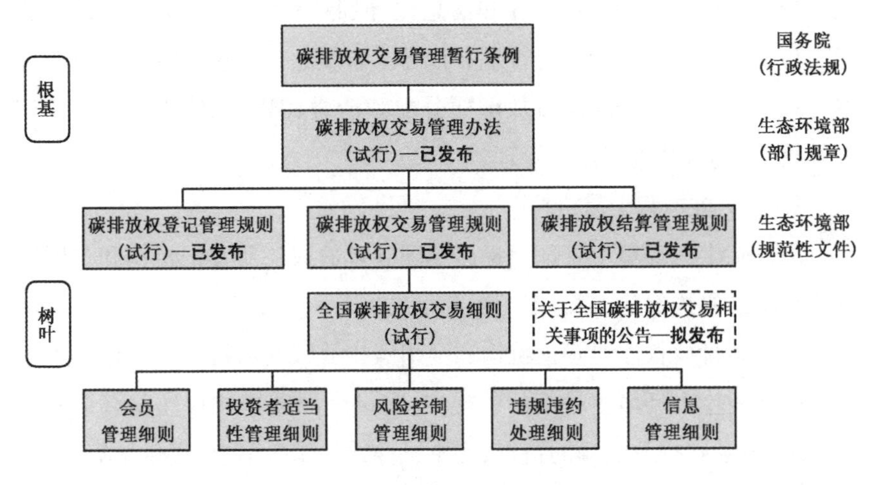

图 7 全国碳排放权交易制度体系

四、我国碳排放权交易重点政策分析

我国碳排放权交易的上位法为国务院行政法规《碳排放权交易管理暂行条例》，生态环境部部门规章为 2021 年 1 月 5 日公布的《碳排放权交易管理办法(试行)》。

(一)《碳排放权交易管理暂行条例(草案修改稿)》

2021 年 3 月 30 日，生态环境部发布关于公开征求《碳排放权交易管理暂行条例(草案修改稿)》(环办便函〔2021〕117 号)(下称“暂行条例”)意见的通知，生态环境部办公厅于 2021 年 3 月 30 日对外公布草案修订稿，并公开征集意见。该暂行条例征求意见稿为碳排放权交易上位法的制度夯实基础。

暂行条例征求意见稿共有34个条例，在职责分工、覆盖范围、登记机构和交易机构、重点排放单位、配额总量与分配方法确定等方面进行了约定。

1. 职责分工

国务院生态环境主管部门负责制定全国碳排放权交易及相关活动的技术规范，加强对碳排放配额分配、温室气体排放报告与核查的监督管理，会同国务院发展改革、工业和信息化、能源等主管部门对全国碳排放权交易及相关活动进行监督管理和指导。省级生态环境主管部门负责在本行政区域内组织开展碳排放配额分配和清缴、温室气体排放报告的核查等相关活动，并进行监督管理。

2. 登记机构和交易机构

国务院生态环境主管部门提出全国碳排放权注册登记机构和全国碳排放权交易机构组建方案，报国务院批准。

全国碳排放权注册登记机构和全国碳排放权交易机构应当按照本条例和国务院生态环境主管部门的规定，建设全国碳排放权注册登记和交易系统，记录碳排放配额的持有、变更、清缴、注销等信息，提供结算服务，组织开展全国碳排放权集中统一交易。

国务院生态环境主管部门会同国务院市场监督管理部门、中国人民银行和国务院证券监督管理机构、国务院银行业监督管理机构，对全国碳排放权注册登记机构和全国碳排放权交易机构进行监督管理。

3. 重点排放单位

国务院生态环境主管部门根据国家确定的温室气体排放控制目标，制定纳入全国碳排放权交易市场的温室气体重点排放单位（下称“重点排放单位”）的确定条件，并向社会公布。

省级生态环境主管部门按照重点排放单位的确定条件，制定本行政区域重点排放单位名录，向国务院生态环境主管部门报告，并向社会公开。

因停业、关闭或者其他原因不再排放温室气体，或者存在其他不符合重点排放单位确定条件情形的，制定名录的省级生态环境主管部门应当及时将相关重点排放单位从重点排放单位名录中移出。

4. 配额总量与分配方法确定

国务院生态环境主管部门商国务院有关部门，根据国家温室气体排放总量控制和阶段性目标要求，提出碳排放配额总量和分配方案，报国务院批准后公布。

省级生态环境主管部门应当根据公布的碳排放配额总量和分配方案，向本行政区域的重点排放单位分配规定年度的碳排放配额。

碳排放配额分配包括免费分配和有偿分配两种方式，初期以免费分配为主，根据国家要求适时引入有偿分配，并逐步扩大有偿分配比例。

5. 重点排放单位义务

重点排放单位应当控制温室气体排放，如实报告碳排放数据，及时足额清缴碳排放配额，依法公开交易及相关活动信息，并接受设区的市级以上生态环境主管部门的监督管理。

重点排放单位应当根据国务院生态环境主管部门制定的温室气体排放核算与报告技术规范，编制其上一年度的温室气体排放报告，载明排放量，并于每年 3 月 31 日前报其生产经营场所所在地的省级生态环境主管部门。

重点排放单位对温室气体排放报告的真实性、完整性和准确性负责。温室气体排放报告所涉数据的原始记录和管理台账应当至少保存 5 年。

6. 配额清缴

重点排放单位应当根据其温室气体实际排放量，向分配配额的省级生态环境主管部门及时清缴上一年度的碳排放配额。

重点排放单位的碳排放配额清缴量，应当大于或者等于省级生态环境主管部门核查确认的该单位上一年度温室气体实际排放量。

重点排放单位足额清缴碳排放配额后，配额仍有剩余的，可以结转使用；不能足额清缴的，可以通过在全国碳排放权交易市场购买配额等方式完成清缴。

重点排放单位可以出售其依法取得的碳排放配额。

7. 自愿减排核证

国家鼓励企事业单位在我国境内实施可再生能源、林业碳汇、甲烷利用等项目,实现温室气体排放的替代、吸附或者减少。

前款所指项目的实施单位,可以申请国务院生态环境主管部门组织对其项目产生的温室气体削减排放量进行核证。经核证属实的温室气体削减排放量,由国务院生态环境主管部门予以登记。

重点排放单位可以购买经过核证并登记的温室气体削减排放量,用于抵销其一定比例的碳排放配额清缴。

温室气体削减排放量的核证和登记具体办法及相关技术规范,由国务院生态环境主管部门制定。

8. 碳排放政府基金

国家建立碳排放交易基金。向重点排放单位有偿分配碳排放权产生的收入,纳入国家碳排放交易基金管理,用于支持全国碳排放权交易市场建设和温室气体削减重点项目。

9. 监督管理

县级以上生态环境主管部门可以采取下列措施,对重点排放单位等交易主体和核查技术服务机构进行监督管理:现场检查;查阅、复制有关文件资料,查询、检查有关信息系统;要求就有关问题做出解释说明。

国务院生态环境主管部门应当与国务院市场监督管理、证券监督管理、银行业监督管理等部门和机构建立监管信息共享和执法协作配合机制。

10. 追责机制

在主管部门追责方面,规定县级以上生态环境主管部门及其他负有监督管理职责的部门的有关工作人员,违反本条例规定,滥用职权、玩忽职守、徇私舞弊的,由有关行政机关或者监察机关责令改正,并依法给予处分。

在重点排放单位追责方面,规定重点排放单位违反本条例规定,有下列行为之一的,由其生产经营场所所在地设区的县级以上地方生态环境主管部门责令改正,处 5 万元以上 20 万元以下的罚款;逾期未改正的,由重点排放单位生产经营场所所在地省级生态环境主管部门组织测算其温室气体实际排放量,作为该单位碳排放配额的清缴依据:未按要求及时报送温室气体排放报告,或者拒绝履行温室气体排放报告义务的;温室气体排放报告所涉数据的原始记录和管理台账内容不真实、不完整的；篡改、伪造排放数据或者台账记录等温室气体排放报告重要内容的。

在违规清缴追责方面，规定重点排放单位违反本条例规定，不清缴或者未足额清缴碳排放配额的，由其生产经营场所所在地设区的市级以上地方生态环境主管部门责令改正，处10万元以上50万元以下的罚款；逾期未改正的，由分配排放配额的省级生态环境主管部门在分配下一年度碳排放配额时，等量核减未足额清缴部分。

在违规核查追责方面，规定违反本条例规定，接受省级生态环境主管部门委托的核查技术服务机构弄虚作假的，由省级生态环境主管部门解除委托关系，将相关信息计入其信用记录，同时纳入全国信用信息共享平台向社会公布；情节严重的，3年内禁止其从事温室气体排放核查技术服务。

在违规交易追责方面，规定违反本条例规定，通过欺诈、恶意串通、散布虚假信息等方式操纵碳排放权交易市场的，由国务院生态环境主管部门责令改正，没收违法所得，并处100万元以上1 000万元以下的罚款。单位操纵碳排放权交易市场的，还应当对其直接负责的主管人员和其他直接责任人员处50万元以上500万元以下的罚款。

在机构交易追责方面，规定全国碳排放权注册登记机构、全国碳排放权交易机构、核查技术服务机构及其工作人员，违反本条例规定从事碳排放权交易的，由国务院生态环境主管部门注销其持有的碳排放配额，没收违法所得，并对单位处100万元以上1 000万元以下的罚款，对个人处50万元以上500万元以下的罚款。

在抗拒监督检查追责方面，规定全国碳排放权交易主体、全国碳排放权注册登记机构、全国碳排放权交易机构、核查技术服务机构违反本条例规定，拒绝、阻挠监督检查，或者在接受监督检查时弄虚作假的，由设区的市级以上生态环境主管部门或者其他负有监督管理职责的部门责令改正，处2万元以上20万元以下的罚款。

（二）《碳排放权交易管理办法（试行）》

我国碳排放权交易市场的初步建立基于2020年12月31日生态环

境部出台的《碳排放权交易管理办法(试行)》(生态环境部令第19号)(下称“管理办法”),标志着我国第一个国家层面的碳交易市场政策法规落地,意味着我国碳市场发电行业第一个履约周期届时将正式启动。

1. 管理办法的制定思路

管理办法自2021年2月1日起启动试行,管理办法制定的主要思路有四个方面。[①]

(1)责任关口前移、强化企业责任

为适应生态环境管理体系,管理办法体现“企业自证”原则,将确保碳排放数据真实性和准确性的责任压实到企业,由重点排放单位对排放报告的真实性、完整性和准确性负责,生态环境主管部门对其监测计划和排放报告质量进行核查和监督检查。

(2)创新了核查管理方式

根据中央“放管服”改革精神,为充分发挥生态环境系统监督管理体系、技术标准和队伍优势,在强化企业报送责任的基础上,加强了对监测计划的监督管理,同时规定以“双随机、一公开”方式开展重点排放单位排放报告核查工作,省级生态环境主管部门在开展核查时既可以利用生态环境系统现有的队伍力量开展核查,也可以通过政府购买服务方式委托社会技术服务机构提供核查服务。后续生态环境部还将通过制定出台专门的核查技术规范进一步加强核查工作管理。

(3)明确了各级生态环境主管部门的责任

落实《关于构建现代环境治理体系的指导意见》有关“中央统筹、省负总责、市县抓落实”的工作机制要求,生态环境部负责制定全国碳市场统一的制度、标准和技术规范,加强对地方碳排放配额分配、温室气体排放报告与核查的监督管理,并会同国务院其他有关部门对全国碳排放权交易及相关活动进行监督管理和指导。省级生态环境主管部门负责在本行政区域内组织开展碳排放配额分配和清缴、温室气体排放报告的核查等相关活

① 参见《全国碳排放交易管理办法(试行)》编制说明(环办便函〔2020〕373号)。

动，并进行监督管理。设区的市级生态环境主管部门负责配合省级生态环境主管部门落实相关具体工作，并根据本办法有关规定实施监督管理。

(4)以信息公开方式加强监管力度

对省级生态环境主管部门、重点排放单位及其他交易主体在信息公开方面的责任进行规定，加强对核查和监督检查情况以及企业排放报告、配额清缴等情况的信息公开力度，加强信用管理，提升管理办法实施的有效性和权威性。

2. 管理办法的主要内容

管理办法对碳排放权交易的核心问题做出规定，为全国碳排放权集中统一交易打下基础。管理办法分为八章内容共四十三条，包括总则、温室气体重点排放单位、分配与登记、排放交易、排放核查与配额清缴、监督管理、罚则、附则。

(1)管理体系

通过管理办法明确由生态环境部按照国家有关规定建设全国碳排放权交易市场。明确了全国碳市场国家—省—市三级管理体系，并明确了各级主管部门责任。生态环境部负责制定技术规范，加强对地方碳排放配额分配、监测报告与核查(MRV)活动的监督，并会同国务院其他有关部门监督交易相关活动。省级生态环境主管部门负责在本行政区域内组织开展配额分配和清缴、温室气体 MRV 等相关活动。设区的市级生态环境主管部门负责配合省级主管部门落实相关具体工作。

(2)温室气体重点排放单位管理

明确属于全国碳排放权交易市场覆盖行业和年度温室气体排放量达到 2.6 万吨二氧化碳当量应列入重点排放单位名录。要求省级生态管理环境部门按要求确定本行政区域重点排放单位名录，向生态环境部报告，并向社会公开。全国共计 2 225 家温室气体重点排放单位将被划定碳排放配额，作为首批企业参与全国碳排放权交易。

(3)排放配额管理

包括重点排放单位配额分配、调整、注册登记结算等内容。其中，碳排放配额总量确定与分配方案由生态环境部制定，省级生态环境主管部门负责向本行政区域内的重点排放单位分配规定年度的碳排放配额。碳排放配额分配以免费分配为主，可以根据国家有关要求适时引入有偿分配。全国碳市场与试点碳市场对接遵循“不重复分配和履约”原则，纳入全国碳排放权交易市场的重点排放单位，不再参与地方碳排放权交易试点市场。

(4)排放交易管理

包括交易产品、交易主体、交易机构和交易方式等内容。主要规定交易产品为碳排放配额，交易主体为重点排放单位以及符合国家有关交易规则的机构和个人，交易机构由生态环境部负责确定，交易方式采取协议转让、单向竞价等。

(5)排放核查与配额清缴管理

包括监测计划、排放报告、核查、配额清缴、抵消机制等内容。对重点排放单位提交监测计划和排放报告的程序进行了规定，并对排放报告核查、配额清缴，以及抵消机制等做出规定。主要规定重点排放单位应当根据生态环境部制定的温室气体排放核算与报告技术规范，编制该单位上一年度的温室气体排放报告，载明排放量，并于每年 3 月 31 日前报生产经营场所所在地的省级生态环境主管部门。排放报告所涉数据的原始记录和管理台账应当至少保存 5 年。

(6)监督管理

包括监管、信息公开、监督检查等。主要对各级生态环境主管部门的监管职责和监管重点、信息公开的主体和范围、信用监管、社会监督和公众举报等做出规定。设区的市级以上地方生态环境主管部门根据对重点排放单位温室气体排放报告的核查结果，确定监督检查重点和频次。设区的市级以上地方生态环境主管部门应当采取“双随机、一公开”的方式，监督检查重点排放单位温室气体排放和碳排放配额清缴情况，相关情况按程序报生态环境部。

(7)责任追究

包括主管部门责任追究、虚报和瞒报处理、未按规定报告处罚、未履约处罚、未按时足额清缴和交易主体违规处置、联合惩戒等内容。主要明确了负有管理职责的主管部门、重点排放单位违规的情形和责任追究方式。根据《行政处罚法》等有关规定，充分利用生态环境系统监督执法力量，对重点排放单位虚报、瞒报温室气体排放报告，或者拒绝履行温室气体排放报告义务的，由其生产经营场所所在地设区的市级以上地方生态环境主管部门责令限期改正，处 1 万元以上 3 万元以下的罚款。对重点排放单位未按时足额清缴碳排放配额的，由其生产经营场所所在地设区的市级以上地方生态环境主管部门责令限期改正，处 2 万元以上 3 万元以下的罚款。

(8)国家核证自愿减排量(CCER)抵消机制

国家核证自愿减排量的抵消比例为 5%，但具体抵消的要求(如减排量产生的时间、地域、类型等)还要另行制定。对国家核证自愿减排量的定义强调“境内”项目，这意味着国家暂时不允许境外项目的减排量进口至国内抵消。

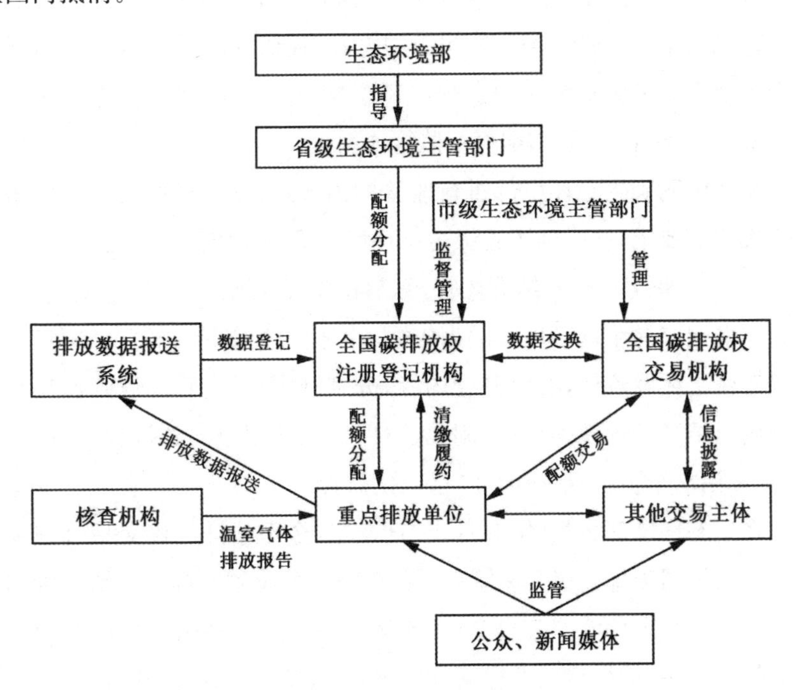

图 8　全国碳市场监管体系

（三）《全国碳排放登记交易结算管理办法（试行）》征求意见稿

全国层面上的碳排放权交易结算聚焦全国性碳市场的建设和管理。2020年，生态环境部办公厅发布《全国碳排放登记交易结算管理办法（试行）》征求意见稿（环办便函〔2020〕373号）（下称“交易结算管理办法”），着重在以下四方面对碳排放交易结算进行了规定。

1. 明确全国碳排放权登记、交易和结算各环节的基本要素

分别根据登记、交易、结算以及相关风险管理等各环节，搭建监管框架，对市场各主体及相关行为进行综合规范，为市场监管提供依据。要求按照集中统一原则，通过注册登记结算机构，实现全国碳排放权持有、转移、清缴履约和注销的登记。注册登记结算系统分别为生态环境部、省级生态环境主管部门、重点排放单位、符合规定的机构和个人等设立具有不同功能的登记账户。生态环境部和省级生态环境主管部门按照规定，通过注册登记结算系统将排放配额分配至重点排放单位的登记账户。

2. 明确全国碳排放权登记结算机构和交易机构的职能

两机构作为分别运维管理全国碳排放权注册登记系统、交易系统并提供登记结算和交易服务的机构，规定其基本职能、对接、风险管理等内容。

3. 明确登记、交易和结算的监管体系

办法中明确生态环境部进行监管的内容和措施，对两机构重大事项报告提出了要求，并明确了省级生态环境主管部门监管的内容。

4. 细化登记、交易、结算监管，编制相关管理细则

以登记交易结算管理办法为依据，针对登记、交易、结算活动各环节，明确监管主体及责任，细化监管内容，分别制定《登记管理规则》《交易管理规则》《结算管理规则》三个附属文件，力求实现全国碳排放权登记、交易、结算活动全覆盖，形成闭环、精细化监管。

在生态环境部2021年5月11日发布《全国碳排放权交易管理规则（试行）》《全国碳排放权交易管理规则（试行）》《全国碳排放权结算管理规则（试行）》（生态环境部公告2021年第21号）后，《全国碳排放登记交易结算管理办法（试行）》征求意见稿失效，只保留3个管理规则。

（四）全国碳排放权交易管理

全国层面上的碳排放执行细则是在《碳排放权交易管理办法（试行）》基础上制定的，通过登记管理、交易管理和结算管理三个层面的标准制定，进一步规范全国碳排放权登记、交易、结算活动，保护全国碳排放权交易市场各参与方合法权益。

1.《全国碳排放权登记管理规则（试行）》

在登记管理方面，生态环境部于 2021 年 5 月 11 日发布《全国碳排放权登记管理规则（试行）》（生态环境部公告 2021 年第 21 号），约定了全国碳排放权持有、变更、清缴、注销的登记及相关业务的监督管理所需遵循的规则。

关于账户管理，规定了注册登记机构依申请为登记主体在注册登记系统中开立登记账户，用于记录全国碳排放权的持有、变更、清缴和注销等信息。在登记管理方面，规定了注册登记机构根据生态环境部制定的碳排放配额分配方案和省级生态环境主管部门确定的配额分配结果，为登记主体办理初始分配登记。注册登记机构根据交易机构提供的成交结果办理交易登记，根据经省级生态环境主管部门确认的碳排放配额清缴结果办理清缴登记。

2.《全国碳排放权交易管理规则（试行）》

在交易管理方面，生态环境部于 2021 年 5 月 11 日发布《全国碳排放权交易管理规则（试行）》（生态环境部公告 2021 年第 21 号），约定了全国碳排放交易及相关业务的监督管理规则所需遵循的规则。

关于碳排放交易管理，规定了全国碳排放交易市场的交易产品为碳排放额，生态环境部可以根据国家有关规定适时增加其他产品。关于风险管理，规定了生态环境部建立市场调节保护机制，当交易价格出现异常波动触发调节保护机制时，可采取公开市场操作、调节国家核证自愿减排量使用方式等措施进行必要的市场调节。交易机构实行涨跌幅限制制度，设定不同交易方式的涨跌幅比例，根据市场风险状况对涨跌幅比例进行调整。

3.《全国碳排放权结算管理规则（试行）》

在结算管理方面，生态环境部于2021年5月11日发布《全国碳排放权结算管理规则（试行）》（生态环境部公告2021年第21号），约定了全国碳排放交易的结算监督管理、碳排放注册登记机构、碳排放交易机构、交易主体及其他相关参与方所需遵循的规则。

关于资金结算账户管理，要求注册登记机构选择符合条件的商业银行作为结算银行，并在结算银行开立交易结算资金专用账户。关于结算管理，要求在当日交易结束后，通过注册登记系统进行碳排放配额与资金的逐笔全额清算和统一交收，当日完成清算后，注册登记机构将结果反馈给交易机构，双方确认无误后，注册登记机构根据清算结果完成碳排放配额和资金的交收。

五、我国碳市场支撑体系相关制度

除了政策法规以外，一系列支撑性制度文件也是碳市场框架体系中必不可少的关键要素，主要包括覆盖范围、配额分配、监测、报告与核查（MRV）等。

（一）碳市场覆盖范围和行业范围

碳市场覆盖范围是碳排放交易体系建设中首先需要明确的事项。广义的碳交易覆盖范围包括两方面，一是管控温室气体的类型，二是覆盖的交易主体。具体包括覆盖的温室气体种类和排放类型、覆盖的国民经济行业类型、覆盖的排放源边界、覆盖对象的纳入标准等。

1.《关于切实做好全国碳排放权交易市场启动重点工作的通知》

2016年发改委发布的《关于切实做好全国碳排放权交易市场启动重点工作的通知》（发改办气候〔2016〕57号）中确定全国碳排放权交易市场第一阶段纳入的重点排放行业，为石化、化工、建材、钢铁、有色、造纸、电力、航空八大行业，其中2013年至2015年中任意一年综合能源消费总量达到1万吨标准煤以上（含）的企业法人单位或独立核算企业单位。

2.《国家发展改革委办公厅关于做好2016、2017年度碳排放报告与核查及排放检测计划制定工作的通知》

2017年发改委发布的《国家发展改革委办公厅关于做好2016、2017年度碳排放报告与核查及排放检测计划制定工作的通知》(发改办气候〔2017〕1989号)明确纳入碳排放权交易的重点排放行业具体子类，纳入的企业范围为2013年至2017年任一年温室气体排放量达2.6万吨CO_2e(综合能源消费量约1万吨标准煤)及以上的企业或者其他经济组织。自备电厂(不限行业)视同发电行业企业纳入工作范围。同年，发改委发布的《全国碳排放权交易市场建设方案(发电行业)》(发改气候规〔2017〕2191号)，要求将发电行业作为首批纳入行业，率先启动碳排放交易，标志着我国碳排放交易体系完成了总体设计并正式启动。该方案中明确要素市场交易主体初期为发电行业重点排放单位，交易产品初期为配额现货，交易平台为全国建立统一、互联互通、监管严格的碳排放权交易系统，并纳入全国公共资源交易平台体系管理。监管机构为国务院发展改革部门与相关部门共同对碳市场实施分级监管。

(二)碳排放权配额分配制度

碳排放配额，是政府分配给控排企业指定时期内的碳排放额度，1单位配额相当于1吨二氧化碳当量。配额总量的多寡决定了配额的稀缺性，直接影响碳排放交易市场的配额价格。

碳排放权配额分配制度为《2019—2020年全国碳排放权交易配额总量设定与分配实施方案(发电行业)》和《纳入2019—2020年全国碳排放权交易配额管理的重点排放单位名单》。

2020年，《2019—2020年全国碳排放权交易配额总量设定与分配实施方案(发电行业)》和《纳入2019—2020年全国碳排放权交易配额管理的重点排放单位名单》(国环规气候〔2020〕3号)规定，2019—2020年全国碳市场配额管理的重点排放单位为发电行业(含其他行业自备电厂)，2013年至2019年任一年排放达到2.6万吨CO_2e及以上的企业或者其他经济组织，合计2 225家。纳入2019—2020年配额管理的发电机组包括300MW等级以上常规燃煤机组，300MW等级及以下常规燃煤机组，燃煤矸石、煤泥、水煤浆等非常规燃煤机组和燃气机组四个类别。省级生态环境主管部门根据本行政区域内重点排放单位2019—2020年的实际产出量以及本方案确定的配额分配方法及碳排放基准值，核定各重点排放单位的配额数量。对2019—2020年配额实行全部免费分配，并采用基准法核算重点排放单位所拥有的机组和配额量。规定了各类机组判定标准、配额计算方法、2019—2020年各类别机组碳排放基准值等。

（三）碳排放数据的监测、报告与核查

碳排放数据的监测、报告与核查在碳排放交易体系中起着关键作用，可确保碳排放交易的可追踪、透明和可实现性，使得排放主体能够履行他们的责任，并支配他们的配额。监测即对温室气体排放进行监测，其中包括活动水平数据的监测和排放因子的监测等。报告是第三方核查机构针对监测的温室气体排放量进行核证，保证其温室气体排放量准确可靠。核查即对温室气体排放量根据相关要求进行报告。

1.《关于做好2016、2017年度碳排放报告与核查及排放检测计划制定工作的通知》

2017年，国家发展改革委办公厅发布《关于做好2016、2017年度碳排放报告与核查及排放检测计划制定工作的通知》（发改办气候〔2017〕1989号），制定企业碳排放补充数据核算报告模板、企业排放监测计划模板；并制定地方主管部门组织第三方核查机构核查企业排放报告、补充数据及审核企业排放检测计划的参与指南。

2.《企业温室气体排放核算方法与报告指南（发电设施）》（征求意见稿）

2020年，生态环境部办公厅发布《企业温室气体排放核算方法与报告指南（发电设施）》（征求意见稿）（环办标征函〔2020〕57号），对全国碳排放权交易市场发电行业（含自备电厂）设施层面二氧化碳排放的核算和报告工作进行规范，明确了工作程序和内容、核算边界和排放源确定、化石燃料燃烧排放核算要求、购入电力排放核算要求、排放量汇总计算、生产数据核算要求、监测计划技术要求、数据质量管理要求、排放定期报告要求等。

2020年发布的《企业温室气体排放核算方法与报告指南（发电设施）》（征求意见稿）较之2013年《中国发电企业温室气体排放核算方法与

报告指南（试行）》在四方面进行了完善和优化：

一是更符合全国碳市场实际工作需要。《中国发电企业温室气体排放核算方法与报告指南（试行）》和《GB/T 32151.1—2015 温室气体排放核算与报告要求第 1 部分：发电企业》核算边界是企业法人层面（组织层面），其中辅助和附属生产设施的温室气体排放量占比较小，但核查成本高，也未纳入全国碳市场数据报告范围。本标准针对全国碳市场发电设施层面，边界与全国碳市场数据需求完全一致。

二是引导企业更多采用实测参数。本标准明确了碳排放相关参数实测应依据的采样、制样和化验等标准，增强了标准的实用性和可操作性。为引导企业进行碳排放相关参数的实测，本标准对未开展实测或测量方法均不符合实测要求的，明确采用生态环境部有关文件推荐的高限值，以进一步鼓励和引导企业开展实测，不断提升数据准确性和科学性。

三是新增加了监测计划填报要求。监测计划是保证碳排放数据准确度的重要基础，也是监测、核算工作和实施核查工作的依据。新政新增加了对监测计划的要求，明确发电企业重点排放单位应按照设施层级数据监测和获取的要求，制定相应的监测计划。同时，还明确了监测计划的主要内容、应当修订监测计划的情形，以及实施监测活动应与监测计划一致的要求。

四是明确了企业台账管理制度和数据报送要求。为进一步强化数据质量管理，新政标准要求重点排放单位应建立温室气体排放数据台账管理制度，要求企业保存原始凭证备查，有关数据的支撑材料随年度排放报告一并报送。此外，还要求重点排放单位应每个月统计数据，按季度报送相关月度数据，并在第四季度数据报送完成后编制年度排放报告。

3.《企业温室气体排放报告核查指南（试行）》

生态环境部在《企业温室气体排放核算方法与报告指南（发电设施）》（征求意见稿）的基础上，于 2021 年 3 月 29 日生态环境部办公厅印发《企业温室气体排放报告核查指南（试行）》的通知。较 2013 年国家发展改革委办公厅发布《企业温室气体排放核算方法与报告指南》（发改办气候

〔2015〕1722 号）文件而言，该文件进一步系统性规范了全国碳排放权交易市场企业温室气体排放报告核查活动。文件详细规定了核查原则和依据、核查的程序和要点、核查复核等内容。

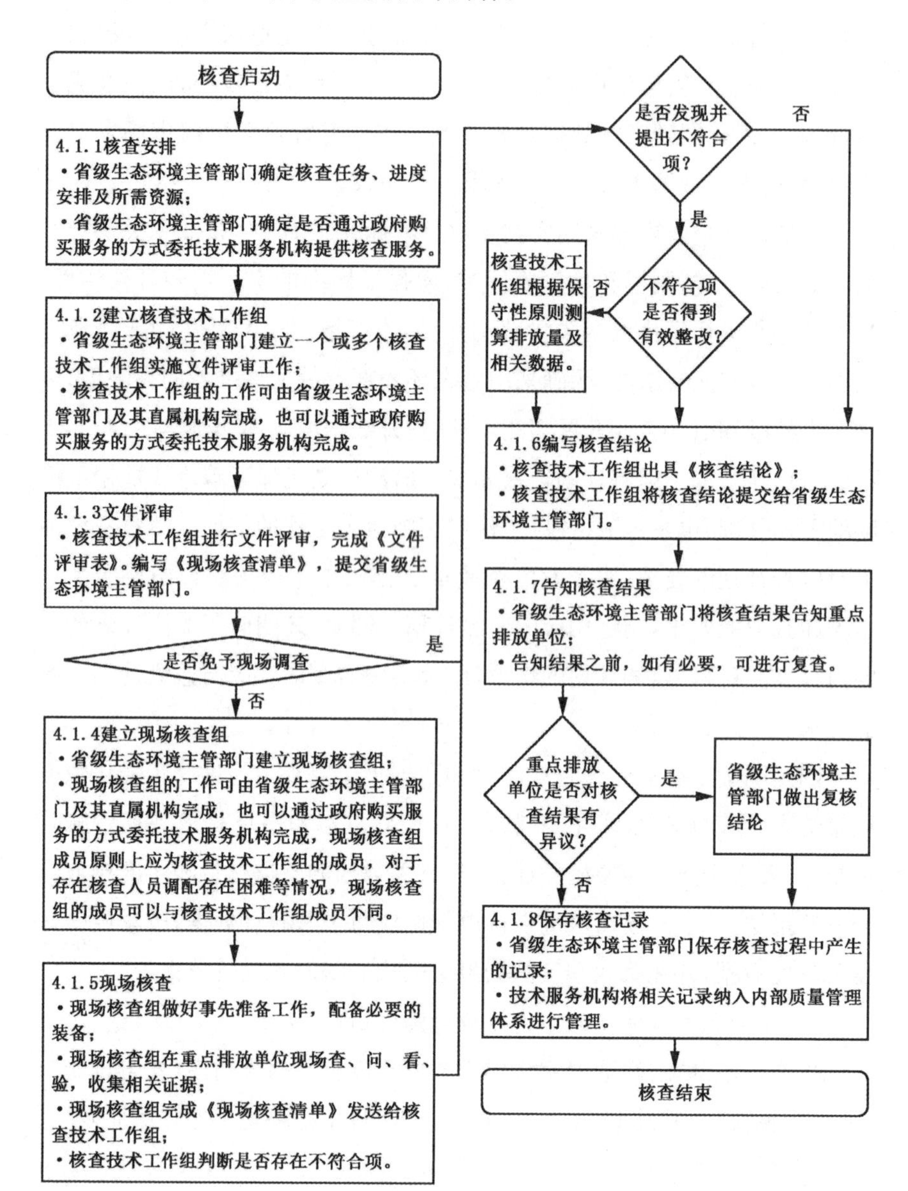

图 9　核查工作流程图

（四）清缴履约管理

管理办法中约定重点排放单位应当根据生态环境部制定的温室气体排放核算与报告技术规范，编制该单位上一年度的温室气体排放报告，载明排放量，并于每年 3 月 31 日前报生产经营场所所在地的省级生态环境主管部门。在管理办法出台之前，《关于加强企业温室气体排放报告管理相关工作的通知》和《2019—2020 年全国碳排放权交易配额总量设定与分配实施方案（发电行业）》文件在清缴履约中的约定如下。

1.《关于加强企业温室气体排放报告管理相关工作的通知》

2021 年 3 月 29 日生态环境部办公厅出台的《关于加强企业温室气体排放报告管理相关工作的通知》（环办气候〔2021〕9 号）中约定，组织开展对重点排放单位 2020 年度温室气体排放报告的核查，在 2021 年 9 月 30 日前完成发电行业重点排放单位 2019—2020 年度的配额核定工作，2021 年 12 月 31 日前完成配额的清缴履约工作。

2.《2019—2020 年全国碳排放权交易配额总量设定与分配实施方案（发电行业）》

2020 年 12 月 30 日，生态环境部印发《2019—2020 年全国碳排放权交易配额总量设定与分配实施方案（发电行业）》（国环规气候〔2020〕3 号）对清缴履约管理做出了较为详细的规定：

一是为降低配额缺口较大的重点排放单位所面临的履约负担，在配额清缴相关工作中设定配额履约缺口上限，其值为重点排放单位经核查排放量的 20%，即当重点排放单位配额缺口量占其经核查排放量比例超过 20%时，其配额清缴义务最高为其获得的免费配额量加 20%的经核查排放量。

二是为鼓励燃气机组发展，在燃气机组配额清缴工作中，当燃气机组经核查排放量不低于核定的免费配额量时，其配额清缴义务为已获得的全部免费配额量；当燃气机组经核查排放量低于核定的免费配额量时，其配额清缴义务为与燃气机组经核查排放量等量的配额量。

除上述情况外，纳入配额管理的重点排放单位应在规定期限内通过注登系统向其生产经营场所所在地省级生态环境主管部门清缴不少于经核查排放量的配额量，履行配额清缴义务，相关工作的具体要求另行通知。[①]

六、试点碳市场政策：以上海为例

2012年我国十八大报告提出积极开展碳市场交易试点后，上海同年出台《关于本市开展碳排放交易试点工作的实施意见》（沪府发〔2021〕64号），贯彻落实国家"十二五"规划中关于逐步建立国内碳排放交易市场的要求。在推进碳交易试点工作中，上海坚持制度先行。2013年，通过市政府制定出台的《上海市碳排放管理试行办法》（沪府10号令），明确建立起了总量与配额分配制度、企业监测报告与第三方核查制度、碳排放配额交易制度、履约管理制度等碳排放交易市场的核心管理制度和相应的法律责任。同年，通过市级碳交易主管部门制定出台的《配额分配方案》《企业碳排放核算方法》及《核查工作规则》等文件，明确了碳交易市场中配额分配、碳排放核算、第三方核查等制度的具体技术方法和执行规则。通过交易所制定发布《上海环境能源交易所碳排放交易规则》和会员管理、风险防范、信息发布等配套细则，明确了交易开展的具体规则和要求。2012年以来，上海已逐步建设形成了一整套以市政府、主管部门和交易所为三个制定层级的管理制度。

（一）碳排放权覆盖范围

上海试点阶段仅将二氧化碳纳入管控范围，主要从以下几方面考虑：第一，二氧化碳排放量占上海市温室气体全部排放量的比重约为95%，将二氧化碳通过市场化手段进行控制，可基本实现对全市温室气体的控制。第二，上海市温室气体排放的监测、报告和核算工作尚处于起步阶段，二氧化碳是六种温室气体中相对容易且能保证对其排放情况进行长时间高质量报告和核算的气体。第三，国家及上海市"十二五"规划所提

---

① 《2019—2020年全国碳排放权交易配额总量设定与分配实施方案（发电行业）》第六条政策原文。

出的温室气体排放控制目标均仅针对二氧化碳排放提出。

基于上述因素，试点阶段从方案的可操作性出发，先对二氧化碳的排放进行管控符合从易到难的原则。同时，考虑待数据基础统计工作完善后，分阶段逐步将所有温室气体纳入控制范围，与国际接轨。

（二）上海碳排放主体

在上海市碳排放交易试点运行阶段，系统的设计和主体的选取需强调与现有能耗统计体系的对接，以利于碳排放交易试点体系的尽快建立。在明确的行业范围基础上，覆盖主体应具备以下基本条件：应是可独立承担民事责任的法人单位；应达到一定的年度排放规模，以利于全市节能减排目标的达成；应具有较好的历史数据统计基础，以利于配额分配与交易的实施。

（三）碳排放数据监测、报告与核查

借鉴欧盟、美国加州等国外碳排放交易体系的经验，上海市碳排放监测、报告与核查主要分为碳排放监测、碳排放报告、第三方机构核查、政府主管部门审定四个环节。

1. 碳排放监测

试点企业应当于每年 12 月 31 日前，制定下一年度碳排放监测计划，明确监测范围、监测方式、频次、责任人员等内容，并报主管部门。试点企业应当加强能源计量管理，严格依据监测计划实施监测。监测计划发生重大变更的，应当及时向主管部门报告。

2. 碳排放报告

试点企业以及年度碳排放量在 1 万吨以上但尚未纳入试点范围的排放企业应当在每年 3 月 31 日前，编制本企业上一年度碳排放报告，并报主管部门。提交碳排放报告的企业应当对所报数据和信息的真实性、完整性负责。

3. 第三方机构核查

每年 4 月 30 日前，第三方核查机构应对企业编制的碳排放报告进行核查，并向主管部门提交核查意见。核查机构应当对核查报告的规范性、真实性和准确性负责，并对被核查单位的商业秘密和碳排放数据负有保密义务。主管部门对碳排放核查第三方机构实行备案管理，建立向社会公开的第三方机构名录，并对第三方机构及其碳排放核查工作进行监督管理。

4. 政府主管部门审定

自收到第三方机构出具的核查报告之日起30日内，主管部门将依据核查报告、结合碳排放报告，对试点企业年度碳排放量进行审定，并将审定结果通知试点企业。

（四）碳交易所监管制度

交易所作为碳排放交易市场的自律监管机构，具有自愿、专业、灵活等优势，《上海市碳排放管理试行办法》第二十条明确，交易所应当制定碳排放交易规则，报市发展改革部门批准后由交易所公布，同时，交易所应根据交易规则，制定相关业务细则，提交市发展改革部门备案。因此，在主管部门授权下，交易所有权利也有责任制定规范从而根据规范对交易市场实施自律监管。

1. 规则规范监管

交易所根据主管部门的授权制定场内交易规则和相关流程，组织市场交易主体的场内交易行为。第一，交易所通过与交易双方签订交易协议或会员协议，上海环交所现货交易实行会员制，因此交易主体开展现货交易需与环交所签订自营类会员协议或综合类会员协议，在会员协议中明确会员和交易所各自的权利义务和责任，会员自愿认可交易所交易规则并同意接受交易所的监管是会员参与现货交易的前提。因此，从本质上可以认为交易所在组织会员交易过程中充当着居间或者中介的角色，交易所属于自律平台。交易所的规则规范一般只对签订了协议的会员具有约束力。第二，交易所制定的具体规则带有明显的技术性和操作性，并且吸收了很多其他交易平台的交易习惯、交易惯例，因此，交易规则具有较为浓厚的行业自律规范性质。

2. 市场准入监管

市场准入监管是指通过对碳交易机构进入市场、经营产品、提供服务依法进行审查和批准，将那些有可能对公共利益或碳交易市场健康运转造成危害的机构拒之门外，来保证碳交易的安全稳健运行。因此，市场准入监管是碳交易市场稳定的前提。市场准入监管包括建立交易主体资格审核制度和建立交易主体分级管理制度两方面。

在市场准入上，交易所制定《会员管理办法》以及《投资者适当性管理办法》，对各类会员的市场准入条件进行严格规定，并根据上述规定来吸纳会员。上述办法对会员的资本、设施、风控制度、专业人员等都有明确要求，以保证会员有参与碳排放权交易的相应的知识、资源、能力以及风险认知等。环交所实行二级代理制度。投资者需委托会员开展交易，也是考虑到风险监管的要求。为了规范市场准入更好地实施会员监管，环交所采取渐进式吸纳会员模式，试点期间只允许境内机构参与，等市场发展到一定程度，才考虑引入境外机构投资者。另外，为了控制风险，目前也只允许机构会员，未纳入个人会员。

(1)建立交易主体资格审核制度

市场主体的交易资格可以从实质条件和程序条件两方面理解。从实质条件理解，碳排放交易主体首先需要满足一般交易主体的条件，即具有法律规定的一般民事权利能力和行为能力，其次需要满足从事碳排放交易所需要的特殊资格条件，一般由各交易平台的交易规则规定，如基本的碳交易操作能力和风险承受能力。机构组织需要有一定的资本要求、信誉要求，个人主体需要通过交易风险评估等。

(2)建立交易主体分级管理制度

在满足一般交易主体资格条件后，交易所还可以根据需要进行交易主体分级管理。如建立会员制度，根据不同的资质设置不同等级，不同等级授予不同的会员权限，这样做有利于活跃交易市场，丰富市场主体层次；有利于发挥会员优势，分摊交易平台风险；也有利于对不同类型的交易主体（如做市商、控排企业、投资机构等）进行类型化的规范管理，便于提供专业服务。

3. 交易行为监管

交易所通过控制交易系统，实施每日盯市操作，可以对交易实施最一线最及时最全面的动态监督和管理，同时还可以监督检查会员或客户的财务、资信、内部管理情况等，另外还可以监督检查结算银行与碳排放交易有关的业务活动。一旦发现违规操作行为，交易所将根据相关规则采取相应措施，严格执行监管制度。如根据《交易规则》第八十五条规定，会员、客户、结算银行等交易参与者违反本规则规定的，交易所责令改正，并可采取下列警告、通报批评、暂停或限制账户交易、暂停或限制相关业务直至取消会员资格等各种不同程度的监管措施。

任何一个自由市场都可能存在内幕交易、市场操纵等市场滥用行为。这种行为将不利于正常市场价格的发现，破坏市场自由竞争关系，损害投资者利益，因此，对交易行为的监管是维护碳交易市场稳定的重中之重。上海环交所现货交易在反复试错、纠错的过程中开始了内部风险控制体系的建设，环交所搭建了自己的风控组织架构、形成了自己的风控团队、制定出台了一系列风控制度和操作手册，包括《业务手册管理办法》《业务异常报告管理办法》等。形成了每月一报的现货交易业务内控报告制度。从而实现现货交易在交易所内部操作层面上的事前、事中、事后风险防范和监管。

首先，交易所的交易规则中应配置合理的风险监控措施，其所谓事前控制。如设置配额最大持有量限制制度和大户报告制度，避免某些市场主体拥有过多配额，进而影响甚至支配碳交易市场发展，防止滥用市场支配地位的违法行为发生。其次，交易所应采取有效措施监控交易行为，及时发现违规交易行为并进行处置，其所谓事中控制。如设置严格的风险警示机制，包括系统自动预警和风控人员盯市制度，以便及时发现异常情况。再次，交易所应定期进行交易风险能力评估和改进，其所谓事后监管。如交易所应配置风控和合规岗位，制定风控制度，定期进行交易风险定性定量评估，以便发现交易相关问题并及时改进。

4. 信息披露监管

规范、及时、充分、准确的交易信息披露制度是碳排放权交易市场监管制度的重要内容。一方面，完善的信息披露可以减少信息不对称，促进交易公开、公平、公正进行，保障市场主体做出科学的交易决策；另一方面，信息披露也有利于主管部门及时掌握市场交易信息，为其科学决策提供有效依据；同时，社会公众通过披露的交易信息了解交易情况，促进公众参与和社会监督。

披露的范围、频率、程度、载体等要素都在规则中予以明确。尤其要注意披露范围的确定，要注意信息披露与保护交易主体商业秘密和个体交易数据保密的界限，要平衡市场知情权和个体保密信息的选取。披露的交易信息一般限于碳排放交易的交易总量、平均价格、最低价格、最高价格等基本信息，而交易主体的某个具体交易信息不应当作为公开信息进行披露，并且机构交易者的商业秘密也不应进行披露。

(五)碳交易模式制度设计

2013 年 11 月，在上海碳市场交易正式上线运行前，上海环境能源交易所公布了交易规则和各项细则，形成了“1+6”的规则体系。

《上海环境能源交易所碳排放交易规则》明确了交易参与方的条件、交易参与方的权利义务、交易程序、交易费用、异常情况处理以及纠纷处理等事项，并在报经上海市发展和改革委员会批准后发布。同时配套的五个相关业务细则也已提交市发展改革委备案。其中，《上海环境能源交易所碳排放交易会员管理办法》确定了交易所实施会员制度，规定会员资格以及会员权利义务。《上海环境能源交易所碳排放交易违规违约处理办法》规定了交易所针对交易过程中出现的违反交易规则和合同约定的处理办法。《上海环境能源交易所碳排放交易信息管理办法》规定交易所应适时公开发布交易市场中包括成交价格和成交量在内的各类相关信息。《上海环境能源交易所碳排放交易结算细则》规定交易资金和碳排放配额的结算程序和结算风险管理。《上海环境能源交易所碳排放交易风险控制管理办法》制定针对市场可能存在的风险提出各种控制制度。2014 年 9 月，上海环境能源交易所发布《碳排放交易机构投资者适当性制度实施办法(试行)》，明确申请参与碳排放配额交易的机构投资者应当符合的条件，以及机构投资者进入上海碳市场交易的申请流程。

1. 会员类型与结构

从国内相关交易市场的会员结构来看，证券、期货类交易均构造“金字塔”式的多级会员制度与结算制度。由于市场上参与者的规模较大、实力较悬殊，为了避免个别违约风险直接传递到交易所、使局部风险演变成整个市场的系统性风险，交易所往往根据会员实力对会员类型加以区分，并分层结算，从而形成了多层次的风险管理体系，保护交易所及整个市场的平稳运行。同时，不同类型的会员为了保住其享有的优惠待遇或争取成为上一级会员，都会强化经营管理，规范经营行为，提高经营效率，从而促进整个行业的良性发展。这也从一定程度上维护了市场的稳定，增强了投资者的信心。

上海环境能源交易所采用两级会员制度，即交易所管理会员，会员管理其客户。在上海市碳排放交易试点初期，以自营类会员参与交易为主。为了保证体系的良好运行，已经对市场的主体范围进行了细致的筛选，主要为达到一定规模的中大型企业，主体之间的区别并不如证券、期货类市场大。在这样的市场结构下，试点企业以及规模较大的机构投资者可以成为交易所的自营类会员参与市场交易。交易所直接实现对自营类会员的管理，监督其交易行为。考虑到未来市场的拓展，将会引入更多的机构以及个人参与，由综合类会员作为市场推广的主体，接受交易所的监管并且负责管理相对规模较小的机构投资者以及个人投资者。

在会员类型上，上海与成熟市场通常采用的会员体系保持一致，设立综合类会员和自营类会员，分别从事代理和自营交易业务。会员可以直接进行交易，客户应委托综合类会员代理参与交易。除试点企业外，其他符合投资者适当性制度要求的企业或组织申请成为自营类会员，应当为注册资本不低于人民币 1 000 万元且在中华人民共和国境内登记注册的企业法人或者其他经济组织；综合类会员应满足净资产不低于人民币1亿元以及其他交易所规定的专业能力及技术条件。

2. 交易方式与时间

在交易模式上，设立了针对小额交易的挂牌交易模式和针对大宗交易的协议转让模式。

(1)挂牌交易

国内外成熟的交易市场均采用电子竞价的交易模式，在订单设计、定价方式、成交方式等方面各有特色。竞价方式保证了投资者公平交易的原则，保障了投资者的利益，提高了交易效率。

在上海环境能源交易所中，挂牌交易指在规定的时间内，会员或客户通过交易系统进行买卖申报，交易系统对买卖申报进行单向逐笔配对的公开竞价交易方式。在交易过程中，会员或客户在交易所申报卖出配额的数量，不得超过其交易账户内可交易配额余额。交易所不实行保证金交易，会员或客户申报买入的配额金额不得超过交易账户内可用资金余额。当买入申报价格高于或等于卖出申报价格，则配对成交。成交价为买入申报价格、卖出申报价格和前一成交价三者中居中的一个价格。由于采用挂牌交易，买卖双方能够根据自身的心理预期进行报价，按照一定的原则进行排序并且实现成交，保证交易的公平与效率。挂牌交易适用于单笔额度较小的交易，通过即时的成交满足买卖双方的需求，更有利于市场的价格发现。

(2)协议转让

为满足大型企业的交易需求，避免大宗交易对市场造成价格的剧烈波动，上海环境能源交易所设置专门针对大宗交易的协议转让方式。协议转让指交易双方通过交易所电子交易系统进行报价、询价达成一致意见并确认成交的交易方式。单笔买卖申报超过10万吨时，交易双方应当通过协议转让方式达成交易，也就是点对点的交易方式。协议转让与挂牌交易的区别在于，交易的一方可以选择成交的对手方，只要双方达成价格的一致即可成交，而不需要满足挂牌交易中价格优先、时间优先的排序原则以及买方报价不低于卖方报价的成交原则。协议转让交易的成交价格由交易双方在当日收盘价的±30%之间协商确定。协议转让中，交易双方应当拥有与买卖申报相对应的配额或资金。

协议转让具有一系列优势：大宗交易的前提是建立在一个事先约定的基础上，因而协议转让的实施可以降低有关交易主体大批量交易时的参与成本，并且帮助参与者相对控制风险；对于购买者来说，协议转让将有效降低购买成本，使得购买行为更为便利和确定，减少控排企业的履约风险。从某种程度上说，有利于监管机构对市场大宗交易的监管，减少二级市场不必要的价格波动。

协议转让必须注意规范进行，其中重要的一点是公开透明的交易信息，比如交易的数量、交易的价格等。协议转让模式下，成交价格不纳入交易所即时行情，成交量在交易结束后计入当日配额成交总量。

(3)有偿竞价

上海碳市场有偿竞价包括履约拍卖(仅针对纳管企业)和非履约拍卖(向纳管企业和机构投资者共同开放)。历次履约拍卖底价通常设计为历史加权均价的1.1～1.2倍，通过拍卖价格上浮的方式激励企业尽早通过市场交易完成履约，强化了市场预期，履约需求的增加给配额交易价格预留了上涨空间。非履约拍卖的底价与历史加权均价保持一致，同时对企业和投资机构均限制了最大竞买数量，有效发挥拍卖机制的市场调节功能，一定程度上缓解了配额供给短缺的压力。

3. 清算交割

上海环境能源交易所遵循现代化结算制度，由交易所作为交易的中央对手方，承担交易双方的履约担保风险。交易所的结算方式与交易模式、交易品种和会员结构紧密相关。为了保证资金安全，交易资金实行银行存管制度，会员应当在指定结算银行开设碳排放交易专用资金账户，交易所与会员之间碳排放业务的资金往来应通过在交易所指定结算银行开设的专用账户办理。

上海环境能源交易所的结算方式与交易所的两级会员结构保持一

致，即交易所对会员统一进行交易资金清算和划付，综合类会员负责对其代理的客户进行资金清算和划付。为提高结算的效率，上海碳排放交易实行净额结算制度，即每日交易结束后对买卖的成交差额与交易所进行结算。会员和客户的配额交割均由交易所统一组织进行。登记管理机构负责配额的存管，并根据相关规定和交易所的清算结果完成配额过户。碳排放交易实行货银对付制度，配额登记注册系统根据交易所结算完成的提示，在投资者碳排放产品账户间进行碳排放产品的划拨，交收完成后不可撤销。结算银行根据交易所提供的交易流水单负责直接划转投资者的资金，并及时将资金划转凭证和相关账户变动信息反馈给交易所。

4. 风险控制

在风险控制上，通过当日涨跌幅限制、大户报告制度、配额最大持有限制、风险警示制度、风险准备金等一系列方式有效防范交易过程中可能出现的各种风险。从国内外经验来看，风险控制手段包括交易产品的监控、交易过程中的监控（如涨跌停板制度、市场行为监控、持仓限额制度、交易或账户的暂停或冻结停止），以及其他保障制度（如信息报告制度、保证金制度、风险警示制度）等。

（1）当日涨跌幅限制

涨跌停板幅度由交易所设定，交易所根据市场风险状况调整涨跌停板幅度，可控制价格的过度波动以稳定市场，但直接的价格上限和下限可能使得价格长时间滞留在最高或最低位，会限制市场的流动性，并且上下限的位置不容易确定，过低的价格限制会削弱企业减排的动力。因此，上海市碳排放配额（SHEA）的涨跌停板幅度采用较为合理的百分比的限额制度，为上一交易日收盘价的±10％。

（2）配额最大持有量限制

会员和客户的配额持有数量不得超过交易所规定的最大持有量限额，具体如下：

表 2 **配额持有数量限制**

年度初始配额	同一年度最大持有量
不超过 10 万吨	＋100 万吨
10 万吨以上,不超过 100 万吨	＋300 万吨
100 万吨以上	＋500 万吨

通过分配取得配额的会员和客户按照其初始配额数量适用不同的限额标准,如因生产经营活动需要增加持有量的,可按照相关规定向交易所另行申请额度。未通过分配取得配额的会员和客户最大持有量不得超过 300 万吨。

(3)大户报告制度

会员或者客户的配额持有量达到交易所规定的持有量限额的 80%或者交易所要求报告的,应于下一交易日收市前向交易所报告。

(4)风险警示制度

交易所认为必要的,可以单独或者同时采取要求会员和客户报告情况、发布书面警示和风险警示公告等措施,以警示和化解风险。

(5)交易信息

交易信息是指有关碳排放交易的信息与数据,包括配额的交易行情、交易数据统计资料、交易所发布的与碳排放交易有关的公告、通知以及重大政策信息等。交易所实行交易信息披露制度。交易所每个交易日发布即时行情,内容包括:配额代码、前收盘价格、最新成交价格、当日最高成交价格、当日最低成交价格、当日累计成交数量、当日累计成交金额、涨跌幅、实时最高三个买入申报价格和数量、实时最低三个卖出申报价格和数量。此外,交易所及时编制反映市场成交情况的周报表、月报表、年报表,发布一定周期内的最高成交价格、最低成交价格、累计成交数量、累计成交金额以及其他可能影响市场波动的信息。

(六)碳金融制度的发展

随着碳交易市场的逐步发展,上海环交所对现货交易规则进行了多次修改,颁布了多个规则修订通知。其中,涉及涨跌停幅度的调整、最小价格变动单位的调整、协议转让交易方式根据不同交易量设置价格涨跌幅限制等内容。

在现货交易之外，上海环交所开始探索各种碳衍生品种以活跃碳交易市场，提供更多的价格发现和风险转移路径，使交易市场形成反映真实供求关系和商品价值的合理价格体系，最终为节能减排减少温室气体排放和应对全球气候变化服务。上海环交所为配合碳衍生品以及围绕配额和 CCER 的金融产品开发，制定了配套的规则体系，包括《上海碳排放配额质押登记业务规则》（2020 年发布）《上海碳配额远期交易业务规则》（2016 年发布）《协助办理 CCER 质押业务规则》（2015 年发布）《借碳交易业务细则（试行）》（2015 年发布）等。

参考文献

[1]林健．碳市场发展[M]．上海：上海交通大学出版社，2013.

[2]未来智库．碳交易市场专题研究报告：海外经验、发展趋势及市场空间[R/OL]．(2021-05-09) https://mbd.baidu.com/newspage/data/landingsuper?context=%7B%22nid%22%3A%22news_10033927473495020553%22%7D&n_type=-1&p_from=-1.

[3]刘衡．欧盟航空碳税案大事记[Z/OL]．(2012-11) http://ies.cass.cn/wz/yjcg/qt/201211/t20121114_2457850.shtml.

[4]国务院新闻办．中国应对气候变化的政策与行动[Z]．2011.

[5]国务院发展研究中心"生态文明建设与低碳发展：理论探索、形势研判与政策分析"课题组．国家碳排放核算工作的现状、问题及挑战(2020)[EB/OL]．http://www.waterinfo.com.cn/news_5/nei_1/202003/t20200323_24113.htm.

[6]王政达．新时代中国对全球治理的新贡献(2018)[EB/OL]．http://theory.people.com.cn/n1/2018/0307/c40531-29853305.html.

[7]祁悦，柴麒敏，李俊峰．中国批准《巴黎协定》彰显大国担当[N]．21 世纪经济报道，2016-09-04.

[8]国际碳行动伙伴组织(ICAP)2020 年度全球碳市场进展报告[EB/OL]．(2020-03-28)．http://www.tanpaifang.com/tanguwen/2020/0328/69518.html.

第二章　全国碳市场建设的实践路径

一、我国碳市场发展历程

我国参与碳排放交易历程可划分为三个阶段，整体采取先参与成熟的国际碳交易体系，再进行部分地区碳交易试点，进而稳步推进全国碳市场建设的思路。

（一）第一阶段：CDM 项目阶段（2005—2012 年）

我国碳排放交易主要起源于《联合国气候变化框架公约》和《京都议定书》下的清洁发展机制（CDM）。CDM 项目是我国 2013 年区域碳排放交易试点以前唯一能够参与的碳交易方式。在国内完善的碳排放权交易市场建立之前，国内碳排放权交易的主要途径是参与 CDM 项目碳资产一级市场的供应，主要交易对手方来自欧盟。

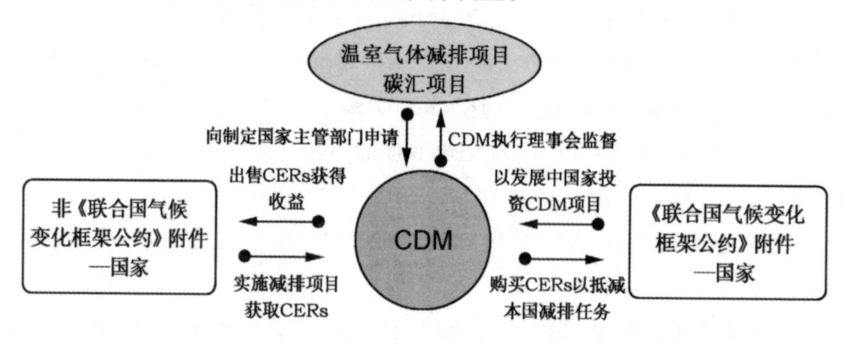

资料来源：《京都议定书》。

图 10　CDM 的交易体系

风力发电项目是我国 CDM 项目的主力，参与 CDM 项目是我国风力发电初期的重要推动力。2005 年 6 月 26 日，联合国 CDM 管理委员会注册了我国第一个风力发电项目——荷兰政府与我国签订内蒙古自治区辉腾锡勒风电场项目，标志着我国 CDM 风力发电项目开发的开端。根据联合国气候变化框架公约公布的数据，截至 2019 年，我国 CDM 注册项目数量已达到 3 764 个，主要集中在云南、四川和内蒙古，三省的 CDM 项目数量均超过 350 个。从 2005 年至 2012 年，我国 CDM 注册项目数量大幅增长，从 2013 年开始，受实体经济不振的影响，整体能耗下降，全球第一大市场欧盟碳交易市场的持续低迷导致需求持续下降，且由于欧盟对 2013 年后碳市场交易设置更多限制，同时国际上 CER 的不断签发导致供给过多，CER 价格随之下降，近两年来 CER 价格一直在 1 欧元以下波动。多方因素导致 2013 年之后我国 CDM 项目申请数量急剧下滑。

2013 年开始欧盟碳排放交易体系不再接受 CDM 项目产生的减排额，直接导致我国 CDM 项目开发的终结。2013 年 EU ETS 进入第三阶段，该京都碳信用最大的买家宣布不再接受非最贫困国家新签发的 CERs，这直接导致我国 CDM 项目开发彻底终结，而 2012 年注册项目激增也是因为《京都议定书》第一个承诺期结束前各项目急于完成注册和签发减排量，由 CDM/JI 主导的全球碳信用市场已结束。

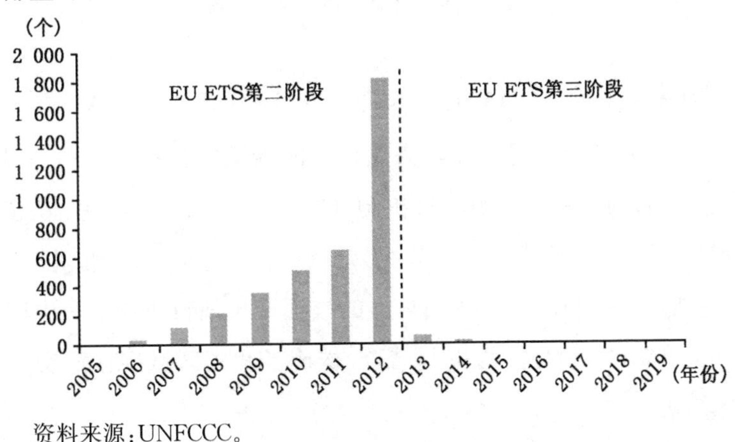

资料来源：UNFCCC。

图 11　我国 CDM 项目数量(2005—2019 年)

从项目类型上看，我国CDM项目主要集中在风电和水电，两板块项目数量占全国总CDM项目数量分别为43%和38%。CDM风力发电项目在我国得到了迅速的发展，成为我国CDM的重要项目构成类型。风电CDM项目通过出售核证减排量（CERs）给发达国家，核证减排量带来的收入可以很大程度上对冲风力发电成本，提高风电盈利水平，CDM项目是我国发展风力发电的重要推动力。

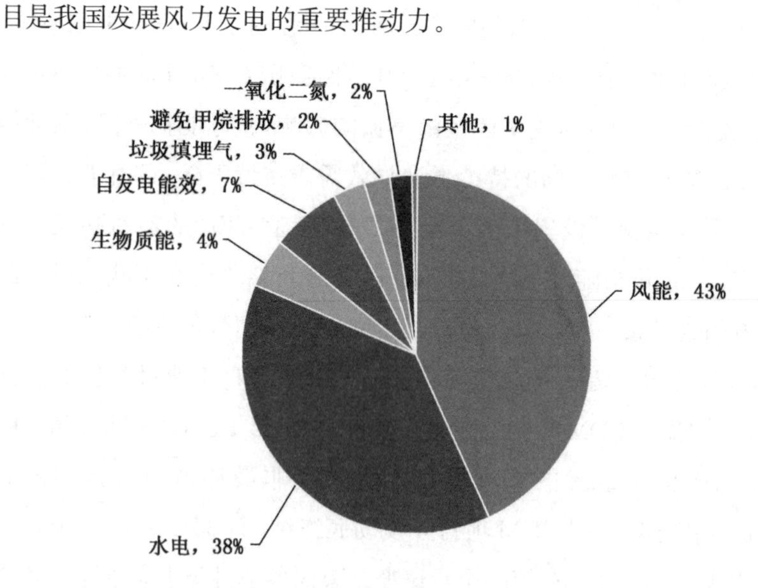

资料来源：UNFCCC。

图12　我国CDM项目类型占比

（二）第二阶段：区域碳排放交易试点阶段（2013年至今）

我国于2012年起逐步开始搭建自己的碳排放交易体系——碳排放交易试点市场（ETS）＋自愿减排机制（CCER）。一方面，我国2013年开始借鉴EU ETS逐步开展碳排放交易试点；另一方面，我国借鉴《京都议定书》清洁发展机制构建了我国自己的核证减排项目机制——中国核证自愿减排机制（CCER）。两机制结合，构成了我国区域碳排放交易试点的整体结构。

2011年10月29日，国家发改委办公厅发出《关于开展碳排放权交易试点工作的通知》，建立七大碳交易试点市场，同意在北京、上海、天津、重庆、湖北、广东、深圳七省市开展碳排放权交易试点（ETS）。2013 年 6 月 18 日至 2014 年 6 月 19 日，7 个碳排放权交易试点省市先后开展了碳排放权交易，福建省于 2016 年 12 月 22 日启动碳交易市场，作为国内第 8 个区域性碳市场。在试点范围内，碳排放权作为产品在企业之间交易。相关监管部门会制定当地碳减排总量，并将排放权以配额的方式发放给企业等市场主体。企业经审核登记后，会获得一年的碳排放配额，若实际排放量超过这一配额则需要向其他企业购买超量的排放配额，而减排企业也可将剩余的排放配额售卖给其他企业。各个试点地区在碳交易体系的架构搭建上保持相对一致，均包含政策法规体系、配额管理、报告核查、市场交易和激励处罚措施，又在细节上考量了各地区的差异性。行业方面，以发电、石化、化工、建材、钢铁、有色金属、造纸和国内民用航空八大高耗能行业为主。配额分配方面，多数地区采取免费分配与有偿竞价相结合的模式。

2015 年起，设计仿照 CDM 项目，我国陆续在 8 个区域碳市场以及四川联合环境交易所开展中国核证自愿减排量交易。2015 年，国家发改委上线“自愿减排交易信息平台”，在此经发改委签发的自愿减排项目的减排量，被称为中国核证自愿减排量（CCER）。除交易地点和审核机构不同外，CCER 整体设计与 CDM 项目基本一致。纳入碳排放交易体系的企业在履约时均允许用 CCER 项目减排量抵消一定比例的碳排放。未被纳入碳交易市场的风电、光伏、森林碳汇等项目可以参与自愿减排机制，获取发改委签发的 CCER，进而通过出售 CCER 间接参与碳交易。

碳市场交易产品主体是现货交易，主要包括各省市试点碳排放配额和 CCER 项目减排量。履约单位可购买 CCER 抵消超出配额排放量，抵消比例一般不得超过 3％或 10％。

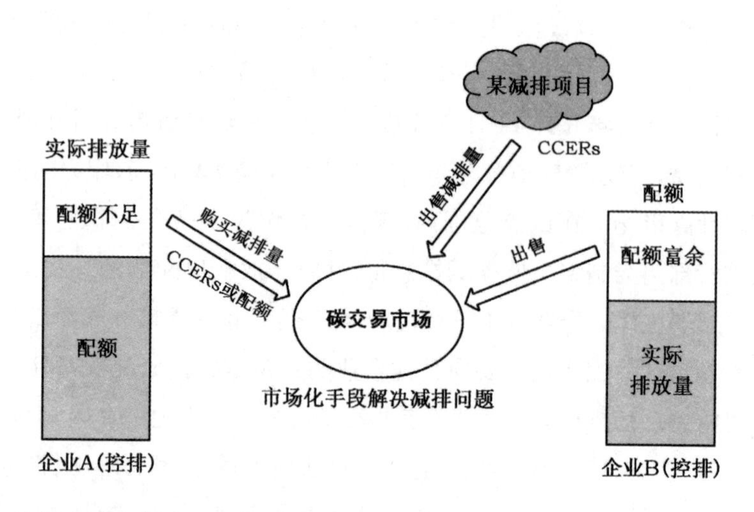

资料来源:根据公开资料整理。

图 13　我国碳交易试点市场基本原理

自愿减排项目需满足国家规定的项目类别,同时符合发改委经过备案的方法学。2013—2016 年,发改委已在自愿减排交易信息平台上先后发布 12 批温室气体自愿减排方法学备案清单,具体来看,由联合国清洁发展机制方法学转化 174 个,新开发 26 个,常规方法学 107 个,小型项目方法学 86 个,农林项目方法学 5 个。

通过对我国自愿减排交易信息平台相关数据进行统计,2012—2017 年共发布 CCER 审定项目 2 871 个,备案项目 861 个,主要包含风电、光伏、甲烷回收、水电、生物质能利用、垃圾焚烧等领域。2017 年 3 月,国家发改委表示 CCER 存在交易量小、个别项目不够规范等问题,暂停项目备案,截至目前尚未重启。

(三)第三阶段:全国碳排放权交易市场建设阶段(2017 年至今)

2014 年,国家发改委颁布了《碳排放权交易管理暂行办法》,明确了全国统一碳排放交易市场的基本框架。2015 年,习近平主席在《中美元首气候变化联合声明》以及巴黎气候大会上宣布我国将于 2017 年建立全国碳交易市场。2016 年 10 月,国家发改委发布《关于切实做好全国碳排放权交易市场启动重点工作的通知》，确定了全国碳市场纳入行业。

2017年12月，我国碳排放交易体系完成了总体设计，并正式启动，明确全国碳市场分基础建设期、模拟运行期和深化完善期三个阶段稳步推进，并于2020年在发电行业交易主体间开展碳配额现货交易，逐步扩大市场覆盖范围，丰富交易品种和方式。其中，基础建设期（2017—2018年），即用一年左右的时间，完成全国统一的数据报送系统、注册登记系统和交易系统建设；深入开展能力建设，提升各类主体参与能力和管理水平，开展碳市场管理制度建设。模拟运行期（2018—2019年），即用一年左右的时间，开展发电行业配额模拟交易，全面检验市场各要素环节的有效性和可靠性，强化市场风险预警与防控机制，完善碳市场管理制度和支撑体系。深化完善期（2020年至今），在发电行业交易主体间开展配额现货交易；交易仅以履约（履行减排义务）为目的，履约部分的配额予以注销，剩余配额可跨履约期转让、交易。在发电行业碳市场稳定运行的前提下，逐步扩大市场覆盖范围，丰富交易品种和交易方式；创造条件，尽早将国家核证自愿减排量纳入全国碳市场。2020年，随着"碳达峰、碳中和"的目标被多次提及，全国碳交易市场建设加快进行，《碳排放权交易管理办法（试行）》于2021年1月发布，电力行业于2021年正式启动第一个履约周期。

二、区域碳市场实践经验

（一）区域碳市场总体情况

1. 市场运行情况

（1）交易规模

截至2020年年底，我国碳交易试点配额现货一、二级市场累计成交4.58亿吨，成交额105.74亿元；试点地区的碳市场共覆盖钢铁、电力、水泥等30多个行业，接近3 000家企业，纳入碳市场70%的企业的碳排放强度和碳排放总量实现了下降。我国碳市场已成为全球配额成交量第二大市场。

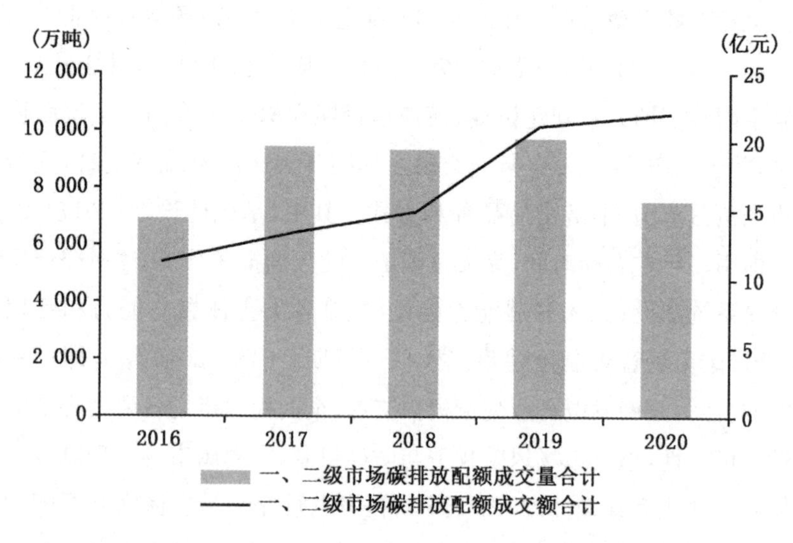

资料来源:根据各交易所公开资料整理。

图 14 2016—2020 年全国各试点碳排放配额交易情况

从碳排放配额交易量来看,试点运行数年来,广东、湖北交易量显著高于其他地区。截至 2020 年年底,广东碳排放交易试点市场交易规模、引资规模、纳入企业参与度等市场指标居全国首位,累计配额成交 1.72 亿吨,占全国 37.59%;湖北碳排放交易试点配额累计成交量 9 548.69 万吨,占全国碳交易试点 20.84%;上海碳排放交易试点配额累计成交量 4 584.01 万吨,占全国碳交易试点 10.01%。

从碳排放配额交易额来看,2020 年各试点总成交量下降,但总成交额却有提升,变化趋势出现分歧;2020 年除湖北、天津碳交易额有明显增长,上海、重庆配额交易额有小幅增长外,其他碳试点受疫情影响均有所下滑。与交易量情况类似,广东、湖北的配额交易额也排名前列,其中广东的碳交易额远高于其他碳试点。截至 2020 年年底,广东碳排放交易试点配额累计成交金额 35.61 亿元,占全国碳交易试点的 33.68%;湖北碳排放交易试点配额累计成交金额 21.21 亿元,占全国碳交易试点的 20.06%;上海碳排放交易试点配额累计成交金额 10.78 亿元,占全国碳交易试点的 10.20%。

(2)交易价格

与国际碳市场相比,我国试点碳价普遍偏低。我国试点碳价历史最高点为 122.97 元/吨(深圳),最低点为 1 元/吨(重庆);而欧盟 EUA 碳配额现货碳价历史最高点为 47.91 欧元/吨(折合人民币约 380 元/吨),最低点为 2.68 欧元/吨(折合人民币约 22 元/吨)。截至 2021 年 4 月 29 日,我国碳试点成交均价在 3.60～64.18 元/吨之间(其中重庆碳市场碳价最低,为 3.60 元/吨;北京最高,为 64.18 元/吨),而同一天欧盟 EUA 碳配额现货结算价为 47.91 欧元/吨(折合人民币约 380 元/吨),为我国碳试点碳价的 6～106 倍。

从整体碳价变化趋势来看,国内碳试点平均碳价从 2013 年到 2017 年呈下降趋势,之后到 2020 年有所回升,除深圳和福建外,其他碳试点年平均碳价也均表现出这一特点。同时从 2021 年开始,各试点碳价有趋同趋势,若剔除碳价低于 10 元/吨的深圳及福建碳市场,碳价近 3 个月内基本在 20～50 元/吨之间波动。

从碳价波动情况来看,湖北、天津碳价相对稳定,北京、深圳、广东波动幅度较大。深圳、广东碳试点在刚开始运营时,碳价波动均非常剧烈,深圳 2013 及 2014 年、广东 2014 年碳价标准差均超过 16 元/吨,随后几年有所降低;北京碳试点在 2018—2021 年碳价波动有所加剧。上海碳试点配额挂牌均价自 26 元/吨起步,逐渐上涨到 44.91 元/吨(2014 年 2 月 21 日),因上海碳市场第一阶段配额全部免费分配,纳管企业配额盈余量相对较多,配额价格自 2015 年 6 月伊始一路下跌,跌至历史最低 4.21 元/吨(2016 年 5 月 16 日);随着配额结转政策的出台,配额分配方案的优化,配额价格自 2016 年 11 月起又逐步上扬,配额挂牌最高达到 49.98 元/吨(2020 年 1 月 2 日),且长期保持在 40 元/吨上下波动。

近年来,我国碳排放权市场均价稳定在 3.60～64.18 元/吨的价格区间,其中重庆的成交均价最低(3.6 元/吨左右),北京的成交均价最高,达到 64.18 元/吨，但与欧盟及加州碳市场超过 100 元/吨的价格相比，我国碳市场的价格发现作用仍相对较弱。随着全国碳交易市场落地，交易体量和活跃度有望迎来新发展阶段。

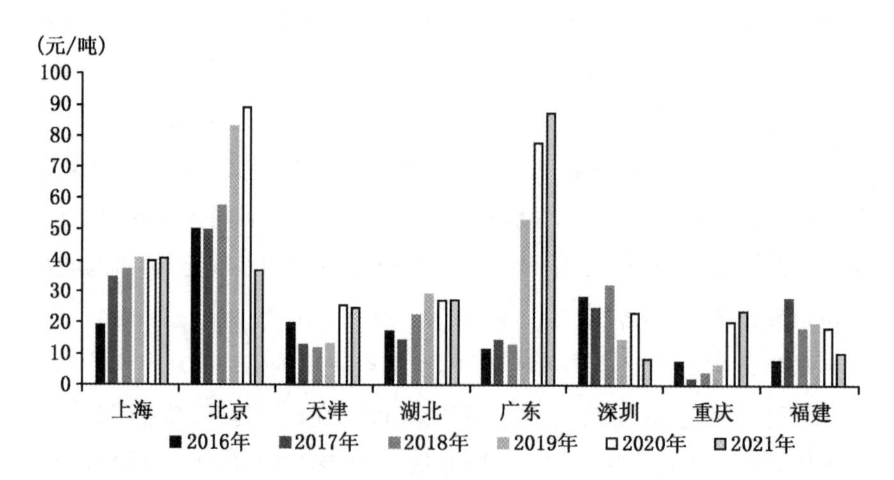

资料来源：根据各交易所公开资料整理。

图 15　碳交易试点区域碳排放配额年度成交均价

(3)覆盖范围

①气体范围

除了重庆外各碳试点均仅纳入了二氧化碳气体，重庆纳入了六种温室气体(二氧化碳、甲烷、氧化亚氮、氢氟碳化物、全氟碳化物、六氟化硫)，各地覆盖温室气体排放的比例在 40％～70％之间。此外，国内各碳试点均将间接排放纳入了交易机制中的碳排放核算体系，这与国际碳市场的普遍做法不同，原因在于我国电力分配市场价格主要由政府主导、为不完全碳市场，被纳入碳市场的电力行业无法把成本转移至下游用电企业。因此，将企业用电的间接排放计入其实际排放，有助于从消费端进行减排。

②行业范围

各试点均纳入了排放量较高、减排空间较大的工业，如电力生产、制造业等。各个试点所覆盖的行业范围各不相同，电力、水泥、化工是覆盖率较高的重点行业，且均随着市场的改进不断扩大纳入行业的范围，部分试点地区包含了除全国碳排放权交易体系规定的八大行业之外的行业，比如公共建筑、服务业等。首先，各试点经济结构不同，故纳入碳交易的行业范围有差异，例如深圳、北京、上海等地第三产业占主导地位，因此将交通运输业、服务业、公共管理部门等纳入其中；其次，各试点控排门槛有差异，这也与其经济结构有关，例如深圳、北京工业企业较少且规模有限，故对工业的控排门槛设置低于其他碳试点。最后，与其他碳试点不同，湖北并非先指定行业范围、再设定控排门槛，而是直接通过设置控排门槛的方式判断哪些行业的企业纳入碳交易，即最新要求是在2016—2018年任意一年的能耗达到1万吨标煤/年的企业均纳入碳市场。

表3　　碳排放交易试点重点覆盖行业

试　点	覆盖行业
北京	电力、热力、航空、水泥、石化、服务业等
上海	电力、钢铁、化工、建材、纺织、航空、水运、服务业、商业宾馆等
广东	电力、水泥、钢铁、石化、造纸、民航等
深圳	电力、供水、燃气、公共建筑、交通、制造业、服务业等
湖北	电力、钢铁、水泥、化工等
天津	电力、热力、钢铁、化工、石化、油气开采等
福建	电力、石化、化工、建材、钢铁、有色、造纸、航空、陶瓷等

资料来源：碳排放交易网。

(4)参与主体

碳排放权交易试点地区均允许履约机构和非履约机构参与交易，但非履约机构参与条件各有差异；除上海暂不接受个人参与交易外，其他试点地区均开放个人参与，其中北京门槛最高，需个人拥有100万元以上的金融资产；深圳等地还成功取得国家外管局许可，允许境外机构参与交易。

(5)碳金融探索

从各地试点碳市场来看,上海、北京、深圳、湖北、广东等多地碳交易所在碳金融产品创新方面做出了较多探索,其中碳交易类的包括借碳、托管、碳债券、碳远期、场外期权交易、场外掉期交易、担保型 CCER(国家核证自愿减排量)远期合约等;碳融资类的包括碳基金、碳配额和 CCER 质押、碳配额回购融资、碳配额卖出回购、跨境碳资产回购等。2016 年上海、广州以及湖北碳市场上线了碳配额远期交易,其中,上海环交所推出的碳配额远期产品为标准化协议,采取线上交易,并且采用了由上海清算所进行中央对手方清算的方式,其形式和功能已经十分接近期货,能够有效地帮助市场参与者规避风险,也能在一定程度上发出碳价格信号。截至 2020 年年底,上海碳配额远期累计成交量达到 433 万吨,并且每年保持稳定增长。

2. 市场机制

(1)配额分配方式

从配额分配方式来看,在试点的初期各地区都给予了企业适度的配额,符合碳市场循序渐进发展的规律。目前,各试点地区已结合本地情况,对一定比例的配额实行了有偿拍卖的分配方式,但有偿拍卖所占比例仍然较低,一般低于企业年发放配额的 10%。在现有规则基础上,各地区正探索逐步提高配额有偿发放比例及发放灵活性,进一步推动市场配额的合理供给。试点地区在不断完善自身的交易机制,为全国碳市场积累经验。如广东早期规定控排企业必须通过拍卖的方式购买 3%的有偿配额,之后才能获得剩下的免费配额,这一规定之后被修改取消;湖北则在配额分配上有所创新,如事后调整机制(配额会根据企业的产量变化和成本负担水平进行事后调整,从而既施加了减排压力,又给企业留出了一定调整时间),引入市场调节因子用于配额“去库存”(前一年的剩余配额只能以一定折扣沿用到之后年份)和行业控排系数(依据各行业减排成本、减排潜力等因素综合测算确定)。

表 4　　碳交易试点配额分配方式

地　区	方　法	无偿分配	有偿分配
深圳	目标总量控制法	3年分配一次	年度配额总量的3%用于拍卖
上海	历史强度法、历史排放法和基准线法	一次性分配	适时推行
北京	历史法和基准线法	逐年分配	年度配额总量的5%用于拍卖
广东	基准线历史强度下降法和历史排放法	逐年分配	电力企业5%，钢铁、石化、水泥、造纸和航空企业3%有偿发放
天津	历史法、标杆法和历史强度法	逐年分配	无
湖北	历史法和基准线法	逐年分配	市场价格较大波动时
重庆	总量控制和历史排放法结合	逐年分配	暂无

资料来源：《中国低碳经济发展报告》。

(2)MRV制度与监管机制

根据温室气体测量、报告、核查制度，控排企业必须首先量化并报告其年度二氧化碳排放量，然后由独立第三方核查机构对其排放报告进行核查。各试点制定了排放量测量、电子报送系统、第三方核查及登记制度，以及核查机构的申请条件和资质，为本地区制定减排目标与措施提供了有力的技术支撑。

我国碳交易试点自2013年陆续启动以来，已逐渐完善了碳交易制度的各技术要素，在核查制度方面的实践经验主要包括以下三个方面：一是制定核查技术规范和标准，即对核查程序、核查内容、核查报告进行规定；二是对核查机构进行准入和管理，即制定核查机构的门槛标准、监管措施；三是对核查结果进行复查和相关管理。

①核查技术规范

各试点地区通常以规范性文件方式，对核查原则、目的、依据、流程、内容以及核查报告的编写等进行具体规定，并制定了核查报告、核查计划等文件模板，形成了完整的核查技术规范体系。各地均要求第三方核查机构应以独立、公正和保密的原则，经过核查准备、实施和报告编写三个阶段进行核查工作。应通过文件评审和现场访问等方式对排放单位的基本情况、核算边界、方法、数据（活动水平、排放因子等）以及排放量等情况进行核查和交叉核对，经过内部复核后提交核查报告和结论。多数试点都规定了监测计划要求，有的地区还要求企业在监测期开始前向主管部门提交和备案监测计划。因此这些地区在核查规范中要求对企业实施监测计划的情况以及监测活动与备案计划的符合性进行核查，监测计划是核查过程的重要组成部分。

②核查机构的监督管理

对核查机构事前、事中和事后的监督管理是保障核查质量的重要环节。各试点有些通过出台专门的管理办法，有些通过碳交易管理办法或招标文件等对核查机构的管理做出规定要求，构成了以监管主体、监管对象和监管手段为主要内容的监管体系。监管主体通常是地方发改委，只有深圳联合地方市场监管部门共同管理核查机构。监管对象无疑是核查机构及其核查工作。而监管手段是监管体系的核心，监管主体只有实施有效的管理手段才能实现保证核查质量的目标。

③复查的实施与管理

在当前控排企业报告水平和核查机构能力不足的国情下，所有试点地区为保证数据质量、提高数据可信度，又组织专家或机构对核查结果进行了复查。试点地区实施的复查工作可归纳为复查对象、主体、范围、内容和形式，以及管理等方面。核查机构提交的核查报告（及企业排放报告）是复查对象。各地的复查主体不同，如北京、广东组织专家进行评审，深圳由发改委委托深圳质量强市促进会组织专家评审。重庆和天津由不参与核查工作的机构进行独立第四方复查，上海和湖北由核查机构之间交叉复查。在复查范围方面，北京、天津、广东和湖北对所有核查报告进行了以文件评审为主的复查，北京又委托核查机构对评审有问题、排放量波动大的排放单位进行再核查；天津又由第四方从每家核查机构抽取一家企业，一同进驻现场核查。深圳对管控单位总数10%～30%的核查报告进行了抽查和重点检查。上海和重庆则是对排放报告与核查报告相差明显、年度排放量同比差异大或者企业对核查结果有异议的部分核查报告进行了复查，复查比例约10%～30%。

(3)抵消机制

各试点实行不同抵消机制，CCER增长迅速。各试点均以CCER作为碳排放抵消指标，但抵消比例不同。北京、上海试点CCER抵消使用比例不得超过当年核发配额量的3%；天津试点抵消使用比例不超过当年实际排放量的10%；深圳、湖北试点抵消使用比例不超过配额量的10%；广东的CCER抵消使用比例不超过企业上年度实际排放量的10%；重庆抵消使用比例不超过审定排放量的8%。

(4)惩罚机制

从履约情况来看，各试点自投入运营以来，履约情况较好，履约率均维持在90%以上，上海、福建等多数试点连续多年实现100%的履约率。为督促企业履约，试点地区规定了相应的惩罚措施。主要以罚款、下一年度配额受损、社会信用曝光、取消财政资助资格或激励机制的参与机会为着力点来敦促企业按时履约。各试点的惩罚力度各有不同，深圳对四种惩罚措施都有涉及，覆盖范围最广；广东对企业下一年度配额处罚最重；除天津试点外，其他试点都规定了一定数额的罚款；广东、深圳、上海和重庆试点都采取了使企业社会信用受损的惩罚手段；上海、天津和深圳试点对未履约企业参与财政资助资格及相关激励机制的申请机会分别做出了限制性规定，这些惩罚措施一定程度上督促了企业履约。对于履约期未足额缴纳对应碳配额的企业，从罚款金额上来看，天津碳试点无罚款措施，上海和广东碳市场予以金额较为固定的罚款措施，而其他碳试点的罚款措施均与碳价相关。

(5)市场调控机制

所有碳试点均会对碳价波动采取一定干预措施。最常见的措施为，当碳价出现波动时，政府通过回购碳配额或出售碳配额的方式进行市场干预。另外一种干预市场的措施是交易限制，北京、上海、湖北、重庆碳市场对碳价涨跌幅、交易者头寸或交易量进行了一定控制，以此来稳定碳市场。广东碳市场还通过给配额拍卖价格设定底价的方式，来稳定碳市场。

3. 取得的经验

通过近十年大量的探索性工作，碳交易试点为全国碳市场建设营造了良好的舆论环境，提升了企业和公众实施碳管理、参与碳交易的理念和行动能力，锻炼培养了人才队伍，推动逐渐形成碳管理产业，更重要的是逐渐摸索出建设符合我国特色的碳交易体系的模式和路径，为设计、建设和运行管理切实可行、行之有效的全国碳市场提供了宝贵经验。

一是建立了针对强度控制的配额分配体系。各试点在确定配额总量时均综合考虑各时期碳排放强度下降和能耗下降目标，将强度目标转化为行业碳排放量控制目标。此外，试点还进一步考虑优先发展行业和淘汰落后产业的安排、国家及各省份产业政策与行业发展规划、产业结构改变对碳排放的影响等行业和产业因素，采用“自上而下”和“自下而上”相结合的方法来最终确定配额的总量。

二是建立了以自愿减排交易为主的抵消机制。CCER 由于可参与碳配额抵消，对试点地区碳配额交易进行了充实。CCER 作为以协议定价为主要交易方式的碳资产，已经形成了一定的市场交易量，切实降低了企业的履约成本。试点地区在碳交易体系设计中均引入了抵消机制，即允许企业购买项目级的减排信用来抵扣其排放量。但作为配额市场的补充，如果抵消信用过量供给，将严重冲击配额市场价格，因此各地从项目所在地、项目类型、签发时间、抵消信用使用比例等方面对抵消机制的使用均进行了严格限制。

三是建立了统一的企业碳排放核查体系。试点地区自开展碳排放权交易以来，已基本建立了统一的 MRV 体系，形成以核算为主的碳排放数据统计方法。各省市也已经基本完成了第三方核查机构的备案工作。各试点投入力量开发了分行业的核算报告指南或地方标准，建立了电子报送系统和核查机构管理制度，规定对企业的排放报告进行第三方核查，对第三方核查机构/核查员的准入设立标准实行备案和监管，以确保排放数据的真实可靠。近 3 000 家企业 2013 年起连续的排放数据揭示了企业和行业的排放状况与趋势，为应对气候变化决策、制定减排政策提供了有力的支撑。

四是履约工作完成度高，初步形成了以经济处罚和行政处罚相结合的惩罚机制。从履约情况来看，各试点自投入运营以来，履约情况较好，履约率均维持在 90%以上，上海、福建等多数试点连续多年实现 100%的履约率。为督促企业完成履约，各试点地区也推出不同的经济与行政惩罚机制。未完成履约的企业不仅面临一定的罚款，还可能使自身在获取政策优惠、积累社会信用等方面受到严重影响。经过试点地区碳市场的不断探索，地区政府重视程度不断提升，积极调动多种措施保障履约，加强对违规企业的约束力度，提高企业违约成本，切实督促企业及时履约。

五是培养了专业人员和服务市场。通过参与试点体系的建设和运行，一批市场参与主体，包括主管部门、重点排放单位、第三方核查机构、交易所和交易机构等的意识和能力得到了极大提高，同时培养了一批了解碳市场相关政策、掌握碳市场交易规则、熟悉企业碳资产管理工作的专业性人才，这些机构和专业人员在全国碳交易体系的建设中积极帮助非试点地区进行能力建设，起到了种子作用。

4. 存在的问题

从 2011 年 7 个省市的碳市场交易试点到全国碳市场建设正式启动，这些年碳市场试点主要暴露出以下问题：

一是各交易试点流动性缺乏，交易不活跃。由于地方试点的碳排放免费配额较多，整体市场供大于求，实际的碳交易较为冷清。2020 年交易日共 251 天，8 个区域碳排放交易试点全年平均仅有 165 天有成交记录，交易最活跃的广州碳排放权交易所也仅有 238 个交易日有交易行为，福建碳排放交易试点仅 90 个工作日完成了交易，仅占全部交易日的 36%。主要有几个原因：一是市场规模小，上海每年大约 1.6 亿吨的排放规模，交易量金额在 1 亿多元左右，其他试点排放规模和交易规模也差不多，总体规模都不大。二是品种单一，试点中真正参与交易的还是现货，从全球碳市场来看现货交易也不活跃，所以如果主要依靠现货市场，全国碳市场运行后也会面临这个问题。三是碳配额集中在控排企业手中，它们的出发点主要是履约，碳交易的意愿较小。

二是碳市场建设的法律层次不高。碳市场建设的相关制度和规定主要以地方性法规和规章为主，而碳市场是碳配额总量控制下的强制市场，其强制的效力应该来自法律的规定，这种缺失就使得市场参与主体仍抱有一些疑虑，不利于形成稳定而有力的市场预期。

三是碳排放总量控制效果不够明显。碳市场构建的目的是控制碳排放总量，是节能减排，但碳交易试点总量控制效果不够明显，和欧盟碳市场减排效果相比差距比较大。碳市场的效果目前主要是指强度减排，不是绝对量减排，趋势看强度减排还会持续下降；但在2030—2060年，才会实现绝对量的下降，这会影响碳市场的发展，因为碳市场的需求不够强烈。欧盟的碳市场，第一阶段、第二阶段也是实施总量宽松政策，到了第三阶段才逐渐发展起来。国内的碳排放交易试点，由最初的宽松到逐渐收紧，总体上还是偏总量宽松的，基本还处于第一阶段，其总量数量由公开的方法学确定。目前我国除了上海对碳市场有第一阶段的划分外其他试点还未明确发展阶段的划分。

四是碳配额分配方式和分配方法还有待优化。目前配额分配方式较为单一，以免费发放为主，虽然有的地方也有一些拍卖，但比例不高且未发挥很大作用。例如，广东省之前的制度是3%拍卖、97%免费，但后来这个制度也取消了。欧盟市场则是不断加大配额拍卖比例。在配额分配方法上，目前主要采用的是历史排放法。各地也在优化探索，包括历史强度法、基准线法等方法也有采用。配额分配方法的选择和碳排放核查数据的完善密切相关，方法选择要和数据获取的便利性及准确性相匹配。在核查队伍和制度建设等方面，试点地区还是有明显优势的，但未来数据的核查和管理还应进一步加强和完善。

（二）主要试点碳市场现状分析

1. 上海碳排放权交易试点

上海作为全国最早启动碳交易试点的地区之一，于 2013 年 11 月 26 日正式启动了上海碳市场交易。目前，上海碳交易试点已稳定运行 8 年，初步形成了具有碳排放管理特点的交易制度，也逐步发展起了服务于碳排放管理的交易市场，同时在碳金融领域进行了一些探索及创新。2017 年 12 月，国家发展改革委印发《全国碳排放权交易市场建设方案（发电行业）》，启动全国统一的碳排放交易体系和交易市场建设，同时明确上海将负责牵头承担全国统一的碳排放权交易系统的建设和运维任务。我国碳排放交易从地方试点逐步向全国统一市场推进，全国碳交易市场建设总体工作进一步加速。

（1）市场运行情况与特点

①市场运行情况

上海碳排放交易市场自 2013 年 11 月 26 日开始以来，截至 2020 年底累计运行 1 655 个交易日，共吸引包括纳管企业和投资机构在内的 700 多家单位开户交易。

现货市场上，二级市场所有品种累计成交量 1.53 亿吨，累计成交额 17.38 亿元。其中，配额累计成交量 4 329.44 万吨，成交额 9.75 亿元；CCER 累计成交量 1.10 亿吨，累计成交额 7.63 亿元；二级市场总成交量在全国排名前列，CCER 成交量稳居全国第一。配额价格自 26 元/吨起步，最高达到 46 元/吨，最低曾跌至约 5 元/吨，随着配额政策的不断稳定和明确，上海碳市场价格自 2016 年起平稳上扬，价格区间稳定在 30～44 元/吨，目前约为 40 元/吨。

远期市场上，2017 年 1 月上海碳配额远期产品上线，以上海碳配额为标的，由上海环交所完成交易组织，上海清算所作为专业清算机构完成清算服务，规范稳妥推进碳金融市场探索。上海碳配额远期交易业务正式上线以来，共有 20 个月度协议上线交易（其中已交割协议 16 个），价格区间在 19～41 元；当前近月协议 2020 年 11 月协议结算价 39.24 元/吨，远月协议 2021 年 2 月协议结算价 38.50 元/吨。各协议累计成交量 433.08 万吨，累计成交额 1.56 亿元。

金融创新上，上海碳市场创新金融产品运行平稳有序，自 2014 年起相继推出了碳配额及 CCER 的借碳、回购、质押、信托等业务，协助企业运用市场工具盘活碳资产。截至 2020 年底，借碳交易 330 万吨，质押 140 万吨，回购 50 万吨。

机构投资者市场参与度不断提升。碳市场启动初期的市场参与主体以控排企业为主，随着机构投资者的进入和参与度的不断提升，机构投资者二级市场现货交易量占比也快速上升。2014 年至 2020 年，上海碳市场现货成交量中投资机构交易量占比由 15%左右上升到了超过 80%。

电力行业是上海碳交易市场中非常重要的交易参与方。上海碳交易试点市场中电力行业企业约 27 家，占上海碳交易市场主体总量约 4%。但从交易量来看，电力行业各年度累计现货成交总量约占上海现货成交总量的 10%，是上海各纳管行业中交易量最大的行业，也是交易活跃度最高的行业。初步分析来看主要有以下两方面原因：一是上海电力行业配额分配总体偏紧。电力行业是最早采取基准线分配的行业，行业管理精度要求相对较高，近几年上海火电行业普遍负荷率较低，对排放效率影响较大；且电力主要能源结构为煤炭，免费比例多为 96%，普遍较低。

②市场运行特点

上海碳市场始终坚持市场化走向，采取完全公开透明的市场化方式运作，市场规则完整清晰，信息发布公开透明，交易方式高效便捷。在市场运行和市场管理上，尽可能做到政策稳定清晰、尊重市场规律、谨慎干预市场，逐步建设形成健康、平稳、有序的交易市场。

参与主体上，积极推动市场主体多元化，纳入了控排企业及投资机构共同参与市场，实现了外部资本的引入，服务碳交易市场的活跃及发展。

价格形成上，不设固定价，严格遵循“价格优先、时间优先”的原则由系统匹配成交，形成公开的市场价格。

市场环境上，通过政府部门、管理机构、交易平台等不同方面的多种途径及时向社会发布碳排放管理及交易的相关信息，实现了信息公开、市场环境透明，真实反映市场动态。

市场管理上，坚持碳排放控制和市场化导向相结合，通过明确稳定的政策和市场化的管理方式，尽可能避免政府对市场交易和市场价格的直接干预。

产品创新上，循序渐进逐步放开，持续加强碳市场创新和碳金融的发展及实践，探索形成了借碳、回购、质押、信托等创新服务。同时，有机结合上海环境能源交易所与上海清算所在碳领域和金融领域的优势，上线了上海碳配额远期产品。

然而，目前上海碳市场也仍旧存在着各试点碳排放交易市场普遍存在的问题：一是市场交易仍以履约为主，交易集中在履约期前，履约期过后快速进入冷却期，市场周期性波动较大，市场总体流动性不足。二是市场参与度不足，实际活跃的市场参与主体和进入市场流动的配额量总体占比均不高，市场活跃度有待进一步提升。三是市场受政策影响较大，易造成价格的大幅波动，对政策连续性要求和主管部门市场管理能力要求较高。

总体而言，上海已初步形成了服务于碳排放管理的、公开透明的交易市场，但市场调控能力和资源配置能力有待进一步挖掘和提升。

(2)制度及体系建设

制度及体系建设上，上海碳排放交易试点始终保持制度先行，各类管理制度及技术方法均在充分研究的基础上先行出台，规范和指导后续各项工作的开展，确保上海碳交易试点期间各项工作均“有法可依、有矩可循”。在建立制度的同时，规范和明确碳交易市场各核心要素，形成了一整套以市政府、主管部门和交易所为 3 个制定层级的管理制度。

一是纳入主体范围上从重点行业起步，逐步扩大管理范围。2013 年上海碳交易试点启动初期，共纳入了钢铁、电力、化工、航空等 16 个工业及非工业行业的 191 家企业。2016 年以后，考虑进一步加强碳排放管理力度，纳管行业及企业逐步扩大，目前已纳入上海年排放 2 万吨以上的所有工业企业，航空、港口、水运等高排放非工业企业及部分建筑，涉及 27 个行业近 300 家企业。

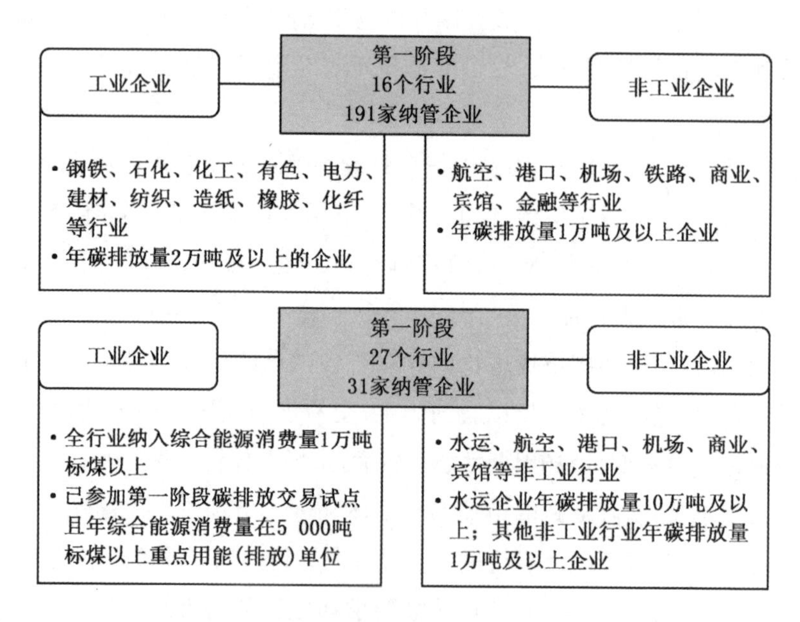

图 16　上海碳排放权交易试点纳入的行业范围

二是总量控制上始终明确管理目标。总量制度是上海碳排放交易试点制度中的核心制度和基础要素，在试点启动初期就明确建立了总量控制制度。试点以来，上海结合了阶段碳排放强度下降目标、能源管理控制目标、经济增长、能源结构、产业结构等多重因素，通过“自上而下”和“自下而上”相结合的方法确定并适时公布配额总量目标。

三是配额分配上不断优化，逐步形成较为公平且符合上海实际的配额分配方法。配额分配上尽可能兼顾科学、公平和可操作性。依据不同阶段的数据基础和管理能力逐步深化、优化配额分配方案，在具有可操作性的基础上，尽可能科学和公平。配额分配的核心是碳排放控制目标的分解和各法人主体责任的确定，对管理目标的实现和市场的发展都有非常重大的影响。上海碳交易试点期间，在配额分配发放方法和发放方式上不断优化，由简单的基于历史总量的历史排放法起步，逐步向管理精度更高的基于效率的历史强度法和基准线法过渡。从发放方法上，目前上海碳交易企业中，除部分严格控制的高排放单位和产品结构非常复杂的单位仍采用历史排放法外，均采用了基于企业排放效率及当年度实际业务量确定的历史强度法或基准线法开展分配。发放方式上，从全部免费转向部分有偿，结合高碳能源使用提出免费发放比例（93%～99%），体现区域能源结构调整导向。

四是监测报告核查上注重方法科学合理、管理严格规范，逐步形成了一套较为科学、具有可操作性的核算方法和核查制度。碳排放监测报告与第三方核查是碳排放交易的“度量衡”，是碳排放交易机制得以有效运行的基础和基本保障。上海碳交易试点中，围绕以下核心要求开展了监测报告核查体系建设：第一，技术方法科学合理。率先制定出台企业温室气体排放核算与报告指南及钢铁、电力、航空等 9 个行业的碳排放核算方法，明确了核算边界、核算方法以及年度监测和报告要求。第二，严格核查机构管理，核查规则明晰且具有可操作性。出台了《核查机构管理办法》《核查工作管理规则》等一系列核查管理制度，并对核查人员进行持证管理和持续性的专业技能培训。此外，实行政府出资委托核查，从机制上保证了核查工作和数据的独立性和公正性。第三，依法建立复查和审核机制。委托专门机构对核查报告进行复核，通过第四方复查机制进一步保障数据准确有效。

五是交易制度透明公开，逐步形成具有一定有效性的交易市场。上海碳交易市场的建设深度参考了上海各类金融市场经验，制定了“1＋6”的交易规则和细则体系，保障了交易相关制度体系的规范和公开；建设交易平台及交易系统，支持服务市场主体便捷高效参与市场交易。交易产品包括上海碳排放配额（SHEA）和国家核证自愿减排量（CCER）。交易模式上采取公开竞价或协议转让的方式开展，且所有交易必须入场交易，不设场外交易。交易价格通过市场形成，不实行固定价格或最高、最低限价，但有涨跌幅限制。交易资金由第三方银行存管，结算由交易所统一组织。风险控制上交易所建立了最大持有量限制、大户报告、风险警示、涨跌幅限制等风险管理制度。交易行情公开透明，通过行情客户端向全市场公开。运行近 8 年以来，各项市场制度和规则得到了全面实施，交易市场平稳有序运行。

六是监管保障上搭建多层次监管构架，形成由法律手段、行政措施和技术平台组成的监管和保障体系。建立了由政府部门、交易所、核查机构、执法机构等为主体的多层次监管构架，依照《上海碳排放交易管理试行办法》，根据各自的职责和权限对碳排放交易市场各相关行为进行监督管理。试点运行以来上海始终保持了100％履约。

(3)上海碳排放交易试点的实践经验

总结上海碳交易试点建设运行的经验来看，碳排放交易制度是市场化的管理制度，碳排放交易市场是政策性的市场，在制度建设、市场建设和市场创新发展的过程中，需要正确有效的处理好以下关系：

第一，要正确处理好政府与市场的关系。政府部门建立制度。政府部门是制度和市场的建立者也是管理者。作为建立者，应从制定政策、建立制度的角度出发，逐步建立起科学、有效、具有延续性的制度，给予市场足够的信心和稳定政策的信号；作为管理者，应结合市场的需求不断完善制度，给予市场足够的支撑，引导形成健康有效的交易市场。交易市场依规运行。就交易市场本身而言，稳定、明晰、有效的制度和管理是良好市场运行环境形成的基础，将激发交易主体的参与度和积极性。市场的依法依规运行，将使交易市场价格形成机制、资源配置功能的运行更为合理。

第二，要正确处理好市场创新与风险控制的关系。交易市场产品、服务及机制创新都是保持市场活力和蓬勃发展的重要动力，同时也会带来对风险控制和管理的新要求。对于碳市场而言，市场的发展和稳定同样重要。因此，一是要支持碳市场的产品和机制创新，结合市场的发展阶段循序渐进地推动市场创新，使市场运行更有效；二是要充分分析了解市场需求，形成符合市场主体需要的产品和服务；三是要充分认识可能存在的市场风险，形成有力的风险控制制度，稳妥、有序地推进和支持碳市场的创新和发展。

(4)对全国碳市场建设的启示

2017年底，全国统一碳排放交易市场建设工作已启动，为加快推进公开、公平、透明、活跃、有效的碳排放交易市场的形成，建议在充分吸取上海及各区域碳排放交易试点经验的基础上，从制度层面和市场层面进一步加快建设。

①制度相关建议

完善全国碳排放管理和交易相关制度，建立健康、可持续的碳排放交易管理体系。

须建立严格、明晰的碳排放总量控制制度，明确管理总量、配额总量，建立起市场管理目标。

须建立起公平、有效的配额分配制度，形成统一的要求和标准，体现总量管理及效率管理要求。

须建立起科学、可操作、可验证的报告核查及数据管理制度，进一步优化核算方法，严格推进核查管理，建立统一有效的数据管理和分析制度。

须建立起公平、公开、有效的交易规则、交易制度和市场管理制度，保证市场公开透明，引入足够的市场参与主体，建立尊重市场规律的市场管理制度，建立适应市场需要的财税政策，服务市场发展。

②交易市场建议

健全交易市场功能，建立权责清晰、平稳安全、具有发展空间的全国碳交易市场。

须明确区分“碳排放管理”及“碳交易市场”的不同职能，依托全国碳排放注册登记系统和碳排放数据报送系统等，开展总量控制、配额分配、数据管理、履约管理等碳排放管理和控制职能；依托全国碳排放交易及结算系统开展市场交易、市场创新，推动碳交易市场发展，实现市场资源优化配置职能。

须加强风险控制，保证市场平稳安全运行，充分借鉴金融市场经验，建立严格有效的风险控制措施，依托交易系统等碳市场基础设施建立碳交易市场实时监管系统开展交易及资金的穿透式监管，实现盘前、盘中、盘后的全方位市场监管，打好市场发展基础。

须集聚优化市场端功能，为未来市场深化发展预留空间，在交易市场端聚集主体、交易、资金、服务、产业和技术，激发市场活力，形成碳定价基础，服务未来碳衍生产品和碳金融市场发展，服务关联产业的发展和产业升级革新。

2. 北京碳排放权交易试点

北京市碳排放权交易试点自 2013 年 11 月 28 日开市以来，已平稳运行七年有余，初步建立起"制度完善、市场规范、交易活跃、监管严格"的区域性碳排放权交易市场。截至 2020 年年底，北京碳市场各类产品累计成交近 6 800 万吨，成交额突破 19.4 亿元，在运用市场机制促进低成本减排，推动碳达峰、碳中和方面担当了探路者的角色。

(1)市场建设情况及运行特点

本着积极稳妥原则，北京碳市场积极探索相关绿色金融产品创新，逐步建设并完善了具有首都区域特色的、多层次的碳排放权交易市场。在确保风险可控的前提下，北京碳市场已经形成了以碳排放配额和中国核证自愿减排量为基础，林业碳汇、绿色出行减排量等多种产品共存的市场格局，包括回购融资、置换等在内的多种交易结构也日趋成熟并被市场广泛接受，充分满足了各类交易参与人的多样需求。经过七年多的稳定运行，北京碳市场积累了丰富的重点排放单位和投资机构资源，在增强市场流动性、提高交易匹配率、激发市场活力等方面发挥了积极的促进作用。

①碳价稳定合理

北京碳市场运行七年以来，碳排放配额年度成交均价始终在 50～70 元/吨，整体呈逐年上升趋势。与其他国内区域碳市场相比，北京碳市场的碳价较高、趋势性波动较小，这有利于激励企业重视节能减排工作，形成稳定的减排预期。北京稳定且较高碳价的形成得益于相关制度的保障和支持：一方面，北京碳市场罚则明确且执法严格。另一方面，在各区域碳市场中，北京是最先且截至目前唯一出台公开市场操作管理办法的市场，即北京碳市场实行交易价格预警，线上公开交易超过 20～150 元/吨的价格区间将可能触发碳排放配额回购或拍卖等公开市场操作程序。

②交易方式灵活

北京碳市场的交易方式灵活，各类交易参与人可根据自身情况选择线上公开交易或线下协议转让。其中，线上公开交易是指交易参与人通过交易所电子交易系统，发送申报/报价指令参与交易的方式；申报指令分为整体竞价交易、部分竞价交易和定价交易三种类型。线下协议转让是指符合《北京市碳排放配额场外交易实施细则（试行）》规定的交易双方，通过签订交易协议，并在协议生效后到交易所办理碳排放配额交割与资金结算手续的交易方式。根据要求，两个及以上具有关联关系的交易参与人之间的交易行为，以及单笔配额申报数量1万吨（含）及以上的交易行为必须采取协议转让方式。

③交易主体多元

北京碳市场重点排放单位数量多、范围广。结合地区经济产业结构以三产为主的实际，综合考虑各行业重点企业能源消费、碳排放分布情况，运行初期，北京碳市场主要将热力生产和供应、火力发电、水泥制造、石化生产、其他工业以及服务业等行业中固定设施年直接与间接排放二氧化碳1万吨（含）以上的单位纳入管控。自2016年起，北京市重点排放单位的覆盖范围调整为本市行政区域内固定设施和移动设施年二氧化碳直接与间接排放总量5千吨（含）以上，且在我国境内注册的企业、事业单位、国家机关及其他单位，覆盖的重点控排单位数量从初期的400余家增加至900余家。2020年起，进一步将民用航空运输业航空器的碳排放纳入北京市碳排放权交易报告范围，为持续扩大重点排放单位范围打牢数据基础。从参与单位性质来看，中央在京单位比例接近30%，外资及合资企业约占20%，包括多家世界500强企业。截至2020年底，参与北京碳市场活动的企事业单位和投资机构已逾千家。

④碳中和实践丰富

北京碳市场一直致力于推动企业、个人的自愿减排和碳中和行为，推动碳普惠市场的持续落地。碳市场主管部门于2017年启动“我自愿每周再少开一天车”活动，于2020年启动“绿色出行”活动，其过程中产生的机动车停驶等减排量，可在北京碳市场进行交易，并用于抵消重点排放单位碳排放量。北京绿色交易所层面，积极推动移动支付及互联网碳普惠，持续以提供减排场景算法等方式支持支付宝“蚂蚁森林”项目；在企业运营管理和大型活动碳中和方面，北京绿色交易所为联合国环境规划署、亚洲基础设施投资银行、兴业银行、光大银行、中国国航、中国金茂等机构、企业，以及博鳌亚洲论坛、APEC场馆建设、百度世界大会等活动均提供过碳中和相关服务。

(2)北京碳市场建设的经验

①提供试点经验，服务全国碳市场

从运行情况来看，北京碳市场在配额分配，碳排放监测、报告、核查，市场交易，能力建设等方面积累了丰富的经验。如，在碳排放配额分配和稳定碳价格方面，北京碳市场配额分配从严从紧有利于创造良好的市场供需关系；通过市场公开操作管理办法建立碳排放配额价格预期，有利于增强各类参与主体对碳市场的信心，从而为稳定北京碳市场价格起到了重要的支撑作用等。2020年，随着《碳排放权交易管理办法(试行)》等文件的发布，全国碳市场第一个履约周期已经启动，全国碳市场也已经进入了新的发展阶段。北京碳市场应在碳达峰、碳中和的大背景下不断探索，基于试点工作经验，为全国碳市场建设和发展完善提供持续有力的支撑。

②发挥协同作用，服务北京蓝天保卫战

2017年9月，中共中央、国务院批复的《北京城市总体规划(2016—2035年)》，是首都未来可持续发展的新蓝图。新总规立足首都“四个中心”的城市战略定位，要求科学配置资源要素，全面推进大气污染防治，深入推进京津冀协同发展；要求严格控制能源消费总量，加强碳排放总量和强度控制，构建多元化优质能源体系。碳市场是在绿色低碳发展中应运而生的，是政府、企业、社会联动的一种碳减排市场机制。北京碳市场的发展应与北京及其周边省区市、其他领域的绿色低碳发展相结合，扩大区域和行业领域的碳交易合作，如与京津冀大气污染协同治理相结合，与京津冀生态补偿和林业碳汇发展相结合，与雄安新区绿色低碳建设相结合等；北京碳市场的发展还可以与其他节能减碳、绿色低碳发展政策目标及重大活动相结合，如与低碳技术研发与推广相结合，与低碳产品认证相结合，如服务于北京冬奥会，服务于在北京召开的各种高端国际会议和活动等。

③开展碳金融创新，服务绿色金融和可持续金融中心建设

2019年，《国务院关于全面推进北京市服务业扩大开放综合试点工作方案的批复》同意支持北京建设全球绿色金融和可持续金融中心。在碳交易机制下，碳资产具有了明确的市场价值，为碳资产作为质押物或抵押物发挥担保增信功能提供了可能，这也是碳排放权作为企业权利的具体化表现，不但能有效拓宽企业绿色融资渠道，更能破解环境权益抵质押融资难题，促进企业节能减排、绿色转型发展。北京碳市场的发展，应加强以碳配额、碳减排量为基准锚的气候投融资创新金融工具研究和推广，除了碳抵质押，还包括碳回购、碳掉期、碳远期、碳期权等，不断丰富北京碳市场投融资工具和气候投融资产品，实现以碳金融有效推动北京绿色金融和可持续金融中心建设。

3. 广东碳排放权交易试点

(1)广东碳排放权交易试点概况

2013年12月，广东省正式启动了碳排放权交易，从机制设计的角度来看，广东在全国率先探索部分配额实行有偿分配，率先推出碳排放配额在线抵押融资业务和碳交易法人账户透支业务，完成国内第一单CCER(中国核证自愿减排量)线上交易等。截至2020年，广东碳排放权交易试点市场交易规模、引资规模、纳入企业参与度等市场指标居全国首位，累计配额成交1.72亿吨，占全国37.59%；成交额35.61亿元，占全国33.68%。

(2)广东碳排放权交易试点制度设计特点

①妥善处理政府与市场的关系

一是制定公开透明的碳排放权交易市场政策体系。碳排放权交易市

场是一个政策主导性较强的市场,政策体系是否公开透明对于保障市场的健康可持续发展至关重要。广东一直致力于建立维护公开透明的市场环境,及时公布相关政策文件和市场信息。从广东试点市场成立至今,每年度的配额分配方案均公开发布,公布内容包括配额总量、分配方法、分配因子、行业基准值、免费配额比例数量、调整机制、控排企业、新建项目企业名单等,是有效信息公布最多的试点地区之一。企业可依据配额分配方案直接预测算自身年度排放配额量,并根据配额分配情况合理统筹安排全年的生产与经营,制定碳资产管理策略与方案,进而实现配额履约和投资的成本效益最大化。

二是完善利益相关方的参与机制。广东在实施碳排放管理过程中,构建了多层次碳排放权交易管理体制,并不断完善各利益相关方的参与机制。碳排放权交易管理体制方面,在省应对气候变化及节能减排工作领导小组、省开展国家低碳省试点工作联席会议制度的领导下,由广东省发改委应对气候变化处专门负责碳排放权交易试点组织实施、综合协调和监督工作,实行省市二级管理机制,并从相关支撑研究机构抽调人员成立广东省碳排放权管理和交易工作小组进行碳排放权交易机制研究与实施工作。利益相关方沟通机制方面,首先,组织召开多次座谈会,对就行业国家标准调整、有偿配额发放、活跃交易市场等重大政策的议题广泛听取行业协会、控排企业、研究机构、投资机构的意见,依据各利益相关方的意见做出决策,确保决策的公平性、科学性和有效性。其次,建立配额评审委员会审议制度,年度配额分配方案均需提前经评委会评审,再提交省政府批准方可实施,其中评委会专家不得少于总人数的三分之二,确保评审方案结果客观、公正。最后,依托行业协会、研究机构、企业代表组建了四个行业配额技术评估小组,负责收集企业意见并及时向主管部门反馈,对配额管理工作提出意见和建议。民主监督与协商机制既保证了政府能广泛听取各方意见和建议,又对限制行政部门自由裁量权、为有效降低行政管理廉政风险发挥了重要作用。

三是充分发挥技术支撑机构的系统性支持作用。广东碳排放权交易试点由相对独立于政府、企业、第三方核查机构的技术支撑机构对配额分配方法、MRV 方法学及其他政策进行系统把控。由于需考虑 MRV 方法学效果与监测、核查、管理成本的平衡性，以及 MRV 方法与配额分配方法的高度关联性，涉及政府、企业、第三方核查机构间的利益博弈，因此，需要独立于三者的技术支撑机构进行均衡，以达到政策、技术、利益的平衡。此外，由技术支撑机构进行场景分析、形势分析，预测、预判市场配额情况，评估风险边界，做好预案提供给政府主管部门。

②构建严格规范的报告核查管理体系

一是搭建上下联动、协调统一的工作机制。考虑到广东碳排放权交易试点纳入企业分布范围较广、地区发展不平衡，实现统一直接管理的难度较大，广东建立了省市二级管理制度，充分调动地方政府部门的积极性，保证 MRV 制度的地方执行效果。在执行层面，地方发改部门具体负责组织辖区内企业碳排放报告工作，抽查排放报告，报告初审工作，省级主管部门负责总体统筹和最终的把关，让地方职能部门参与到相应的工作中，有利于迅速掌握和及时沟通各地市的企业，保障报告核查工作及履约管理的顺利执行。

为构建统一、规范、科学的排放核算体系，广东碳排放权交易试点组建报告核查技术联审小组与方法学编制工作小组，负责报告核查体系的框架设计及相关文件的编制执行工作。技术联审小组由广东省发改委应对气候变化主管部门牵头成立，负责碳排放报告核查体系的总体协调，下设牵头单位以及各行业方法法学编制单位、核查规范编制单位。牵头单位负责对各报告指南的编制进行总体把关与协调，组织各指南编制单位进行技术讨论和沟通交流，对各指南编制单位的分歧及时进行沟通协调，避免在指南文本上产生较大差异，影响指南的统一性，使覆盖 10 个行业的广东省碳排放报告指南体系具有较强的体系性，以保证不同行业排放量的等价性。联审小组根据实际情况不定期研究讨论行业核算指南等方法学文件，提交修改建议，提升报告指南的适用性。

广东碳排放权交易试点设置并强化监测计划制度，强调数据的可追溯性，要求对企业排放数据来源、依据标准、监测频次、证明文件进行详尽细致的事前确定，进而规范企业的数据测量和收集处理，保持历年报告数据的可比性和数据来源的可追溯性，为后续碳排放核查提供依据。借鉴国外先进经验，广东在国内率先引入监测计划的第三方核查制度，提出了企业所编制的监测计划必须经过第三方核查机构严格核查，显著提高了数据的可靠性和可比性。

二是不断加强报告核查能力建设。企业对碳排放权交易认识不足、报告能力有所欠缺，是碳排放权交易试点建设初期面临的较为突出的问题之一。广东碳排放权交易试点对加强碳排放权交易能力建设有着清晰的认识，采用专家讲师团模式，开展“走进地市”“走进企业”等年度常规能力建设活动，组织开展地市发展改革局(委)、控排企业、核查机构、交易从业人员等各类专题培训，试点启动以来，举办近 30 批次专题培训，累计培训人数达 6 000 余人次。除常规化培训外，广东碳排放权交易试点在每年度企业报告核查前期间，专门组织专家负责 MRV 技术答疑工作，通过电话、邮件、网络咨询等渠道对企业报告及核查机构的核查工作提供指导。

三是坚持严格规范的第三方核查机构管理制度。在核查机构的确定和任务分工上，广东碳排放权交易试点采取公开招标、政府委托、财政保障的办法组织核查工作，以确保第三方核查机构的独立性。发布核查任务分工后立即组织核查机构培训，明确本年度的核查工作要求与纪律，要求核查机构建立技术内审制度，并提供统一的技术内审表格以供参考。再者，通过考核机制对核查机构进行严格监管，包括绩效评价制度、核查机构信用档案制度以及黑名单制度。广东碳排放权交易试点将评议审核结果作为核查机构绩效评价的重要参考，依据《广东省碳排放信息核查工作管理考评方案(试行)》要求对核查机构的工作进行考核，核查机构绩效考核排名靠后的将影响其核查资质和任务分配，出现重大技术失误、违规行为等的机构将被黄牌警告、诫勉谈话，违规情节严重的将被列入核查机构黑名单并对外公布，采购名单调整期内不再委托该核查机构进行核查。

广东对每家核查机构进行独立建档管理，档案内容包括核查机构基本情况、核查领域、核查任务完成情况（评议结果）、违规情况、处理意见等，将信用信息直接与任务分工挂钩。另外，广东还与中国人民银行签订了金融征信系统信息报送协议，核查机构和控排企业如有违规，其法人和所在机构的信息将全部报送到金融征信系统，对核查机构和控排企业产生了较强的震慑力。

③不断提高配额发放的创新力度和市场化程度

一是率先探索并持续创新配额有偿发放制度。广东是全国唯一实行配额有偿发放制度化的试点地区，从试点启动之初即确定了配额有偿分配机制，并逐步加大有偿分配比例。同时，持续探索竞价价格机制，由固定底价优化至阶梯底价（每次拍卖底价逐步提升），并进一步优化至浮动底价（即政策保留价，取竞价发放前三个月二级市场平均成交价格），实现一级市场与二级市场交易价格挂钩，逐步起到发现碳价、联动市场的功能。

二是避免经济波动影响的配额预发与限量核定制度。广东碳排放权交易试点实施碳排放总量控制和碳排放权交易的"总量—交易"制度，在确保碳排放总量控制目标实现和碳强度逐年下降的前提下，通过引入预发配额机制，并考虑宏观经济的波动。履约初期发放预配额，履约期末根据核查结果进行产量修正，确定核定配额。产量修正遵循总量控制原则，结合企业实际情况，设置产量修正"天花板"，例如水泥熟料用于计算核定配额产量不可超过其核定产能的 1.3 倍。由于增减量来自储备配额，因此并未增加配额总量。此举有效缓解了因经济自然波动而导致企业配额缺口过大或盈余过大的问题，使得企业的配额盈余和缺口主要取决于其技术水平，降低宏观经济的不确定性对碳排放权交易市场造成的负面影响，增强市场预期。

三是逐步提升实现基准法的全覆盖。广东碳排放权交易试点自启动之初即以基准法为主进行配额分配，前期先选取产品较单一、生产工序可比性较强的电力纯发电、水泥、钢铁联合企业实行基准法，覆盖的企业配额占比约60%,其余行业企业采用历史排放法。2015年度,经过两年的数据积累,选取条件成熟、排放量占比较大的燃煤热电联产机组调整为基准法。实践表明,燃煤热电联产机组采用基准法,达到了兼顾公平、激励先进、惩罚落后的目的,避免了原来采用历史法导致的配额刚性、鞭打快牛等问题。其后进一步将热电联产基准法推广至燃气热电联产机组,将两种产品(电力、热力)折算为统一产品,与纯发电机组采取同样的基准线,按预配额发放制度发放配额。新纳入的造纸、民航两个行业配额分配也以基准法为主,广东碳排放权交易试点基准法覆盖的企业配额占比达92%,体现了配额分配的科学性。

四是通过组合配额方法实现分配边界和核算边界的一致。与国内其他碳排放权交易试点相同,广东碳排放权交易试点碳配额分配边界和核算边界均为企业法人,但同一行业的企业覆盖产业链的长短存在差异。例如,少量水泥企业拥有矿山开采工序,大部分水泥企业则不涉及该工序。一般而言,由于熟料生产及水泥粉磨工序技术工艺较为成熟,碳排放强度具备可比性,满足基准法分配配额的条件,该部分碳排放量也占水泥生产企业绝大部分比例,而矿山开采部分碳排放水平与较多因素有关,设定排放基准值难度较大。因此,水泥企业配额分配无法统一采用基准法,统一使用历史法进行分配存在历史法本身的缺陷,若仅对碳排放量占比较大部分采用基准法也存在"碳泄漏"的风险。对此,广东创新采用"基准法+历史排放法"的有机组合方式,在配额分配方面,可比的工序按行业基准法进行配额分配,其余部分按历史排放法进行分配;在排放核算方面,强制按排放单元层级进行数据报告,但累加数需要和企业整体排放量相等,由此实现核算边界和配额分配的对接,确保数据质量,防止仅管控工序层次导致的企业内部的"碳泄漏"。

4. 湖北碳排放权交易试点

(1)市场运行概况

2011年,湖北和北京、上海等七地获批开展试点碳排放权交易市场。2014年,湖北碳市场交易启动。2017年12月,国家决定全国碳排放权注册登记系统落户湖北。

2011 年以来，湖北碳市场纳入 373 家企业，全部为年能耗 1 万吨标煤以上的工业企业，总排放量达到 2.73 亿吨，约占湖北全省碳排放量的 45%；总产值 1.1 万亿元，约占全省 30%。碳市场覆盖工业领域的温室气体排放占第二产业产值的 70%，涉及电力、钢铁、水泥和化工等 16 大行业。截至 2020 年底，湖北碳排放交易试点配额累计成交量为 9 548.69 万吨，占全国碳交易试点 20.84%；累计成交金额 21.21 亿元，占全国碳交易试点 20.06%。

(2)湖北碳排放权交易试点的制度要素

湖北碳排放权交易中心在碳排放权交易、碳金融产品与服务、低碳产业投融资和碳资产管理等领域进行了大量的创新和探索，推出的促进碳市场有效性、流动性、连续性的“六维理论”属全国首创。湖北省碳排放权交易试点的制度设计特点与其社会经济及能源排放特征密不可分。相较于其他试点省市，湖北省经济尚处在快速发展阶段，产业结构偏重，经济增速可观；碳排放总量亦处于增长阶段，减排成本高于中部其他省份。在此背景下，湖北试点制度设计体现出几个鲜明特点：控排企业“抓大放小”，配额总量结构灵活，事前分配、事后调节等。与此同时，湖北省碳排放权交易试点还特别重视协调重要市场力量，强调市场流动性，积极探索碳金融创新。

①行业覆盖

在行业和企业选择上湖北遵循“抓大放小”原则。湖北省碳排放权交易试点的企业纳入门槛为年综合能源消费量 6 万吨标煤，首批纳入 138 家工业企业，二氧化碳排放量占全省总量的 35%，覆盖了电力、钢铁、有色金属和其他金属制品、医药、汽车和其他设备制造、化纤、石化、水泥、食品饮料、玻璃及其他建材、化工和造纸 12 大行业。

②配额分配

湖北省碳排放权交易试点的配额管理以“总量刚性、结构柔性”“历史法与标杆法相结合”“总量和配额的灵活机制”为特征。

一是“总量刚性、结构柔性”,在保持配额总量刚性的前提下,将总量分为三部分。第一部分是对既有企业、既有设施的年度初始配额,遵循适度从紧原则;第二部分是政府预留配额,用于调控市场;第三部分,即总量中的剩余部分是新增预留配额。

二是“历史法与标杆法相结合”。2014 年,湖北对电力行业之外的工业企业均采用历史法进行分配,仅在产品较单一的电力行业采用了标杆法。2015 年,湖北将标杆法的使用范围扩大到水泥、热力及热电联产行业。对按标杆法分配的企业,先按其 2014 年产量计算并预分配配额,再按 2015 年实际产量核定 2015 年度配额,并对预分配额多退少补。2016 年标杆法适用和配额发放方法与 2015 年保持一致,唯一的区别在于 2016 年仅公布标杆位,不公布具体的标杆值,标杆值以当年核查时的实际排放量和产量数据为准。

三是设置总量和配额的灵活机制。第一,配额实行一年一分配,每年逐步优化分配方案。第二,采用双“20”控制损益封顶机制。当企业碳排放量与年度碳排放初始配额相差 20%以上或者 20 万吨二氧化碳以上时,主管部门应当对其碳排放配额进行重新核定,对于差额或多余部分予以追加或收缴。第三,设置年度市场调控系数,将上一年市场积存的配额在下一年分配时从总量中予以扣除。

③交易机制

湖北省碳市场的参与主体多元化,包括国内外机构、企业、组织和个人,对各类投资人低门槛开放;提供“协商议价转让”和“定价转让”两种交易方式,满足不同市场主体的需要。此外,湖北试点交易机制的一大特征是交易规则注重风险防控,通过涨跌幅等化解市场风险。在特殊情况下,湖北碳排放权交易中心还可以采取暂停交易、特殊处理(缩紧议价幅度)及特别停牌等监管措施。

④履约和抵消

依据《湖北省碳排放权管理和交易暂行办法》(简称《管理办法》),对企业未履约的部分,依照当年度配额的市场均价,将对差额部分处以 1 倍以上3倍以下罚款，并在下一年度配额分配中予以双倍扣除。此外，湖北在信用记录、舆论监督、项目审批等方面对未履约企业的处罚进行了规定，同时配合行政管理手段保障履约。

中国核证减排量也可用于企业履约，抵消部分减排量。但湖北省对抵消比例、抵消范围进行了限制，规定在本省行政区域内，纳入碳排放配额管理企业组织边界范围外产生的CCER方可用于抵消，抵消比例不超过企业年度碳排放初始配额的10%。同时，鼓励国家发展和改革委员会已备案的农村沼气、林业类项目，特别是本省连片特困地区产生的项目减排量。

(3)湖北碳排放权交易试点制度设计的特点

①制度设计与经济发展特征相协调

经济增速高、排放体量大、产业结构重，这正是湖北有别于北京、上海、深圳等碳交易试点最重要的社会经济背景。首先，湖北省依然需要经济增长空间，平衡经济发展和节能减排的任务艰巨，碳交易市场的经济影响是政府极为关切的问题。因此，为经济发展留空间、为企业减排降成本成为制度设计的重中之重。第二，尽管湖北省经济增速的变化趋势与全国基本一致，但由于其经济增长和碳排放相关度高，且排放基数大，经济增速的小幅度回落将带来碳排放量绝对值的大幅变化，从而影响碳市场对配额的需求，并进一步影响配额总量的余缺。第三，以重化工业为主导的产业结构使湖北省主要的排放主体均为工业企业，工业排放占全省排放的七成以上，并集中了一批钢铁、水泥、化工等行业的大型企业。上述社会经济特征塑造了湖北碳排放权交易试点的制度特色。相对于其他试点，湖北的试点企业排放量纳入门槛最高、配额分配中的总量预留比例最大，正是为了适应经济发展阶段特征的需要。

湖北在总量设计时确定了以下基本的思路：第一，对既有企业的既有产能排放应严格控制，从紧发放并保持不变甚至逐年下降，以实现"节能减排"；为新增企业和新增产能排放预留充足的空间，从而不限制企业扩产，以保障"经济增长"；政府亦预留较为充足的配额，以实现对市场配额余缺的调节。第二，通过“总量刚性、结构柔性”来实现上述目标。湖北碳排放权交易体系实际上执行的是双层总量系统：调控总量依据全省碳排放预测和纳入企业排放占比推出，即“大帽子”，可适度偏松，但不能突破；调控总量下设预设总量，即依据基准年计算并发放的企业配额总和，称为年度初始配额，此为“小帽子”，应适度从紧；“大帽子”和“小帽子”之间的差额为新增预留和政府预留配额，可以对企业配额及市场供给进行灵活调节。可以说，真正影响湖北碳市场配额供给的是“小帽子”和已投放至市场的调节配额，而非“大帽子”；但后者对碳市场的增量做了封顶。

依据上述思路，湖北试点对总量结构进行了设计：年度初始配额为纳入企业初始配额之和，政府预留配额等于配额总量的 8%，而配额总量与前两者之差即为新增预留配额。这并非湖北的原创，在 EU ETS 各成员国的配额总量中也存在新增产能和政府预留配额，在我国其他碳交易试点的总量设计方案中同样存在类似的结构。然而，湖北试点的预留比例最大。在试点的第一个履约周期，依据预测数据确定的市场配额总量即“大帽子”为 3.24 亿吨二氧化碳，但既有企业配额，即“小帽子”仅为 2.28 亿吨，约占总量的 70%，而初始分配给企业的配额仅为 1.93 亿吨，因为其中对电力企业实行预分配制度，仅分配了其预估配额的一半；此外政府在市场启动初期拍卖了 200 万吨配额流入市场。

②事前分配和事后调节机制的平衡

作为发展中地区，湖北的经济增长面临更高的不确定性，而现实与预期的小幅度偏离都有可能因为湖北纳入企业较大的排放基数而导致企业配额的较大偏离。为此，湖北试点在企业配额分配方面采用了两个灵活机制。一个是配额的年度核发，并在计算配额时采用滚动基准年，从而避免一次分配导致的配额过剩无法回收问题，并使配额计算依据的历史数据更接近当期水平。但是滚动基准年也存在两个缺点：配额数量每年变动不利于企业的长期决策和预期；分配基准滚动使得企业当期减排时面临未来配额变少的担忧。另一个是事前分配和事后调节相结合，设计了一系列企业配额的追加、回收和兜底的事后调节机制，以降低不确定性对企业减排成本的影响。对配额及市场进行事后调节和干预也是湖北试点制度设计的重要特点，湖北试点因而面临着市场机制与政府干预平衡的问题。

企业配额的事前分配和事后调节。湖北试点对企业的配额设计了两类事前分配、事后调节机制。一是对于采用标杆法分配的企业，由于无法预知配额分配当年的实际产量，故依据基准年企业的历史产量核算配额并事前预分配50%，剩余部分待当年度核查结束后，再根据实际产量予以调节和发放。二是对以历史法和标杆法分配的全部企业，在事前分配年度初始配额的基础之上，均设置企业配额余缺封顶的调节措施。若企业当年碳排放量与年度初始配额的差额超过企业年度初始配额的20%或20万吨，则予以追加或扣减，将企业配额余缺控制在20%或20万吨以内。相对量20%针对的是排放规模较小的企业，绝对量20万吨则针对排放规模较大的企业。

第一类调节措施与各省的碳强度目标直接相关，其他试点，如深圳也有类似的应用；而第二类调节措施为湖北独创，这一措施相当于政府对企业买卖配额的成本和收益进行“兜底”或“封顶”，甚至引起一些争议。湖北试点设计“20%和20万吨”事后调节机制主要出于两点考虑。

第一，避免企业的免费配额与实际排放量严重偏离。不论采用历史法还是标杆法进行分配，均只能基于企业排放和产量的历史数据，分配时对企业未来的排放无从得知。湖北试点第一年（2014年）企业的配额分配主要采用历史法。由于试点筹备时间较长，配额计算时依据的是2013年夏天核查的纳入企业2009—2011年的排放，部分企业可获得2012年的历史数据。大部分企业得到的初始配额都基于其3～5年以前的排放水平。这是数据基础能力不足的无奈之举，但对高增长、高不确定的地区来说是极为严重的问题，因为企业的产能、产量以及与此相关的排放都已发生了较大的变化。历史法分配暗含的前提是企业的生产工艺和活动水平并没有发生重大变化。而湖北市场的现实是，由于市场环境的变化和企业生产线、生产设备的更新改造，这种变化对单个企业来说并非线性的，难以依据历史数据做预测或推算。特别是对生产工艺发生重大变化的企业来说，当期配额的计算确实不适合依据历史排放数据。对实际排放量和历史排放量相差过大的企业需要予以调整。

造成上述问题更深层次的原因在于试点的排放数据监测与核查均是基于企业而非设施层面。与之相对，EU ETS 在启动初期就以设施为排放主体纳入体系。设施层面的碳排放一般不会受到重大产能变化的影响，即使存在设施的更新改造也更容易追踪和计量。然而，由于欠缺前期的数据基础能力，我国的碳交易试点大多仅能做到企业层面的核查，不少企业没有设施层面数据监测和统计的能力。我国在上一阶段建立的与碳排放联系最紧密的能源计量体系也是基于企业层面。为了尽早启动排放权交易体系，以企业作为排放主体是更为现实的选择。然而，企业的排放边界复杂，在湖北试点的纳入企业中，广泛存在设立或关闭厂房和生产线，改造升级机器设备和生产工艺等情形。这种产能变化带来的碳排放变化难以单独核算，又无法与纯粹由市场环境变化而引起的产量变化区分开，因此仅能通过限制排放量变化的范围进行调节。到了湖北试点的第一个履约阶段，企业在设施层面的产能变化导致的初始配额偏差问题开始显现。由于该问题的广泛性，湖北在履约期又组织研究并出台了《企业产能变化的配额变更方案》，对企业由于新增、改造、关闭设施或出售(转让)生产线等产能变化导致的排放变化设计了初始配额变更方案。对仅由产量变化导致的排放量变化不做初始配额变更调整，但若这部分排放变化量较大，依然可以运用“20％或 20 万吨”条款进行成本封顶。

第二，使企业承担“有限责任”，降低碳排放权交易体系对经济的影响，提高企业的参与意愿。这是湖北试点以成本收益封顶的方式进行配额事后调节最主要的考虑。省内纳入试点的重化工业企业是经济增长的重要贡献者。试点运行恰逢经济增速放缓，降低企业成本负担成为政府主管部门的重要考虑。此外，在试点工作初期，碳市场建设的重要工作目标是搭建碳排放权交易体系的制度框架，并促使企业及其他主体的主动参与。而湖北省境内大型企业、中央及省属企业较多，打消企业过多的顾虑，鼓励企业参与市场也成为湖北省配额调节“有限责任”的目的之一。

市场积存配额的年度调节。除了企业层面的事后调节机制，湖北试点在第二年还引入了“市场调节因子”来化解上一年度的市场配额存量。市场调节因子的计算方法为1－(上一年度市场碳排放配额存量/当年碳排放配额总量)，2015年该因子等于0.988 3。引入市场调节因子的主要原因在于2014年履约期结束以后，市场依然留存一部分配额在企业或投资者手中。湖北试点规定凡交易过的配额可以储存至第二年使用，绝大部分积存配额均经过了市场交易，不能注销。而2015年以来经济增速持续下降，第二年度的配额总量中若不扣除这部分积存配额，则配额总供给过剩的风险将进一步加剧。然而，该因子虽然部分化解了历史配额积存的问题，但并未改变2015年配额分配整体过剩的局面，纳入企业配额最终盈余占纳入企业总排放量的1.47％。

③增强市场流动性的机制设计

从碳市场交易量看，湖北试点交易总量和交易额领先。截至2017年5月31日，湖北碳市场累计成交量3 738.6万吨，占全国的37％；累计成交额7.57亿元，占全国的34％。市场流动性高成为湖北碳排放权交易体系极具代表性的特征。具体来看，湖北市场从吸引多元化投资主体、稳定价格、信息公开、金融创新几个方面均出台了一系列措施，以有效提高市场流动性。

吸引多元化参与主体。在八个试点中，湖北和深圳的参与主体最为开放，包括控排企业、机构和个人投资者(包括境外个人投资者)参与。由于湖北试点纳入的控排企业数量较为有限，不利于市场交易的活跃。因此，试点在机制设计时就专门针对吸引多元投资主体做出了一些安排。首先，在试点初期即允许合格的个人投资者参与，从而极大地增加了市场参与者的数量，很好地起到活跃市场的作用。与此相对，目前大部分试点出于风险防控等原因，对投资人设置准入门槛。其次，湖北市场的开户费用和交易费用低，开户费、会员费、年费全免，仅对协商议价双向收取0.5％，对定价转让卖方收取4％的交易手续费，交易成本在七试点中属于较低水平。第三，在市场开业之前，政府主管部门向市场公开拍卖了200万吨配额，不仅允许控排企业认购，也允许其他投资主体参与竞拍。在市场启动之初就将"活水"引入市场，这对流动性的形成起到了非常关键的作用。

价格稳定机制。在价格稳定方面湖北试点主要有几点措施。第一，配额分配整体偏紧，有利于市场形成价格上升预期。如前所述，湖北通过总量结构对流入市场的价格进行控制和调控，而对发放给企业的年度初始配额一直秉承适度从紧的原则。当然，2015年度配额分配较2014年偏松，因此价格有所回落，这也反映出配额总量的相对松紧是影响碳市场价格最根本的影响因素。第二，政府预留充足的配额（占总量的8%）进行公开市场操作。在第一个履约周期，尽管湖北试点的管理办法有此条款，但并未对配额市场的公开市场操作设置具体的实施方案。随着配额管理的精细化，湖北于2015年9月颁布了《湖北省碳排放配额投放和回购管理办法（试行）》，对公开市场操作的触发条件、回购投放方式、决议过程、信息公开等做出规定。第三，设置有条件的配额储存规则。湖北市场规定，只有经过市场交易的配额才可以储存至下一期，从而鼓励市场参与主体参与交易。第四，交易中心对日常交易价格波动进行控制。依据交易中心规定，湖北市场将每日配额价格涨跌幅限制在10%以内。2016年7月，为了控制配额价格下跌，对日议价区间进行调整，具体为涨幅上限10%不变，跌幅下限1%。此外，交易中心也对交易中的异常行为予以监控。

金融创新和信息披露。金融创新和流动性之间存在相互促进的关系。流动性越高的试点，碳金融创新越丰富；同时，碳金融创新也为投资者提供了多样化的投资产品，有利于投资者规避风险，有助于提高市场流动性。

湖北作为流动性最强的试点，其金融创新种类较为多样。湖北碳排放权交易中心已与6家银行签署1 200亿元碳金融授信，用于支持绿色低碳项目开发和技术应用。在全国首创了碳基金（5只）、碳托管（592.28

万吨)、碳质押融资(15.4亿元)、碳众筹、碳保险等碳金融产品,进一步拓宽企业的融资渠道。同时推动全省农村户用沼气和林业碳汇项目开发达128个,预计年均减排量214万吨。目前已有217万吨省内贫困地区产生的碳减排量入市交易,创收超过5 000万元。

信息公开透明是保障市场流动性的前提。在八个试点中,湖北试点的信息披露程度相对较高,信息披露更加具体。在交易价格方面,湖北省公布信息包括日起始价、日收盘价、最高价、最低价、最新价、当日累计成交数量、当日累计成交金额、最高五个买入价格和数量、最低五个卖出价格和数量。对交易规则、重要市场信息等,均在交易中心网站予以公布。

三、全国碳市场建设与发展趋势

(一)全国碳市场建设概况

全国碳市场以试点为基础,自2017年底启动筹备,经过基础建设期、模拟运行期和深化完善期,2021年进入真正的配额现货交易阶段。2021年2月1日《全国碳排放权交易管理办法(试行)》正式施行,2021年7月全国碳市场上线交易正式启动。覆盖行业上,电力行业被率先纳入,未来将逐步扩大至八大重点行业。2021年全国发电行业率先启动第一个履约周期,2 225家发电企业分到碳排放配额。我国发电行业全年碳排放总量约为40亿吨,尽管只有电力一个行业参与交易,但全国市场启动后也将成为全球最大碳市场。随着全国碳排放交易体系运行常态化,该范围将逐步扩大,最终覆盖发电、石化、化工、建材、钢铁、有色金属、造纸和国内民用航空八个行业。交易产品上,全国碳排放配额现货交易将是主要形式,CCER现货作为补充。

全国碳交易有关的系统主要有六个,包括碳排放数据直报系统、碳排放权注册登记系统、碳排放权交易系统、碳排放权交易结算系统、碳衍生品交易所系统、全国温室气体自愿减排管理和交易中心。其中,碳排放数据直报系统是重点排放单位上报排放数据、管理部门对排放数据进行分析管理的系统,实行全国统一、分级管理,当前已上线使用。碳排放权注册登记与结算系统、碳排放权交易系统分别由湖北省和上海市牵头建设。

(二)全国碳市场发展目标

努力建设全球最大的碳现货市场,建成全球碳交易中心。逐步扩大行业,覆盖高耗能、高排放行业,加强碳排放管理;逐步放开交易主体,从控排企业起步,适时引入机构投资者和个人;不断丰富市场领域,从配额市场扩展至减排市场。

积极发展多层次碳市场,形成有全球影响力的碳定价中心。探索创新交易品种,逐步引入掉期交易、远期交易、期权交易、碳指数等衍生品,形成多层次碳市场。

加快推进碳金融创新,建设国际碳金融中心。充分发挥上海国际金融中心的优势,推动金融机构、金融产品与碳市场的深度融合,积极发展低碳绿色金融和气候投融资。

(三)全国碳市场基本框架设计

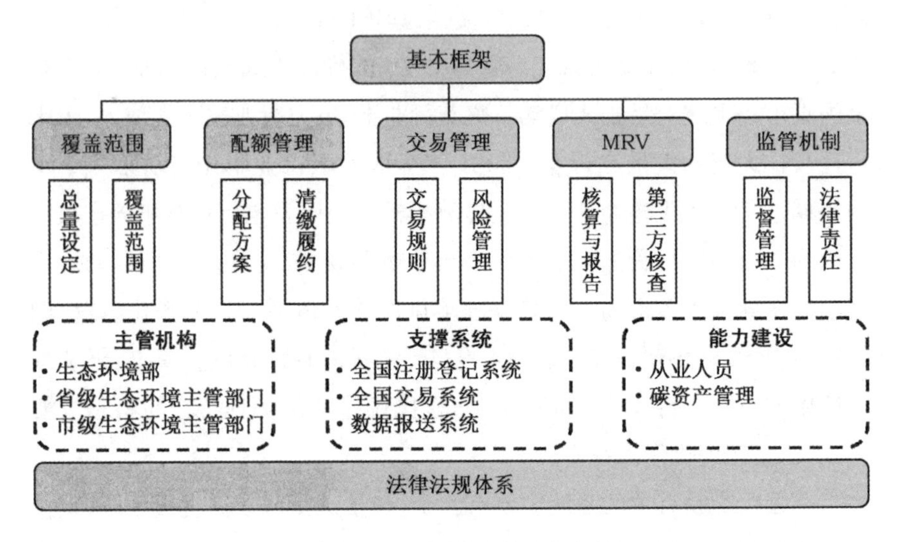

图 17　全国碳市场基本框架

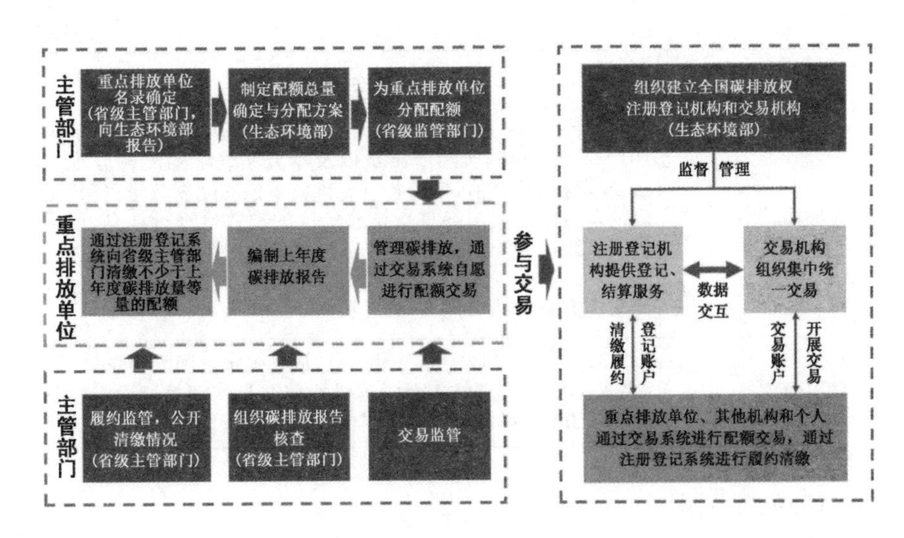

图 18　全国碳排放权总体流程

1. 覆盖范围

(1)总量设定

根据重点排放单位 2019—2020 年的实际产出量以及配额分配方法及碳排放基准值，核定各重点排放单位的配额数量。全国配额总量为各省级行政区域配额总量加总。分为重点排放单位、省、国家三个层面：

表 5　　　　各层级配额总量确定方法

配额总量	确定方法
重点排放单位层面	省级生态环境主管部门确定碳排放配额后，应当书面通知重点排放单位。 重点排放单位对分配的碳排放配额有异议的，可以直接到通知之日起 7 个工作日内，向分配配额的省级生态环境主管部门申请复核；省级生态环境主管部门应当自接到复核申请之日起 10 个工作日内，做出复核决定。 [来源:《碳排放权交易管理办法(试行)》第 16 条]

续表

配额总量	确定方法
省级层面	省级生态环境主管部门根据本行政区域内重点排放单位2019—2020年的实际产出量以及本方案确定的配额分配方法及碳排放基准值，核定各重点排放单位的配额数量；将核定后的本行政区域内各重点排放单位配额数量进行加总，形成省级行政区域配额总量。 [来源：《2019—2020年全国碳排放权交易配额总量设定与分配实施方案（发电行业）》第三项]
国家层面	将各省级行政区域配额总量加总，最终确定全国配额总量。 [来源：《2019—2020年全国碳排放权交易配额总量设定与分配实施方案（发电行业）》第三项]

（2）覆盖范围

全国碳市场启动初期，以发电行业（纯发电和热电联产）为突破口，后续按照稳步推进的原则，成熟一个行业，纳入一个行业。发电行业覆盖碳排放约40亿吨。纳入全国碳市场的标准为：2013—2019年任一年排放量超过2.6万吨二氧化碳当量（综合能源消费量约1万吨标准煤）的发电企业（含自备电厂）。2019—2020年符合条件的重点排放单位共有2 225家。

表6　全国碳交易权体系纳入行业范围

行业	类别名称	行业子类（主营产品统计代码）
发电	电力、热力生成和供应业	
	纯发电、热电联产	
	热电联产	
	生物质能发电	
石化	石油、煤炭及其他燃料加工业	石油加工、炼焦及核燃料（25）
	原油加工及石油制品制造	原油加工（2501）

续表

行业	类别名称	行业子类(主营产品统计代码)
化工	基础化学原料制造	无机基础化学原料(2601)
		有机化学原料(2602,其中乙烯生产按照石化行业指南执行)
	肥料制造	化学肥料(2604)
		有机肥料及微生物肥料(2605)
	农药制造	化学农药(2606)
		生物农药及微生物农药(2607)
	合成材料制造	合成材料(2613)
建材	非金属矿物制品业	非金属矿物制品(31)
	水泥制造	水泥熟料(310101)
	平板玻璃制造	平板玻璃(311101)
钢铁	黑色金属冶炼和压延加工业	黑色金属冶炼和压延加工产品(32)
	炼钢	粗钢(3206)
	钢压延加工	轧制、锻造钢坯(3207)
		钢材(3208)
	炼钢	炼钢
有色金属	有色金属冶炼和压延加工业	有色金属冶炼和压延加工产品(33)
	铝冶炼	电解铝(3316039900)
	铜冶炼	铜冶炼(3311)
造纸	造纸和纸制品业	纸及纸制品(22)
	木竹浆制造	纸浆(2201)
	非木竹浆制造	
	机制纸及纸板制造	机制纸和纸板(2202)
民航	航空运输业	航空运输服务(55)
	航空旅客运输	航空旅客运输(550101)
	航空货物运输	航空货物运输(550102)
	机场	机场(550301)

2. 配额管理

(1)分配方案

配额发放通过全国碳排放权注册登记结算系统进行,这意味着配额的发放将采用线上分配的形式完成。配额发放分为两次,第一次为预分配,分配量为 2018 年度供电(热)量的 70%。第二次为最终分配,分配量按照当年度实际供电(热)量最终核定,多退少补。根据配额分配方案,2019—2020 年度省级预分配方案将在 2021 年 1 月 29 日前完成向生态环境部的报送。

全国碳市场对 2019—2020 年配额实行全部免费分配,并采用基准法核算重点排放单位所拥有机组的配额量。重点排放单位的配额量为其所拥有各类机组配额量的总和。配额核算公式(全国碳市场配额核算公式没有设定地区修正系数)为:

表 7　配额核算公式及符号意义

配额核算公式	符号意义
机组配额总量=供电基准值×实际供电量×修正系数+供热基准值×实际供热量=Qe×Be×F+Qh×Bh	Qe:机组供电量,单位:MWh Be:机组所属类别的供电基准值,单位 tCO_2/MWh F:机组修正系数,无单位 Qh:机组供热量,单位:GJ Bh:机组所属类别的供热基准值,单位 tCO_2/GJ

(2)清缴履约

在 2019 年和 2020 年,重点排放单位所需要清缴配额的上限为免费配额量加经核查排放量的 20%,降低配额缺口较大的重点排放单位所面临的履约负担。另外,为鼓励燃气机组发展,在 2019 年和 2020 年,燃气机组如果有高于年度配额量的排放,则无须为超出的排放承担成本。

3. 交易管理

(1)交易规则

交易产品。全国碳排放权交易市场的交易产品为碳排放配额,生态环境部可以根据国家有关规定适时增加其他交易产品。

交易主体。重点排放单位以及符合国家有关交易规则的机构和个人，是全国碳排放权交易市场的交易主体。

交易方式。碳排放权交易应当通过全国碳排放权交易系统进行，可以采取协议转让、单向竞价或者其他符合规定的方式。

（2）风险管理

全国碳排放权注册登记机构和全国碳排放权交易机构应当遵守国家交易监管等相关规定，建立风险管理机制和信息披露制度，制定风险管理预案，及时公布碳排放权登记、交易、结算等信息。

交易主体违反关于碳排放权注册登记、结算或者交易相关规定的，全国碳排放权注册登记机构和全国碳排放权交易机构可以按照国家有关规定，对其采取限制交易措施。

重点排放单位和其他交易主体应当按照生态环境部有关规定，及时公开有关全国碳排放权交易及相关活动信息，自觉接受公众监督。

4. MRV

（1）核算与报告

企业温室气体排放核算工作内容包括：确定核算边界和排放源、核算化石燃料燃烧排放、核算购入电力排放、汇总计算排放总量、获取生产数据信息的计算方法和技术要求、编制实施监测计划、开展数据质量管理、定期完成排放报告。

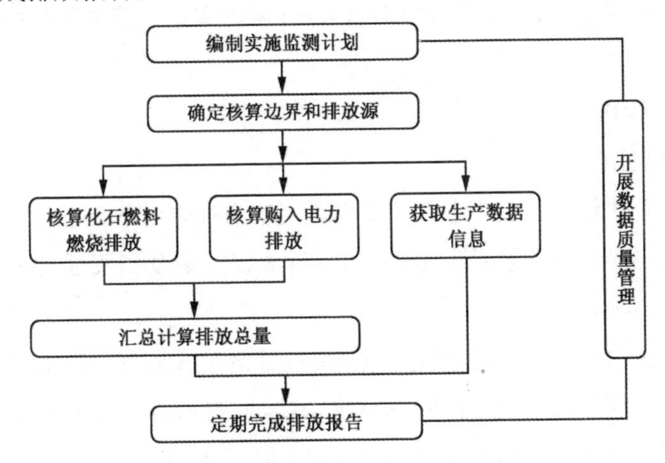

图 19　温室气体核算工作流程图

(2)第三方核查

核查机构的核算程序包括核查安排、建立核查技术工作组、文件评审、建立现场核查组、实施现场核查、出具《核查结论》、告知核查结果、保存核查记录八个步骤。

第一步,核查安排。省级生态环境主管部门应综合考虑核查任务、进度安排及所需资源组织开展核查工作。第二步,建立核查技术工作组。省级生态环境主管部门应根据核查任务和进度安排,建立一个或多个核查技术工作组。第三步,文件评审。技术工作组识别现场核查重点,提出现场核查时间,需访问的人员,需观察的设施、设备或操作以及需查阅的支撑文件等现场核查要求,并填写完成《文件评审表》和《现场核查清单》提交省级生态环境主管部门。第四步,建立现场核查组。省级生态环境主管部门应根据核查任务和进度安排,建立一个或多个现场核查组。现场核查组应至少由 2 人组成。第五步,实施现场核查。现场核查组可采用查、问、看、验等方法开展工作。第六步,出具《核查结论》。技术工作组应根据如下要求出具《核查结论》并提交省级生态环境主管部门。第七步,告知核查结果。省级生态环境主管部门应将《核查结论》告知重点排放单位。第八步,保存核查记录。省级生态环境主管部门应以安全和保密的方式保管核查的全部书面(含电子)文件至少 5 年。技术服务机构应将核查过程的所有记录、支撑材料、内部技术评审记录等进行归档保存至少 10 年。

5. 监管机制

(1)监督管理

①监督主体。上级生态环境主管部门应当加强对下级生态环境主管部门的重点排放单位名录确定、全国碳排放权交易及相关活动情况的监督检查和指导。

②监督内容。设区的市级以上地方生态环境主管部门根据对重点排放单位温室气体排放报告的核查结果,确定监督检查重点和频次。设区的市级以上地方生态环境主管部门应当采取“双随机、一公开”的方式,监

督检查重点排放单位温室气体排放和碳排放配额清缴情况，相关情况按程序报生态环境部。

③监督措施。生态环境部和省级生态环境主管部门应当按照职责分工，定期公开重点排放单位年度碳排放配额清缴情况等信息。

（2）法律责任

①主管部门。生态环境部、省级生态环境主管部门、设区的市级生态环境主管部门的有关工作人员，在全国碳排放权交易及相关活动的监督管理中滥用职权、玩忽职守、徇私舞弊的，由其上级行政机关或者监察机关责令改正，并依法给予处分。

②两机构人员。全国碳排放权注册登记机构和全国碳排放权交易机构及其工作人员违反规定，有利用职务便利谋取不正当利益的，有其他滥用职权、玩忽职守、徇私舞弊行为的，由生态环境部依法给予处分，并向社会公开处理结果；有泄露有关商业秘密或者有构成其他违反国家交易监管规定行为的，依照其他有关规定处理。

③重点排放单位虚报、瞒报。重点排放单位虚报、瞒报温室气体排放报告，或者拒绝履行温室气体排放报告义务的，由其生产经营场所所在地设区的市级以上地方生态环境主管部门责令限期改正，处一万元以上三万元以下的罚款。逾期未改正的，由重点排放单位生产经营场所所在地的省级生态环境主管部门测算其温室气体实际排放量，并将该排放量作为碳排放配额清缴的依据；对虚报、瞒报部分，等量核减其下一年度碳排放配额。

④重点排放单位未按时足额清缴。重点排放单位未按时足额清缴碳排放配额的，由其生产经营场所所在地设区的市级以上地方生态环境主管部门责令限期改正，处二万元以上三万元以下的罚款；逾期未改正的，对欠缴部分，由重点排放单位生产经营场所所在地的省级生态环境主管部门等量核减其下一年度碳排放配额。

6. 支撑系统

全国碳排放权交易系统由上海牵头承建与运营，注册登记系统由湖北武汉牵头承建。2020 年 4 月 24 日，全国碳交易系统项目建设成果专家评审会在上海联合产权交易所顺利召开，全国碳交易系统通过验收，至此全国碳交易系统已基本具备试运行条件，保障 2021 年 6 月底前正式启动交易。

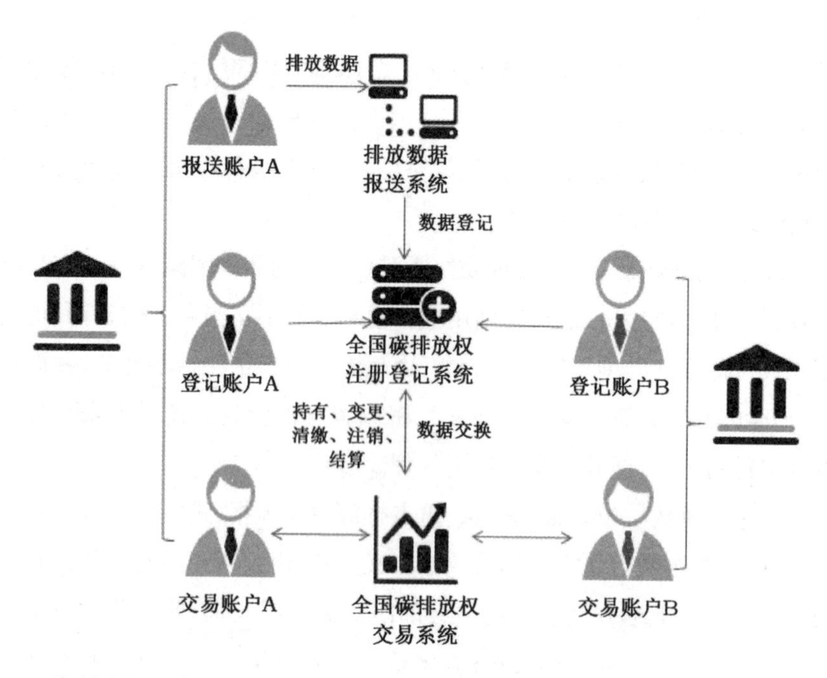

资料来源：根据公开资料整理。

图 20　全国碳市场支撑系统

（四）全国碳市场的发展趋势

目前我国碳交易市场的建设仍处于起步阶段，随着 2021 年 6 月底全国性碳交易市场开启后，未来相关政策及交易机制等将具备进一步完善的空间。具体来看：

一是碳市场空间规模进一步扩大。“十二五”至“十三五”期间，我国碳交易市场属于培育期，“十四五”将步入正式运行期。全国碳市场启动元年（2021 年），如果仅考虑现货交易，按照试点区域约 3%～10%的配额进入平台交易，全国碳市场启动后交易规模可达 2 亿～4 亿吨，假设全国碳市场碳价在 40～50 元/吨，碳交易额将达到 40 亿～120 亿元/年；如果未来在交易品种和机制上有所突破，交易规模还将有较大提升空间，预计期货市场规模在 400 亿～3 600 亿元/年。

二是纳入行业范围将逐步扩大。根据生态环境部于 2021 年 1 月发布的《碳排放权交易管理办法(试行)》，全国碳市场交易首批仅纳入 2 225 家发电行业，在未来我国碳市场建设逐渐成熟的情况下，将最终覆盖发电、石化、化工、建材、钢铁、有色金属、造纸和国内民用航空八大行业。

三是参与主体将逐渐丰富。全国碳市场初期交易参与主体以重点排放单位为主，未来将不断扩大市场开放程度，引入符合国家有关交易规则的机构和个人，同时支持各类主体购买配额用于碳中和，提升市场的流动性和活跃度。

四是随着全国碳交易市场开启，地方试点将逐步退出。《碳排放权交易管理暂行条例(草案修改稿)》指出，不再建设地方碳排放权交易市场，已经存在的地方碳排放权交易市场应当逐步纳入全国碳排放权交易市场。纳入全国碳排放权交易市场的重点排放单位，不再参与地方相同温室气体种类和相同行业的碳排放权交易市场。短期来看，全国及地方碳交易市场将共存，随着全国性碳交易市场的建立和逐步完善，地方性碳交易市场所在行业及相关企业将逐步纳入全国碳交易市场，地方碳交易试点将稳步退出。

五是全国碳交易市场政策将逐渐趋严。当前相关政策较为温和，例如《2019—2020 年全国碳排放权交易配额总量设定与分配实施方案(发电行业)》中对于重大污染源的控排力度不强(缺口较大的企业，排放超额 20％的部分免费)、对于使用天然气进行生产的企业有优惠措施(燃气发电机组排放超额部分免费，但多余碳配额不可卖出)，对电厂进行一定程度的减负，目的是为了让企业有过渡期。但从国外碳市场发展经验来看，碳交易政策会逐渐趋严。

六是碳排放配额由免费分配为主逐步向提高有偿分配比例过渡。

《碳排放权交易管理办法(试行)》指出,碳排放配额分配以免费分配为主,可以根据国家有关要求适时引入有偿分配。参考欧盟碳交易体系,其一级市场中碳配额分配方式从第一阶段的免费分配过渡到 50%以上拍卖,并计划 2027 年实现全部配额的有偿拍卖分配。从国内区域试点来看,我国八大试点中有六个地区的碳试点均可以通过拍卖的方式进行配额的发放,但是比例均较低。未来在配额的分配方式上,我国初期仍以免费分配为主,参照欧盟等成熟碳交易市场的经验,未来将逐步提高有偿分配的比例,充分利用碳市场的调节机制,推动碳配额的有效配置。

七是碳抵消机制有望重启。2017 年,由于温室气体自愿减排交易量小、个别项目不够规范等问题,国家发改委暂缓受理温室气体自愿减排交易方法学、项目、减排量、审定与核证机构、交易机构备案申请。《碳排放权交易管理暂行条例(草案修改稿)》指出,可再生能源、林业碳汇、甲烷利用等项目的实施单位可以申请国务院生态环境主管部门组织对其项目产生的温室气体削减排放量进行核证;重点排放单位可以购买经过核证并登记的温室气体削减排放量,用于抵销其一定比例的碳排放配额清缴。一方面,随着全国碳交易市场的完善,CCER 相关方法学、项目等将重新开启申请审核;另一方面,随着未来碳市场的发展,有望放宽实施可再生能源、林业碳汇、甲烷利用等项目来实施碳减排,通过增大抵消比例扩大减排量市场。

八是碳金融市场逐步完善。目前我国碳金融市场发展仍处于初期水平,碳交易仍以现货交易为主,碳债券、碳期权、碳质押等产品仍处于地区试点阶段,参考欧盟等成熟碳交易体系,其交易产品以期货、期权等衍生品为主,未来随着我国碳市场的建立和发展,相关碳金融衍生产品将逐步完善。

参考文献

[1]刘琛,宋尧.中国碳排放权交易市场建设现状与建议[J].国际石油经济,2019,27(4):47—53.

[2]李俊峰,张昕.全国碳市场建设有七大当务之急[Z].中国城市能源周刊,2021(1).

[3]刘传明,孙喆,张瑾.中国碳排放权交易试点的碳减排政策效应研究[J].中国人口·资源与环境,2019,29(11):49—58.

[4]林健.碳市场发展[M].上海:上海交通大学出版社,2013.

[5]国家应对气候变化战略研究和国际合作中心清洁发展机制项目管理中心(碳市场管理部).中国碳市场建设调查与研究[M].北京:中国环境出版集团,2018.

[6]中国碳市场2020年度总结:实现碳中和目标的穿云箭[Z].气候行动青年联盟,2021(1).

[7]张昕,张敏思,田巍等.我国温室气体自愿减排交易发展现状、问题与解决思路[J].中国经贸导刊(理论版),2017(23):28—30.

[8]未来智库.碳交易市场专题研究报告:海外经验、发展趋势及市场空间[EB/OL].https://mbd.baidu.com/newspage/data/landingsuper?context=%7B%22nid%22%3A%22news_10033927473495020553%22%7D&n_type=-1&p_from=-1,2021.5.

[9]刘衡.欧盟航空碳税案大事记[EB/OL].http://ies.cass.cn/wz/yjcg/qt/201211/t20121114_2457850.shtml,2012(11).

[10]国务院新闻办.中国应对气候变化的政策与行动(2011)[Z].

[11]国务院发展研究中心"生态文明建设与低碳发展:理论探索、形势研判与政策分析"课题组.国家碳排放核算工作的现状、问题及挑战(2020)[EB/OL].http://www.waterinfo.com.cn/news_5/nei_1/202003/t20200323_24113.htm.

[12]王政达.新时代中国对全球治理的新贡献(2018)[EB/OL].http://theory.people.com.cn/n1/2018/0307/c40531-29853305.html.

第三章　碳金融市场发展研究

一、碳金融概述

（一）碳金融的源起和国外发展情况

1. 源起

碳金融源自碳交易的发展，起源于国际社会为应对气候问题所签署的一系列框架协议。1992年，联合国就全球气候变化问题达成了《联合国气候变化框架公约》（UNFCCC，下称“框架公约”），是世界上第一个全面控制二氧化碳等温室气体排放以应对气候变暖问题带给人类经济和社会不利影响的国际公约，也是全球在对付气候变化问题上达成合作的一个基本框架。它奠定了碳排放权交易在全球污染治理中作为政策性工具的重要地位。

1997年通过的《京都议定书》作为框架公约的补充条款，成为具体的实施纲领，规定了各国所需达到的减排目标，也加速了全球碳交易的发展。

2015年通过的《巴黎协定》是继框架公约和《京都议定书》之后，国际上应对气候变化的第三个里程碑式的国际法律文本。《巴黎协定》对2020年后国际应对气候变化措施做了制度性安排，适用对象既包括发达国家也包括发展中国家。根据《巴黎协定》的规定，不同国家之间可以转让减缓成果来实现《巴黎协定》下各自国家的自主贡献目标，同时需要避免双重核算。

2. 国外发展情况

从 2002 年英国建立全球首个二氧化碳排放权交易市场开始，到 2020 年全世界正在运作的碳排放交易体系已有 24 个，它们碳排放约占全球排放总量的 10%。

目前，全球碳金融市场每年交易的规模已超 600 亿美元[①]，其中碳期货的年交易额占比约 1/3。碳金融市场起步于欧洲，由于欧盟各国的大力推动，欧盟的碳交易场所交易量占全球碳交易的 80%左右，已成长为全球最大的碳交易场所。可以说全球碳金融体系初步形成了以碳排放权为基础交易产品、以欧元和美元为主要交易货币、以各类金融机构为核心推动力量、以欧盟排放权交易机制为主要平台、辅以自愿减排交易平台的碳金融体系。

国际碳金融市场体系中参与主体涵盖范围非常广泛，既包括有节能减排要求的国家和企业、减排项目的拥有者、绿色企业、政府成立的交易平台、碳基金，还包括跨国组织（如世界银行）、商业和投资银行等金融机构、私募股权投资基金等。这些主体的积极参与，有效促进了碳排放权的交易，为减排做出了巨大贡献。

表 8　全球碳金融体系

组成要素	要素功能	
主要金融产品	基础产品	碳排放权
	衍生产品	碳掉期、碳期货、碳保理、碳债券、碳证券、碳基金等
计价结算货币	主要货币	欧元
	其他货币	美元、澳元、日元、加元等

① 摘自中国人民银行研究局课题组论文《推动我国碳金融市场加快发展》（2021 年 1 月）。

续表

组成要素	要素功能	
参与金融机构	商业银行	提供碳排放信贷支持，开展碳交易账户管理与碳交易担保服务以及开发碳金融银行理财产品等
	保险公司	开发与碳排放相关的保险产品，提供碳排放风险管理服务以及投资与各类碳金融产品等
	证券公司	开发设计碳排放权证券化产品，充当碳投融资财务顾问以及进行碳证券资产管理等
	信托公司	开发设计碳信托理财产品，充当碳投融资财产顾问以及从事碳投资基金业务等
	基金公司	设立碳投资基金投资计划、充当碳投融资财务顾问以及进行碳基金资产管理等
	期货公司	开发设计碳期货产品，进行碳期货资产管理以及开展碳期货经纪业务等
	其他	碳资产管理公司、专业投资公司、风险投资机构等
辅助交易机构	中介咨询服务机构，碳排放审核认证机构等。	
主要交易平台	欧盟——欧盟排放权交易制(EUETS)——目前全球最大的碳交易平台	
	英国——英国排放权交易制(ETG)	
	美国——芝加哥气候交易所(CCX)——全球第一家自愿减排交易平台	
	澳大利亚——新威尔士温室气体减排贸易体系(NSW GGAS)	
	新西兰——新西兰碳排放权交易制(NZETS)	
	日本——东京交易市场——亚洲第一个碳交易市场，全球第一家以二氧化碳间接排放为控制和交易对象的碳排放交易体系	

资料来源：刘佳骏，汪川．国外碳金融体系运作经验借鉴与中国制度安排[J]．全球化，2016(3).

表 9　　全球碳金融交易主体一览

交易主体	碳配额交易市场	自愿碳交易市场
国际组织	世界银行、联合国环境计划委员会	世界银行、联合国环境计划委员会
政府部门	缔约方国家、非缔约方国家	非缔约方国家

续表

交易主体	碳配额交易市场	自愿碳交易市场
交易所	EUETS、UKETS（英国排放交易体系）等	CCX、GGAS
非政府组织	世界自然资源基金会	气候集团、世界经济论坛、国际碳交易联合会
金融机构	商业银行、投资银行、保险公司、证券公司	商业银行、投资银行、保险公司、证券公司
其他交易主体	各类私募股权基金、企业与个人	各类私募股权基金、企业与个人

资料来源：刘佳骏，汪川．国外碳金融体系运作经验借鉴与中国制度安排[J]．全球化，2016(3)．

（二）碳金融的定义和内涵

1．碳金融的定义

碳金融是指一切与减少温室气体排放相关联的金融活动。世界银行对碳金融的定义为："碳金融是指向可以购买温室气体减排量的项目提供资源。"

尽管全球对碳金融还没有明确统一的概念界定，但是根据目前国内较为流行的观点，"碳金融"概念可分为广义和狭义两种。广义的碳金融一般是指围绕低碳经济发展、服务于降低温室气体排放所进行的所有制度安排和金融交易活动的统称。包括基于碳减排的直接投融资、碳排放权及其金融衍生品的交易，以及其他相关的金融中介等服务。狭义的碳金融则是指基于碳排放权的金融衍生品和金融产品的交易活动，包括碳远期、碳期货等产品。

碳金融市场则是围绕碳金融活动所形成的交易市场，是一种特殊的金融市场。碳金融市场形成的关键在于碳排放权配额及其金融衍生品作为金融产品在市场进行流通。

2．碳金融的内涵

（1）碳金融的本质是信用

首先，碳金融活动的法律依据是《框架公约》《京都议定书》和《巴黎协定》，这样国际约束性质协定的履行和实施的基础是联合国和各国政府的信用。其次，碳金融交易之前，为了保障每次碳金融交易活动的合法合规性，需要独立的、具有较高公信力的第三方审核机构进行信用评级和核定。再者，碳金融交易能够最终成功，依赖于买卖双方良好的信用。这是因为碳金融市场的交易大多是远期交易，买方在交易之初的付款行为，实际上承担了卖方后续不履约的风险。

（2）与国际货币发行权挂钩

碳金融市场的发展与国际货币发行权紧密相连。拥有国际货币发行权的货币，需要具备国际大宗商品计价、结算功能。随着碳金融的迅速发展，交易规模的不断扩大，交易过程中碳信用货币的使用普及，可能赶超原油等大宗商品成为影响全球交易的新型“大宗商品”。因此，能够成为全球碳金融交易计价、结算的货币，未来很可能成为新的国际货币。

3. 碳金融的作用

碳金融在碳交易的过程中，通过各种金融手段，可以促进各种资源在碳市场中进行优化配置，引导资本向低碳领域流动。它具有的作用包括以下几点：

（1）有助于碳减排成本转化为资产收益

碳金融可以通过提高碳排放权的流通属性，推动碳减排成本转化为资产收益，进而引导资金进入低碳减排领域。根据《巴黎协定》，缔约方可以使用国际转让的减缓成果来实现国家自主贡献，这使得碳排放权成为可以流通的商品，为原本作为减排成本所需要负担此部分支出的企业或国家带来了收益，提高了企业乃至国家推动节能减排的积极性。随着碳金融的发展，碳现货和碳金融衍生品的不断丰富、交易量扩大，可以大幅提高碳排放权的流动性，使得碳排放成本快速转化为资产收益。

（2）有效提高碳交易市场的流动性

碳金融是碳排放权交易发展的本质要求。碳金融围绕碳排放权为标的推出的碳金融衍生品和金融服务功能，为控排企业和机构投资者提供了碳资产管理、融资工具和风险管理工具，为市场提供多种投融资渠道，也为交易主体提供了风险规避的手段。同时，金融机构、中介机构的参与，可以提供做市服务，撮合交易，提升企业在非履约期交易的积极性，有效提高碳现货市场流动性。

(3)有助于推动经济低碳转型发展

碳排放权交易，是一种利用市场机制以达到控制和减少温室气体排放、推动经济绿色低碳发展的重要手段。通过碳金融的市场资源调配作用，可以不断引导资源和资金向低碳减排领域汇集。通过碳排放权交易和节能减排项目的投融资，发展中国家获得了技术和资金支持，可用于促进本国节能减排技术和产业的发展，尤其是清洁能源方向的研发和推广，从根本上改变我国经济发展中对于传统能源的依赖，从而实现经济低碳转型。

(4)有助于碳市场定价机制的形成

碳金融市场的发展可以有助于形成合理有效的碳价。[①] 一是碳金融衍生品具有良好的价格发现功能，通过公开买卖中形成的报价，可以实时、快速、公开、全面地反映市场供需情况和交易信息；二是碳金融市场可以吸引多种类型的机构入场，为市场提供做市服务，在碳市场供需不平衡时，通过提供双边报价，引导企业适时交易，避免造成碳配额的囤积或集中抛售，引发碳价剧烈波动；三是在对碳资产进行盘活、抵质押、增值融资等过程中，对碳资产的价值进行评估和信用评级，其结果释放的价格信号，间接影响了碳价格的走向。

(三)碳金融市场与碳交易市场的关系

碳金融市场的兴起依托于碳交易市场的发展，但二者并不能简单等同。碳金融的产生是因为碳排放权交易自身具有金融属性。同时，伴随着碳交易市场的快速发展，衍生出了大量金融需求。国际市场中，碳金融市场和碳交易市场是同步发展、相互依存、相互促进的。

---

① 摘自中国人民银行原行长周小川 2020 年 11 月 21 日在第 17 届国际金融论坛(IFF)全球年会开幕式上的讲话。

碳交易市场的充分发展是碳金融市场发展的前提和基础，碳交易市场的做强做大为碳金融市场提供强有力支撑。碳交易市场交易的碳配额主要来自政府分配，碳配额价值反映了政府发放配额总量和企业碳排放需求之间的供需关系。在各地试点中，地方政府配额较为充足的情况下，企业通过市场购入的需求不大。另一方面，因排放企业对碳交易市场认识不深、专业交易人才缺乏、不愿意承担交易风险等多方面原因，企业在有多余的碳配额时，更倾向于自身持有碳配额，而不是进入市场交易。导致市场上可流通配额较少，流通性较差，投资机构也缺乏积极性，碳交易市场无法真正发挥作用，也阻碍了碳金融的发展。因此，只有碳交易市场充分发展，交易足够活跃且具备了完备的市场规范和风险管控，碳金融市场才可能得到有效发展。

碳金融市场是碳交易市场的发展方向和本质需要。碳金融市场通过金融手段，进行市场资源调配，引导资源快速进入节能减排领域，助力减排企业技术研发，促进环保行业产业化。碳金融市场为碳交易市场提供的创新产品和配套服务，可以大幅提高市场的流动性，提升企业履约意愿，降低交易成本，有效分散碳交易风险，推动市场健康持续发展，实现碳资产的保值增值。[①]

(四)碳金融市场的构成

1. 产品分类

根据功能划分，碳金融产品可划分为融资工具、交易工具及支持工具三种。

(1)融资工具

融资工具是指企业以碳排放配额或国家核证自愿减排量(CCER)向银行或其他机构获取融资通道。它的主要目的是为企业实现碳资产的保值增值、降低企业减排收益的不确定性和履约风险。融资工具的推广是引导企业在非履约期参与碳交易、调动更多碳配额加入碳市场流转的有

---

① 一线话题：透视我国碳市场发展[J]. 中国金融，2021(5).

效手段。

碳融资工具的出现，根本原因在于碳市场的配额基本掌握在控排企业手里，而碳资产管理机构、金融机构有通过碳配额融资的需求。对于提供相关服务的机构而言，除了可以获得直接收益外，还能够为直接参与二级市场提供灵活、充裕的头寸，为自营、托管、做市、结构化衍生品开发等业务拓宽了空间。通过专业化的碳资产管理业务，一方面，以最低的成本帮助企业降低履约风险、盘活碳资产、降低减排成本的同时提升盈利能力，有效提升企业碳资产管理的意愿。另一方面，拥有碳资产的企业的加入使更多的碳资产进入碳市场的周转，极大地提升市场流动性，促进碳市场自身健康、快速地成长成熟。

融资工具主要包括碳质押（抵押）、碳回购、碳债券、碳基金、碳托管（借碳）等。

①碳质押（抵押）

碳资产质押是指企业将已经获得的，或者未来可能获得的碳资产作为质押物进行担保，从而获得金融机构融资的业务模式。碳交易机制赋予了碳资产市场价值，为碳资产进行质押、发挥担保增信功能提供了可能，而碳资产质押融资则是碳配额或项目减排量作为企业权利的具体化表现。目前碳排放权质押业务开发了以碳配额为基础标的的质押融资、以 CCER 减排量为基础标的的质押融资、配额＋CCER 的组合融资三种类型。

②碳回购

碳配额回购，是指配额持有人（正回购方）将配额卖给购买方（逆回购方）的同时，双方约定在未来特定时间，由正回购方再以约定价格从逆回购方购回总量相等的配额的交易。双方在回购协议中，需约定出售的配额数量、回购时间和回购价格等相关事宜。在协议有效期内，受让方可以自行处置碳排放配额。

该项业务是一种通过交易为企业提供短期资金来源的碳市场创新产品。对控排企业和拥有碳信用的机构（正回购方）而言，卖出并回购碳资产获得短期资金融通，能够有效盘活碳资产，对于提升企业碳资产综合管理能力，以及对提高金融市场、碳资产和碳市场的认知度和接受度有着积极意义；同时，对于金融机构和碳资产管理机构（逆回购方）而言，则满足了其获取配额参与碳交易的需求。

③碳债券

碳债券是指政府、企业为碳减排项目筹措资金而发行的债券，也可以作为碳资产证券化的一种形式，即以碳配额及减排项目未来收益权等为支持进行的债券型融资。

④碳基金

广义上的基金，指为了企业投资、项目投资、证券投资等目的设立并由专门机构管理的资金，主要参与主体包括投资人、管理人和托管人。碳基金则是为参与减排项目或碳市场投资而设立的基金，既可以投资于CCER 项目开发，也可以参与碳配额与项目减排量的二级市场交易。

（2）交易工具

碳金融市场交易工具即交易产品，是碳金融市场进行交易的载体。交易工具对碳市场的作用主要体现在以下四个方面：其一，在市场制度和相关政策平稳可期的前提下，碳金融衍生品能够将现货的单一价格，拓展为一条由不同交割月份的远期合约构成的价格曲线，揭示市场对未来价格的预期。其二，碳金融衍生品，尤其是远期与期货产品，对于提高碳市场交易活跃度、增强市场流动性起到了重要的作用。其三，碳金融衍生品带来的市场流动性，能够平抑价格波动、降低市场风险。其四，碳金融衍生产品为市场主体提供了对冲价格风险的工具，便于企业更好地管理碳资产风险敞口，也为金融机构参与碳市场、开发更为丰富的碳金融衍生产品以及涉碳融资等碳金融服务创造了条件。

通常意义上的基础交易产品为现货交易产品，其他交易产品包括以碳期货、碳期权、碳远期、碳掉期等为代表的衍生品。

①碳远期

碳远期交易是指买卖双方以合约的方式，约定在未来某一时期以确定价格买卖一定数量配额或项目减排量等碳资产的交易方式。远期交易实际上是一种保值工具，通过碳远期合约，能够帮助碳排放权买卖双方提前锁定碳收益或碳成本。

该方式在国际市场的 CER 交易中已十分成熟，应用很广泛。清洁发展机制项目产生的核证减排量通常采用碳远期的形式进行交易。项目启动之前，交易双方就签订合约，规定碳额度或碳单位的未来交易价格、交易数量以及交易时间。其为非标准化合约，一般不在交易所中进行，通过场外交易市场对产品的价格、时间以及地点进行商讨，但由于监管结构较为松散，容易面临项目违约风险。

②碳掉期

掉期常见于外汇交易中，是指交易双方约定在未来某一时期相互交换某种资产的交易形式。更准确地说，是当事人之间约定在未来某一期间内相互交换他们认为具有等价经济价值的现金流的交易。

碳掉期也称碳互换，是指交易双方约定在未来某一时期相互交换碳资产的交易形式。它通常包含两种形式，第一种形式的碳互换是指交易双方通过合约达成协议，在未来的一定时期内交换约定数量相同、品种不同的碳排放权客体。另一种形式的碳互换是指交易双方以碳排放权为标的物，以现金结算标的物固定价交易与浮动价交易差价的合约交易。从实际情况看，碳掉期包含品种掉期和时间掉期。

(3)支持工具

支持工具用于体现碳市场的价格信息和供求关系，为碳市场的投资提供预警和风险监管，帮助投资者进行决策。主要包括碳指数、碳保险等。

①碳指数

指数(Index)是用于反映市场整体价格或某类产品价格的变动、走势的指标。碳指数则是反应碳交易市场整体价格或某类碳资产的价格变动、走势的指标，是刻画碳交易规模及变化趋势的标尺。碳指数既是碳市场重要的观察工具，也是开发碳指数交易产品的基础。

②碳保险

保险是市场经济条件下各类主体进行风险管理的基本工具，也是金融体系的重要支柱。碳保险是为了规避减排项目开发过程中的风险，确保项目减排量按期足额交付的担保工具。它可以降低项目双方的投约风险，确保项目投资和交易行为顺利进行。

2. 市场层次

按市场层次结构分类，碳金融市场的层次结构与传统意义的金融市场类似可划分为碳金融一级市场和碳金融二级市场。

(1)一级市场

碳金融一级市场为碳排放权的发行市场，是碳排放权配额的初次分配。一级市场创造碳配额和项目减排量两类基础碳资产。其中配额交易的一级市场是以政府免费分配或拍卖碳排放配额给需求企业的交易方式而形成的市场。项目交易的一级市场则为企业提供投资节能减排项目的渠道，需根据相关规定完成项目审定、监测核证、项目备案和减排量签发等一系列复杂的程序，从而获得核证减排量。当碳配额或项目减排量完成在注册登记簿的注册程序后就变成了其持有机构能正式交易、履约和使用的碳资产。目前，碳配额的拍卖在一级市场交易产品中占比较高。

一级市场主要解决碳排放权的初始分配问题。其核心内容是确定碳排放总量，并按照一定方法和原则将排放额度分配给排放单位。

(2)二级市场

碳金融二级市场是交易市场，它包括了二级碳现货市场和碳金融衍生品交易流转市场，是整个碳市场的枢纽。

二级市场又分为场内交易市场和场外交易市场(OTC)两部分。场内交易是指在集中的交易场所(如经认可的交易所或电子交易平台)进行的碳资产交易，这种交易具有固定的交易场所和交易时间，公开透明的交易规则，是一种规范化、有组织的交易形式，交易价格主要通过竞价等方式确定；场外交易又称为柜台交易，指在交易场所以外进行的各种碳资产交易活动，采取非竞价的交易方式，价格由交易双方协商确定。

二级市场通过场内或场外的交易，将市场各类资产和主体汇聚于此，从而实现价格发现、清算结算等相关功能。

二级市场在优化资源配置、形成激励机制、引导社会投资、开展金融创新和增强定价能力等方面发挥着重大作用。它的核心功能是定价功能。

3. 参与主体

碳金融市场参与主体根据性质不同，主要可分为四类：政府、企业、金融机构和其他机构。

(1)政府

政府在碳金融市场不同时期有着不同的角色。在碳金融市场建立的初期，政府的角色举足轻重。碳金融的市场建立、法律和行业规范、交易机制制定、风险监管等制度都是在政府行为主导下形成的。同时，在初期阶段，政府也是参与碳金融交易的买家。

随着市场的成熟，政府在碳金融市场中作为管理者和监管者的角色比重会逐渐加大。作为管理者，政府在整体减排目标的额度下，既需要对碳排放整体的时间进度进行把控，还需要考虑空间分布的平衡。作为监管者，政府需要对企业碳排放进行监测，核实企业真实的减排能力，保障市场秩序。

(2)企业

企业是碳金融市场中最活跃的参与主体。特别是碳金融一级市场中的交易产生，源自不同企业碳减排需求交换。为了达到自身的减排目标，企业可以通过节能减排来实现，也可以通过市场购买碳排放权额度，有剩余额度的企业则可以将碳排放额度通过市场交易转化为资产。因此，企业既是碳金融市场的需求者，也是供给者，直接决定着整个碳金融市场的供需，乃至碳交易价格。

(3)金融机构

碳金融市场的特点之一是金融机构成为交易媒介，并逐渐成为市场参与主体。金融机构是各种金融衍生产品的提供者，也是碳金融活动的中介服务提供者，更是连接碳金融一级市场和二级市场的桥梁。金融机构拥有的大量资金，可以有效提升碳金融市场的流动性、加强碳市场价格发现。

在体系完善的碳金融市场中，金融机构在市场交易中非常活跃，参与的机构类型涵盖商业银行、保险公司、证券公司、信托公司、基金公司等，为市场提供信贷支持、财务咨询、风险防范、多种投融资渠道、资金杠杆等多样化服务。

(4)其他机构

碳金融交易能够顺利完成，需要结算清算、信用评级、第三方核证、会计和审计、法律咨询等多种类型的服务支撑，因此碳金融市场也离不开相应的机构参与。这些机构对于降低碳金融交易时产生的风险、维护市场交易秩序、校核项目的合法合规性发挥着重要作用。

(五)建立完善碳金融市场的必要性和可行性

1. 建立完善碳金融市场的必要性

通过发展碳金融市场推动碳交易市场发展是我国发展低碳经济的必然选择，这既是外部要求也符合内在需求驱动。其中原因包含以下几点：

一是面临的减排形势异常严峻。随着全球经济的飞速发展，生产制造产生的温室气体排放带来了严重后果。气候变化影响不断深入，国际节能减排压力日渐增大。我国在产业链日趋完善、制造加工能力与日俱增的同时，也成为世界碳排放的第一大国。目前，我国已承诺在2030年前二氧化碳排放达到峰值，2060年前“碳中和”，实现二氧化碳“零排放”，意味着低碳经济转型成为我国实现可持续发展的必然选择。

二是现行行政手段为主调控节能减排不可持续。我国目前的调控减排以行政手段为主，经济手段为辅。“十八大”后，国家战略层面将环境保护提升至新的高度，政策调控在节能环保方面的力度逐渐加强。由于目前阶段环境保护尚未达到“自我造血”阶段，仍须依赖财政投入，相应加重了地方财政负担，具有不可持续性。因此，我国节能减排亟须从行政手段调控为主转变为经济手段调控为主，以推动低碳经济转型，实现节能减排。

三是经济手段调控中碳金融市场助力减排更具优势。通过经济手段调控减排，主要有碳税、基于碳排放权产生的碳金融市场。其中，基于碳排放权的碳金融市场，可以很好地解决碳税不够灵活的问题，借助经济手段逐步取代行政手段的方法来助力节能减排。

2. 建立完善碳金融市场的可行性

我国已具备发展碳金融市场的基本条件。2021年，上海将以上海碳市场为基础，设立全国性的碳排放权交易市场，为全国碳金融发展先行先试提供契机。同时，结合上海在绿色金融方面具备的多种优势，逐步将上海打造成国际碳交易中心、碳金融中心和碳定价中心。

一是结合金融市场齐备优势。绿色金融的发展需要依托完善的金融市场体系，上海已经成为全球金融市场发展格局最为完备的金融中心城市之一，金融市场门类齐全，交易活跃，国际影响力不断提升。

二是结合金融对外开放前沿优势。发展碳金融需要与国际合作保持紧密联系，上海近年来在金融方面开放优势凸显。金融市场互联互通日益扩大，众多全球知名金融机构纷纷落户上海。在沪外资法人银行约占全国一半，全球排名前20的资产管理机构中已有17家在沪设立实体，为绿色金融、践行ESG原则带来了丰富的可借鉴经验。

三是结合长三角一体化国家战略优势。长三角生态绿色一体化发展示范区的设立为上海碳金融发展提供了重要支撑。2020年，《关于在长三角生态绿色一体化发展示范区深化落实金融支持政策推进先行先试的若干举措》《长三角一体化示范区绿色金融支持碳中和行动方案倡议书》等多个文件都为碳金融的发展提供了指引。

四是结合金融人才集聚优势。碳金融是综合经济、金融、环境科学、生态保护等多个学科的跨学科领域，发展碳金融需要大量跨学科、专业性人才。上海高校院所较多，相关学科门类丰富且水平较高，覆盖金融和环保科技的各个领域，此外还汇聚了大量的跨国公司研发机构，高端人才集聚，相关金融要素市场、金融机构和中介机构等也有扎实的人才基础。[①]

二、我国碳金融市场发展现状及存在的问题

（一）国内碳金融市场发展情况

1. 国内碳金融市场整体发展情况

从国内整体碳金融市场发展现状看，目前试点碳交易市场发展尚未完全成熟，相应的国内碳金融发展也在初步探索的阶段，业务模式尚不成熟。目前，我国碳市场试点交易产品仍以现货为主，虽然进行了部分碳金融产品的尝试，但多为单笔交易，碳金融总体交易规模不大，未形成规模化和市场化。

在碳金融产品探索方面，各试点围绕碳排放配额及 CCER 现货，进行了碳金融产品的探索和尝试，引入了融资、衍生品、资产管理、基金、债券等金融创新产品和服务。如上海、北京和广东在借碳、碳回购等业务上进行了探索，北京签署了碳排放权场外掉期合约，湖北和广东开展了碳排放权质押贷款业务，其中最为典型的碳金融衍生品是上海试点的碳配额远期。投资主体方面，深圳碳排放权交易所获批引进境外投资者。

2. 碳金融产品创新探索

各试点地区开发的碳金融产品主要有：碳基金、碳债券、CCER 质押、配额质押、借碳、碳回购、碳信托、碳配额远期和碳中和债等品种，具体开展情况如下：

（1）碳基金

2014 年 12 月，海通新能源股权投资管理有限公司和上海宝碳新能源科技有限公司共同发起成立了海通宝碳基金，计划融资 2 个亿，由新能源股权投资管理有限公司和上海宝碳新能源科技有限公司分别作为投资人和管理者，交易所作为交易服务方，对全国范围内的 CCER 进行投资。

① 努力将上海打造成联通国内国际双循环的绿色金融枢纽——专访上海市委常委、副市长吴清[N]. 新华社，2021-03-21.

(2)碳债券

2014 年 5 月,中广核风电成功发行了国内首单碳债券——中广核风电附加碳收益中期票据,发行金额 10 亿元,发行期限为 5 年,主承销商为浦发银行和国家开发银行,由中广核财务及深圳排交所担任财务顾问,主要投向银行间市场。

(3)CCER 质押

上海碳市场 CCER 质押业务模式中,企业、金融机构与上海环境能源交易所共同签署三方协议。企业与金融机构就 CCER 质押签订合同后,向上海环境能源交易所申请办理 CCER 冻结登记,由上海环境能源交易所在系统内办理相关冻结手续,实现质押双方信用保证;当质押合同终止时,质押双方再通过上海环境能源交易所办理解除冻结登记手续。2015 年 5 月推出,同时上海环境能源交易所(以下简称"上海环交所")公布了《上海环境能源交易所协助办理 CCER 质押业务规则》;截至 2020 年 10 月 30 日,完成 2 笔 CCER 质押。2014 年 12 月,质权人为上海银行股份有限公司虹口支行,出质人为上海宝碳新能源环保科技有限公司,质押数量为 50 万吨,质押金额为 500 万元;2015 年 5 月,上海浦东发展银行与上海置信碳资产管理有限公司签署了 CCER 质押融资贷款合同;2016 年 2 月,上海银行与上海宝碳新能源环保科技有限公司在上海环境能源交易所办理了双方之间的第二笔 CCER 质押业务。

(4)碳配额质押

2014 年 11 月,华能武汉发电有限公司、湖北金澳科技化工有限公司向建设银行湖北分行 、光大银行武汉分行申请碳配额质押贷款并获得批复。2015 年 2 月,华电新能源公司与浦东发展银行股份有限公司完成了广东省首单碳配额质押业务,融资金额 1 000 万元。

上海碳排放配额质押(SHEA)是指为担保债务的履行,符合条件的配额合法所有人(以下简称"出质人")以其所有的配额出质给符合条件的质权人,并通过交易所办理登记的行为。其中出质人是指纳入上海市配额管理的单位或交易所碳排放交易机构投资者。质押标的为在上海市碳排放配额登记注册系统中登记的碳排放配额。已被司法查封、冻结等权利受到限制的配额不得申请办理质押登记。配额一经质押登记，在解除质押登记前不得重复设置质押。质权人是指依据中国法律法规合法成立并有效存续的银行或非银行金融机构。该项业务于2020年底正式推出。2021年4月26日申能碳科技有限公司与交通银行股份有限公司上海分行完成了上海碳市场第一笔配额质押业务落地，融资金额1 000万元。5月21日，中国银行分别与上海耀皮康桥汽车玻璃有限公司、先尼科化工(上海)有限公司各完成一单碳排放配额质押业务。

碳配额和CCER组合质押业务。2021年5月，申能碳科技有限公司与浦发银行完成首单碳排放配额和CCER组合质押贷款业务。

(5)借碳

该业务是指符合条件的配额借入方存入一定比例的初始保证金后，向符合条件的配额借出方借入配额并在交易所进行交易，待双方约定的借碳期限届满后，由借入方向借出方返还配额并支付约定收益的行为。上海环交所借碳交易业务是对借碳双方的借碳交易提供交易权限管理。2015年8月推出，同时上海环交所公布了《上海环境能源交易所借碳交易业务细则》；借出方主要是纳管企业，借入方主要是机构投资者。截至2020年10月30日，共进行了SHEA借碳交易9笔，借碳数量共计340万吨。

(6)碳回购

该业务是指控排企业根据合同约定向碳资产管理公司卖出一定数量的碳配额，控排企业在获得相应配额转让资金后将资金委托金融机构进行财富管理，约定期限结束后控排企业再回购同样数量的碳配额。2014年12月，北京华远意通热力科技股份有限公司和中信证券共同完成了首单碳配额回购融资业务。2016年3月，在上海环交所的协助下春秋航空股份有限公司、上海置信碳资产管理公司、兴业银行上海分行共同完成碳配额卖出回购业务。

(7)碳信托

2014 年 12 月 29 日，上海证券有限责任公司与上海爱建信托有限责任公司联合发起设立了“爱建信托·海证一号碳排放交易投资集合资金信托计划”。这是国内首个专业信托金融机构参与的、针对 CCER 的专项投资信托计划。2015 年 4 月 8 日，该信托计划在上海环交所以协议转让方式完成了上海碳市场首笔 CCER 交易，交易量为 20 万吨。2021 年 4 月 26 日，华宝信托成立碳中和集合资金信托计划，是国内“30·60”目标以来，首批直接参与碳排放配额交易的投资型信托，期限为 5 年，初期主要投资于国内区域碳市场配额及 CCER，后期将适当参与全国碳市场交易。

(8)碳配额远期(SHEAF)

上海碳配额远期是由上海环交所与上海清算所合作开发，以上海碳配额为标的，以人民币计价和交易，在约定的未来某一日期清算、结算的远期协议，由上海环交所提供交易平台，完成交易组织，上海清算所作为专业清算机构完成清算服务。上海碳配额远期于 2017 年 1 月 12 日正式上线，上海环交所发布《上海碳配额远期业务规则》；国泰君安证券是首批参与上海碳配额交易的证券公司之一，也参与了上海碳配额远期首单交易。截至 2020 年 12 月 31 日，共上线 20 个协议，已退市 16 个协议，累计成交远期协议 43 308 个(双边)，累计交易量 433.08 万吨，累计交易额 1.56 亿元。

(9)碳中和债

2021 年 3 月，国网租赁成功发行国网租赁 2021 年度第一期绿色定向资产支持商业票据(碳中和债)。

(二)国内碳金融市场现存问题

1. 市场体系亟待健全

(1)法律制度有待完善

①法律法规有待完善

碳金融市场的发展需要有健全的法律制度作为保障和支撑。目前，我国针对碳金融市场相关法律法规仍不够完备，尚未颁布专门指导碳金融发展的法律规章制度。针对碳排放权效力最高且最新的规章是2021年1月颁布的《碳排放权交易管理办法(试行)》(生态环境部令第19号)。它明确了碳交易市场的核心内容,但未对碳金融市场做出规定。

目前已有提及碳金融的法规,可操作性相对较弱,需要进一步细化。2016年8月,中央全面深化改革领导小组第二十七次会议通过的《关于构建绿色金融体系的指导意见》中提出:“要利用绿色信贷、绿色债券、绿色股票指数和相关产品、绿色发展基金、绿色保险、碳金融等金融工具和相关政策为绿色发展服务”,在绿色金融体系中首次出现了“碳金融”的概念。同时明确发展各类碳金融产品:“促进建立全国统一的碳排放权交易市场和有国际影响力的碳定价中心。有序发展碳远期、碳掉期、碳期权、碳租赁、碳债券、碳资产证券化和碳基金等碳金融产品和衍生工具,探索研究碳排放权期货交易”,但具体的发展实施路径、风险规避和监管、市场信息披露的要求等方面都尚未明确,这也阻碍了碳金融产品的创新和碳市场的有序发展。

其他规章制度中涉及节能环保领域相关的金融政策,更多是在绿色金融体系中提及碳金融,未系统性地针对碳金融提出指引。2021年4月中国人民银行、发改委和证监会联合发布的《绿色债券支持项目目录》、2019年银保监会发布的《中国银保监会关于推动银行业和保险业高质量发展的指导意见》等文,提出了针对绿色金融体系、绿色债券的指引,但未对碳金融做出明确规定。

随着全国碳交易市场的逐步建立和完善,碳金融市场也将逐步激活。碳金融市场相关的交易机制、价格机制、风险管理、监管机制、市场准入和税收等多方面的法律法规亟须出台,以明确碳金融管理部门的相应职责、交易规则和管理机制、买卖双方的权利和责任、碳金融产品创新、交易纠纷的解决路径等关键问题。

②配套政策支持有待提升

一是缺少长效激励政策。目前,由于相关货币政策制度和各类政策工具的针对性和灵活性仍待增强,同时财政政策缺少相应的激励补贴机制,使得各类金融机构参与碳金融市场的动力和积极性仍有待进一步提升,这在一定程度上阻碍了碳金融市场的有效发展和绿色金融体系的完备性。

二是缺乏配套支撑政策。长期以来,我国政府在扶持绿色环保节能减排行业的配套支撑政策仍显不足,方式相对单一。其中又以政府无偿投资为主,在节能环保领域未能形成有效吸引民间资本进入的机制。迫切需要通过税收、科技、贸易、能源等多方面政策的配套支持,营造良好的发展环境,提升投资收益,实现行业“自我造血”、可持续发展。

(2)各主体参与意愿不高

一方面,“碳金融”在国内传播时间有限、范围不广,各主体对其了解不深。直至2016年,国内才首次出现真正意义上的“碳金融”的概念。国内各参与市场交易的主体普遍对“碳金融”较为陌生,无论是交易企业、金融机构还是其他中介机构,都尚未对碳金融可能发挥的巨大作用和背后蕴藏的商机有深刻的理解。

另一方面,目前市场参与主体较少,活跃度不高,亟须提高其参与积极性。企业意识不强,虽然控排企业对碳现货市场的认知度在试点阶段有了大幅的提升,但对碳金融衍生品的了解程度还有待提高。许多减排企业对市场多持观望态度,交易意愿不高,多余碳配额未能及时进入市场交易,导致市场流动性低,也降低了其他市场参与者的积极性。企业又因有减排履约要求,故集中在履约期结束前2～3个月呈爆发式进入市场进行交易,导致市场拥堵、价格波动剧烈。

金融机构不够活跃。以银行、保险、证券和基金为代表的金融机构是碳金融市场有序发展的有力保障。目前,金融机构中参与碳金融市场较为深入的是银行,但受碳排放权流通性的影响,碳金融风险多集中于银行自身,且碳金融产品收益低于传统金融产品,使得参与市场的银行机构自发性和积极性受到影响。证券公司虽能为企业提供融资,但因现阶段研发的碳金融产品在资本市场内流通程度有限,积极性有待进一步提高。

其他中介机构参与者较少。国外较为完备的碳金融市场,市场各种参与主体非常广泛。会计、法律、第三方核证等诸多其他类型的机构会为碳金融交易提供各类服务。随着我国碳交易的蓬勃发展,市场对于保值、增值的金融需求将大幅增加,配套的信用评级、法律咨询、会计审计等需求随之增加。但目前我国参与碳金融的中介机构数量和类型均有限,获得联合国第三方机构认证资质的机构数量有限,提供的服务种类相对单一,信用评级、核证减排的话语权并不在我国,很大程度上限制了我国碳金融的发展。

2. 产品服务相对单一

(1)金融产品类型单一

目前国内碳试点虽然发展八年多,但仍以碳现货为主,交易产品单一;一些碳试点虽然推出了碳基金、碳质押、碳回购、碳远期等碳金融工具,但碳市场衍生品合约种类很少,碳金融产品具有产品种类少、专业化不足等缺点。同时,相较于传统金融衍生品,碳金融衍生品的设计仍不够完善,处于风险权重较高、收益相对低的状态。

引起碳现货交易较多而碳金融产品种类较少的现象,最主要的原因是碳现货市场与碳金融市场的相对割裂。从传统金融产品来看,以期货为例,多数期货品种,因期、现货市场衔接不顺畅,长期以来存在近月合约不活跃,活跃合约不连续的问题。反观碳金融产品,相较于传统金融产品仍不够成熟,割裂问题更为突出。

从国际成熟碳金融市场的发展经验来看,碳现货与碳期货同步发展,且以碳期货为主。欧盟碳市场相较来说具有较为丰富的碳交易产品,可满足各种交易需求,尤其是碳期货等碳衍生交易产品的开发,是伦敦成为碳金融中心的重要因素。ICE ECX 作为全球首屈一指的碳交易机构,碳交易产品种类非常齐全,不仅包括 EUA 和 CER 现货,还涵盖了 EUA 和 CER 的期货、期权、远期等产品,以及 CER 与 EUA 之间的互换产品。

(2)产品创新不足

我国碳金融产品创新研发尚在萌芽阶段。我国试点碳市场发展到一定阶段后,为了满足多样化的市场需求,开展了一系列碳金融产品创新的探索，包括碳交易类、碳融资类、碳支持类等产品都有涉及，但是由于市场和监管的制约，试点碳金融产品的交易和使用并不活跃，往往停留在首单效应上。以上海碳金融市场为例，主要业务有碳基金、碳排放权质押（包含 CCER 质押和碳配额质押）、借碳、碳回购、碳信托和碳配额远期等品种，产品开发仍以围绕碳排放权开展，而国际碳金融市场中已出现了跟碳足迹挂钩的贷款、债券等金融工具。相较于欧盟碳市场，试点碳市场的碳金融创新还处于萌芽状态，创新能力有待进一步挖掘。

一方面，碳产品创新与我国碳金融市场的发展程度有关；另一方面，也与碳金融产品的激励机制息息相关。因碳交易市场的节能减排项目往往存在周期较长、需求资金规模巨大、技术门槛高、风险把控较难等情况，加上现行激励政策和手段有限，使得现有研发的碳金融产品收益较低，金融机构内在的创新动力受到影响。

若要在碳交易产品的创新上有所突破，必须构建丰富的碳金融衍生品及健康的交易模式。目前，我国金融机构缺少一支专业化的碳金融交易团队。缺少一整套碳金融衍生品产品设计理论、风险度量、产品设计机制、市场准入审查的专业化运营体系。

（3）金融服务体系不健全

本着降低风险的原则，我国试点碳市场建设之初并未涉及衍生品市场，并且除了必要的银行资金结算服务外，对金融机构及非实需投资者的引入也较为谨慎，使得碳金融中介市场及各类服务机构发展滞后，尚未形成较为完整的服务链，也未建立起对应的碳金融服务体系。

一方面，碳金融市场中的金融中介服务类型较少，服务能级不高，金融机构尚未充分发挥作用。在现行的碳金融市场中存在诸多对于金融机构参与碳市场的限制，各地碳市场试点在第一年没有允许机构投资者进入市场。目前，尽管已有部分金融机构参与了试点碳市场，但因碳金融中介市场不够规范，金融机构对交易规则、操作方式、风险规避等不够了解，多立足于原有传统业务的基础上参与碳金融交易活动，服务手段比较有限，参与方式以提供资金结算、代理开户等基础服务为主，很少直接参与市场交易，参与的层次和力度均有待提升。

同时，缺乏有效的做空手段对冲市场价格波动的风险，是导致金融机构止步不前的重要原因，加上碳金融产品收益普遍低于传统金融产品，使得金融机构提供的市场自主资金相对有限，无法长期、连续地为节能减排领域提供“充足血液”。

另一方面，配套金融服务支持亟待加强，配套服务机构需要培育。目前，我国碳金融市场缺乏专业的第三方中介服务，如专门针对碳金融的技术咨询、信息服务、第三方核证、信用评级、会计审计、法律法务等诸多类型的配套服务亟待丰富，在机构培育、专业人才储备和专业服务产业链建设等方面都需要进一步加强。

3. 市场监管路径不清晰

(1)缺乏有效的监管体系

目前，我国相继出台的碳领域相关政策，为碳交易市场指明了金融化的发展方向。受限于目前市场发展程度，新出台的碳领域法律规范，并未对碳金融做出明确的规定，同样，现行的金融领域法规也缺少碳排放权交易的相关政策，缺乏明确的金融监管，导致实践过程中碳金融产品的产品设计、交易方式、风险防范诸多方面存在漏洞，也影响了碳金融市场的发展。

一是碳市场规范需要加强对其金融属性的理解，不能将碳金融市场监管简单等同于碳交易市场的监管。近期相关政策法规的出台，对于监管体系的完善更是重点关注对碳排放权的管理，碳排放权之外的监管并未提及。如根据《碳排放权交易管理暂行条例(草案修改稿)》第六条:“国务院生态环境主管部门会同国务院市场监督管理部门、中国人民银行和国务院证券监督管理机构、国务院银行业监督管理机构，对全国碳排放权注册登记机构和全国碳排放权交易机构进行监督管理。”金融监管部门可以共同参与碳交易市场的监管，但这些部门对碳金融市场的监管并未予以明确。

二是碳金融市场未纳入金融监管范畴。碳市场的交易平台设立在专业性能源环境交易机构,归口管理部门也为生态环境部而非金融市场监管部门。事实上,碳金融市场应纳入金融监管体系范畴,尤其需要加强对碳金融产品设计、市场参与主体管理等方面的监管。

同时,考虑到我国传统金融行业监管遵循“分业经营、分业监管”的原则,证券、基金、银行、保险等金融行业分别由证监会、银保监会进行监管。但碳金融市场涵盖对象的跨度之大、情况之复杂,无法由其中某一机构单独进行监管,需要打破传统,形成“合力”,这就更需要明确参与监管部门的各自职责,不留盲区,以保障碳金融市场的有效运转。

三是现有交易平台颁布的自律管理规则无法满足碳金融监管需求,碳金融领域的监管制度亟须完善。各地试点已陆续推出了一些自律管理规则,对市场中可能出现的项目违约、内幕交易等金融风险进行了一定程度的规定和防范,但是无法满足碳金融市场的核心监管需求。

一方面,碳交易平台并非“经国务院或国务院金融管理部门批准设立从事金融产品交易的交易场所”,其自身也未受金融监管部门管理。另一方面,碳金融产品体现出的金融特性,与传统金融产品更为类似,需要与传统金融市场的法律规范紧密衔接。如进行场内交易的碳金融产品,必须依据《证券法》《期货交易管理条例》等法规开发。同时,碳金融产品相较于传统金融产品更为复杂,需要与国际接轨,目前针对国内传统金融产品的监管制度难以适应其需求,这意味着针对碳金融监管制度的空白亟须填补。

(2)风险控制体系比较薄弱

风险规避管理亟须加强。我国碳金融市场中存在风险控制体系较为薄弱的特征,具体表现为:政策风险方面,政策调节的不确定性和与之相关的监管不确定性,如政策运作方式的不确定性或相关规定随后变动的不确定性,可能加剧价格波动。市场风险方面,现货市场总体价格波动较大,易受突发事件影响,市场体系缺乏对信用风险的规避措施等。流动性风险方面,市场信息不对称的现象普遍存在,导致碳排放权流动乏力,造成碳金融交易成本增加或价值损失。信用风险方面,国内缺乏信用评级、信息服务等机构参与,对市场准入标准、参与身份者的认证方式、信息技术层面的识别带来了困难。操作风险方面,国内缺少参与碳交易的人才储备,交易平台系统的稳定性维护、交易流程的合理性排查都可能引起交易操作失误。

4. 缺乏统一定价模式

碳价格是碳交易的核心,它的意义在于能够很好地反映碳配额的市场供求关系和节能减排成本,通过价格指标直观地体现碳排放的影响。价格的信号功能也有助于市场参与主体在投资决策过程中,将碳排放成本作为重要影响因素纳入投资成本中。同时,合理的碳价能够有效引导资源合理配置。如何形成合理的定价机制,实现从政策到规则促进有效的价格传导对于碳金融市场建设至关重要。

(1)国际议价能力不强

碳定价模式是国际碳金融市场最为重要的运行机制之一。国际碳金融市场与碳交易市场是同步建立的,得益于成熟的金融环境和完善的监管体制,结合长期的市场实践和不断的机制完善,已建立了较为完备的碳金融市场运行体系,因此在碳交易定价权方面相对掌握着主动权。

随着欧盟等发达国家的大力推动,全球碳交易呈爆发式增长。部分发达国家通过碳金融市场,将本国本区域货币与国际碳交易的计价和结算挂钩,导致目前国际碳市场定价仍以美元和欧元为主,以此掌控着国际碳交易市场的定价权,也进一步削弱了我国碳金融市场的国际议价能力,一定程度上阻碍了我国碳金融发展乃至人民币的国际化进程。

(2)国内定价模式缺失

从碳价格走势来看,各试点地区配额价格表现出企业在非履约期不活跃,履约期时集中进入市场交易的特征,以履约为目的的集中交易造成市场流动性有限,价格波动较大。

我国尚未形成全国统一的碳交易价格,各试点定价机制各自为政且亟待完善。由于各地配额松紧度、市场活跃度以及政策指导方向的不同,各试点地区碳价差别较大,碳价走势及波动情况也有不同。与欧盟等国际碳市场相比，中国各碳试点的碳价仍处于中等偏下水平，碳价与企业减排成本也并未完全挂钩。另外，受限于政策要求，试点碳市场大多只有现货交易，普遍缺少必要的风险管理工具，造成市场有效性不足，影响价格发现功能，也意味着我国的价格机制仍需在未来进一步完善。

三、未来推进碳金融市场的发展路径

《中共中央关于制定国民经济和社会发展第十四个五年规划和二〇三五年远景目标的建议》对加快推动绿色低碳发展、促进人与自然和谐共生指明了方向。2021 年的政府工作报告也明确提出要“扎实做好碳达峰、碳中和各项工作”。

“十四五”是碳达峰的关键期、窗口期，要重点做好完善绿色低碳政策和碳金融市场体系，加快推进碳排放权交易，积极发展绿色金融等工作。从碳交易市场和碳金融市场的关系看，碳交易市场的发展为推进碳金融市场的发展提供了市场基础和有力支撑；而通过培育更为完善成熟的碳金融市场，也将反哺碳交易市场的进一步发展壮大。

碳交易市场的本质就是金融市场，是绿色金融体系的重要组成部分[①]。因此，碳金融市场的发展必须按照传统金融市场的发展规律有序推进。从标准化金融市场的构成机制和要素来看，主要包括合理的市场制度建设、充分的市场参与者、完善的交易基础设施、完备的金融监管体系、有力的政策配套支持等方面。未来，可依托以全国碳排放交易市场的金融化探索为基础，以上海为试点城市，通过加强市场顶层制度建设、构建多层次碳金融市场体系、丰富和完善碳市场产品体系等方式，将上海打造成国际碳金融中心。同时，进一步提升碳市场的国内国际定价能力，实现全球碳市场定价中心。此外，在政策支持、监管体系、风险防范、数字化和人才培育等方面进行积极有效的探索，为推进碳金融市场的发展保驾护航。

---

① 摘自中国人民银行原行长周小川 2020 年 11 月 21 日在第 17 届国际金融论坛(IFF)全球年会开幕式上的讲话。

(一)以全国碳排放权交易市场的金融化探索为基础，打造国际碳金融中心

1. 形成全方位的碳金融市场体系

(1)多样性的市场参与主体

多样性的市场参与主体是碳金融市场保持活跃的必备条件。根据参与主体的类型，碳金融市场的参与主体可以分为履约机构、投资机构以及中介机构等类型，他们共同组成了一个完整的碳金融市场。根据市场调研，上海碳金融市场的主要及共性问题仍是现货市场流动性不足，使得碳金融市场缺少发展根基。加之碳质押、碳回购等碳金融产品的融资成本优势不明显，影响了企业的参与意愿。因此，通过引入多元化的市场参与主体并实现各自有序合理运行，将能更好地契合市场需求，确保碳金融市场整体的发展活力。

一是履约机构。履约机构包括重点排放单位或参照重点排放单位管理的一般报告单位，目前各地界定的标准不一。履约机构参与碳金融市场主要有以下几类目的：第一，优化排放成本，当自身减排成本较高，排放量大于持有配额量时，可以通过碳市场交易获取比减排成本更低的碳配额或减排信用量；当自身减排成本较低、排放量小于持有配额量时，可以在碳交易市场出售配额，获得额外收益。第二，进行风险对冲，比如碳远期等碳衍生品的出现，可以帮助机构锁定成本，从而降低生产所需考虑的风险因素。第三，提供市场流动性。在未来不断推进碳金融市场发展的进程中，可通过丰富碳期货等交易产品激活履约机构的碳资产，活跃市场流动性。

二是投资机构。碳金融市场中的投资者主要有减排项目业主以及金融投资机构、自然人等，以金融投资机构为主体，进入市场的主要动力是获取投资收益，在提升市场流动性方面发挥了重要作用。参与碳交易的金融投资机构包括商业银行、投资银行、其他投资机构以及碳基金等，它们参与和提供一系列的交易和经纪服务等，是碳市场最为活跃的参与方。其他投资机构则包括深耕碳市场的专业投资机构以及大型券商等。尤其

是伴随着碳市场的发展，近年出现了一部分由高排放的央企、国企集团组建，为所属企业提供碳资产管理、节能减排投资以及相关金融服务等的碳资产管理公司，在碳金融市场中也有一定的影响力。未来，随着碳金融市场的进一步发展成熟，可逐步引入个人投资者及境外投资机构，丰富和拓展市场投资群体。

三是中介机构。参照成熟的标准化金融市场的运作模式，碳金融市场应鼓励更多中介机构参与碳金融业务中，以推动涉及碳金融业务的投资咨询、信用评级、核证等业务，通过提供完备的第三方服务降低交易成本，提高资本运行效率，有效减少市场风险，更好地建设有效运行的碳金融市场。这类中介机构主要包括注册登记平台、交易平台、清算平台等。各个中介机构需要互相配合，保证履约机构和投资者在碳市场中能够顺畅有序地完成各项交易。

(2)多元化的绿色金融体系

实现我国在2030年前碳达峰、2060年前碳中和的战略目标，要求经济全面、系统的转型，在此过程中，绿色金融可发挥“加速器”的作用。[①]对于实现碳达峰和碳中和的资金需求，各方面有不少测算，规模级别都是百万亿元人民币。这样巨大的资金需求，政府资金只能覆盖很小一部分，缺口要靠市场资金弥补。这就需要建立、完善绿色金融政策体系，引导和激励金融体系以市场化的方式支持绿色投融资活动。[②]

我国绿色金融起步较晚，伴随政府的政策支持和各类绿色金融机构在投融资产品上的积极探索，国内绿色金融在近年来得以快速发展，绿色金融体系构建起基本框架，绿色金融市场逐步形成。在推进绿色金融发展过程中，涉及政府主管部门和市场主体的配合，并通过金融市场的作用，引导社会资源进入可持续发展相关领域，从而促进绿色转型。

---

① 摘自中国人民银行行长易纲在2021年4月中国人民银行与国际货币基金组织联合召开的“绿色金融和气候政策”高级别研讨会上的讲话。

② 中国人民银行．用好正常货币政策空间，推动绿色金融发展——中国人民银行行长易纲在中国发展高层论坛圆桌会的讲话[EB/OL]．(2021-03-21)．http://pbc.gov.cn/goutongjiaoliu/113456/113469/4211212/index.html.

从近期的政策导向看，继 2020 年中国人民银行货币政策委员会第四季度例会提出“碳达峰、碳中和目标”后，2021 年中国人民银行工作会议再次指出，要落实碳达峰、碳中和重大决策部署，完善绿色金融政策框架和激励机制。在这个过程中，银行、保险、证券等金融机构是具体实践和落实绿色金融的主体。未来需要立足于绿色金融市场的投融资需求，通过以资本市场为渠道，搭建涵盖多个产业领域的绿色金融体系结构。

一是探索银行业绿色金融发展的新模式。截至 2020 年 12 月，中国本外币绿色贷款余额约 12 万亿元(约合 2 万亿美元)，存量规模居世界第一位。目前我国绿色信贷整体呈现“规模大、结构优、质量高”的特点，未来可盘活存量空间巨大。可通过探索将信贷工具与债权、股权投资等其他金融工具组合的方式推动绿色融资创新和盘活存量绿色信贷资产，吸引境内外投资者积极参与相关产品，从而进一步优化商业银行的资产负债结构和盈利能力，推动银行业绿色金融发展实现新的突破。

二是推动绿色债券的稳步发展。我国绿色金融体系中，信贷投放和债权融资是两个主要融资渠道。相比传统银行信贷资产而言，债券市场是直接融资市场，具有融资规模大、期限长、成本相对较低、市场化高的特点，与目前主流绿色融资需求较为契合。近年来，我国绿色债券市场实现了跨越式发展，截至 2020 年 12 月，我国绿色债券存量约 8 000 亿元(约合 1 200 亿美元)，居世界第二。其中，碳中和债在绿色债券的发行中的比重不断提升，成为绿债市场规模扩容的重要推动力量。未来可通过提供多样化产品，满足多层次绿色金融需求。

三是加快绿色产业基金的发展。目前中国绿色产业项目在融资时，面临着民间资本进入意愿较低的困境，主要原因有绿色产业项目一般投资期限长，现金回收缓慢，发展过程面临技术升级、需求变动风险等原因。未来可支持和引导社会资本进入低碳减排、环保绿色产业，降低绿色项目的融资成本。鼓励建立碳金融市场发展基金和低碳导向的政府投资基金，支持绿色低碳产业发展，形成绿色资金的主要供给来源。

四是促进绿色投资和资产证券化的发展突破。加强绿色指数的开发和运用，鼓励券商、基金和资产管理机构开发更有针对性、多样化的绿色可持续投资产品，包括碳中和债权和股权基金、集合理财、专户理财等，引导资金更多投入绿色产业，更好地完善绿色金融体系的结构和发挥绿色金融市场的作用。鼓励银行和相关非银机构积极开发各类挂钩碳产品的直接融资、间接融资以及结构性存款等金融工具，探索绿色金融服务实体经济的高质量发展模式；鼓励交易所等机构借鉴国外成熟市场经验，研究开发适合我国国情的绿色投资指数和收益率曲线。不断推进绿色资产证券化的发行和管理，积极采用增信等措施提升资产信用评级，进一步降低绿色项目融资的成本，提升市场流动性。

五是加快发展绿色保险业务。作为主要资金工具之一，保险具有三方面特征，即预算性强、流动性高、成本较低。在配套资源有限，同时面临着日益严重的环境问题和不断扩大的治理资金需求的背景之下，拓展绿色保险的内涵和在国内的实践也显得尤为必要。未来可在相关法律法规中进一步增加绿色保险方面的条款，尽快出台与绿色保险相关的实施细则，并抓紧制定与我国实际相符合的环境污染责任保险的承保名录，指导绿色保险产品的研发。具体模式上，可采取在环境污染高风险企业中推广环境污染强制责任保险、创新研发生态绿色环境救助责任险、推进跨域生态环境保护联防联治等方式。[①]

2. 构建多层次的碳金融产品体系

2020 年 10 月，生态环境部、国家发改委、中国人民银行、银保监会等五部委联合发布的《关于促进应对气候变化投融资的指导意见》明确提出，“在风险可控的前提下，支持机构及资本积极开发与碳排放权相关的金融产品和服务”，这也为下阶段进一步丰富和完善碳金融市场产品体系提供了政策指引。

较为成熟的国际碳金融市场主要包括基于碳信用和碳现货的碳金融基础产品，以及碳金融衍生产品。较为突出的特点是，在全球影响力较大

---

① 努力将上海打造成联通国内国际双循环的绿色金融枢纽——专访上海市委常委、副市长吴清[N]. 新华社，2021-03-21.

的几个交易所进行的已经不仅仅是碳排放配额或减排项目所产生的碳资产交易活动，以碳排放权为标的物的期货、期权产品已形成标准化合约，各类新兴的气候类衍生品也在不断开发中。各类碳金融衍生产品丰富和活跃了碳金融市场，通过价格发现功能，优化了资源配置，强化了碳市场的定价权。

从国内整体碳金融市场发展现状看，碳金融市场整体仍处于较为初级的探索阶段，业务模式尚不成熟。目前，我国碳市场试点交易产品仍以碳现货为主，虽然进行了部分碳金融产品的尝试，但多为单笔交易，交易规模不大，未形成规模化和市场化。未来，可借鉴国际成熟碳金融市场的发展经验，在进一步拓展基于现货交易的碳金融工具的同时，有序推进各类衍生金融产品的创新运用，进一步丰富和完善碳金融市场产品体系。

(1)进一步拓展基于碳交易的融资工具

从现货和衍生品市场的关系来看，碳衍生品市场服务于碳基础产品市场且建立在有效完善的基础产品市场之上。因此，应该以满足履约企业需求和降低碳市场运行成本为导向，大力发展碳现货市场。近年来，国内各试点交易机构联合金融机构围绕碳排放配额及 CCER 现货，引入融资、衍生品、资产管理、基金、债券等金融创新产品和服务，开展了初步的探索和尝试。在碳融资工具方面，主要模式是指企业以碳排放配额或 CCER 向银行或其他机构获取资金融通，包括碳质押融资和碳回购融资等种类。

未来，可把握好全国统一的碳排放交易市场的发展契机，进一步拓展现货市场的交易品种，有序推进碳质押(抵押)、碳租借(借碳)、碳回购等多样化的碳金融工具。例如，加快推出标准化碳质押业务，为企业短期融资提供强有力的增信工具；以上海碳配额为基础，推出碳配额回购业务，以提高市场流动性；提供更多的交易品种和准入机制，在全国碳配额的基础上，尽快规划国家核证自愿减排量、碳普惠等品种，加快构建完整的现货产品体系。

(2)有序推进衍生金融产品的体系构建

国外成熟碳金融市场的特点是，在碳交易市场发展的同时积极拓展碳衍生品市场，形成现货交易和衍生品交易（如期货）并进、衍生品交易占比相对更高的局面。目前我国试点地区的碳交易市场流动性不强，主要原因还是交易产品单一，基础交易产品多以地方配额和 CCER 为主的现货产品，推出的托管、回购、质押等业务总体也都是基于碳现货开展，试点碳市场衍生品以上海试点的配额远期为主，未形成规模化和市场化，尚未建立起真正意义上且具有金融属性的多层次碳市场产品体系。

未来需要有序推进碳金融市场各类衍生产品的体系构建，更好地为碳市场的发展提供套期保值、价格发现与风险管理的功能。一方面，确保现货市场的良性健康发展，丰富现货产品类型和结构，增加现货市场金融属性的需求，为衍生品市场的发展奠定良好的基础；另一方面，分阶段、有序地发展衍生品市场，构建碳交易的衍生金融产品体系，沿着从场外衍生品向场内衍生品发展的方向，有序推进中国碳金融衍生品市场发展进程。在市场发展的初期阶段，鼓励探索碳远期、碳掉期等场外衍生金融工具；在市场基础设施制度完善后，逐渐向碳期货等场内衍生品市场拓展，最终形成现货市场和衍生品市场并存、场外市场和场内市场结合、非标准化衍生品和标准化衍生品共生的中国碳金融市场，并逐步建立与市场发展阶段相配套的交易清算设施、监管体系、法律法规和风控制度。

（3）积极开展其他金融工具的创新运用

成熟碳市场发展经验显示，相关碳金融产品的创新活动较为活跃，金融产品形式也较为多样。不仅局限于基础的碳排放指标交易，还创新推出天气衍生产品、碳交易保险等各类丰富的金融工具，形成了多层次的碳金融市场。在有效实现节能减碳的同时，也积极满足了各方的投资需求。

下阶段，可尝试探索积极开展各类碳金融工具的碳市场的创新运用。一是不断完善碳基金、碳债券、碳保险、碳信托、碳资产支持证券等金融产品，提高市场流动性。二是积极开展气候投融资体系建设，推动双边和多边的气候投融资务实合作，推动设立气候投融资基金，引导国内外资金投向应对气候变化领域。开发气候投融资创新产品，包括气候信贷、气候债券、气候基金、气候保险等。以上海为试点，打造国际绿色资产配置中心和全球气候投融资中心。

（二）以提升碳市场国内国际定价能力为目标，打造全球碳定价中心

1. 依托资本市场体系和衍生品功能，增强碳市场价格发现能力

碳交易市场的主要目标是用市场化的机制服务于企业合理减排，核心是要形成精准合理的定价机制。碳价是碳排放权交易的核心，合理有效的碳价将为控排企业等利益相关方提供稳定的价格信号。影响碳价的因素除了配额总量、分配方式、交易产品和交易方式，还包括经济发展、碳金融市场等。其中，金融市场对于合理碳价的形成具有重要意义。未来可依托国内相对完备的资本市场体系，以及对碳金融衍生品探索发展的进程，不断增强碳市场的价格发现功能。

从试点碳市场经验来看，以履约为目的的集中交易造成市场流动性有限，难以形成稳定、清晰的价格信号。另外，受限于政策要求，试点碳市场大多只有现货交易，普遍缺少必要的风险管理工具，造成市场有效性不足，影响价格发现功能。

针对目前碳市场流动性相对不足的情况，建议一方面可引入不同类型的金融机构作为机构投资者入场，通过做市、报价、撮合交易以及经纪业务，为碳市场提供更多层次和更灵活的定价方式。在这种方式下，有利于提高市场流动性，激发市场活力。同时，机构投资者可帮助中小企业更便利地进入碳市场，保障了市场的相对均衡。

另一方面，碳金融工具尤其是衍生金融产品对碳价的发现功能具有重要意义。对欧盟碳市场的研究发现，欧盟碳配额（EUA）期货表现出明显的价格发现功能，对现货的价格走势影响较大。从国内市场看（以银行间市场为例），利率互换、国债期货等衍生品的价格走势对现券市场的价格往往有明显的前瞻性预判，一般也被作为对市场价格趋势预测的重要依据。下阶段，在保证全国碳市场平稳运行的基础上，可逐步加强碳交易产品创新，适时推出碳期货、碳期权等交易并建立配套风险防控机制，借助衍生品市场形成能够反映真实供求关系和碳资产价值的合理价格体

系，增强投资者信心和参与意愿，提升市场流动性和碳价发现功能。

在市场条件成熟时，适时发布全国碳市场价格指数，推进形成多层次碳市场和打造有国际影响力的碳市场定价中心。

2. 探索碳市场的国际合作，提升国际碳定价能力

目前，《巴黎协定》下全球碳市场正在不断建设与推进，中国碳市场也需要在借鉴国际经验的基础上，不断完善自身的制度设计与运行机制。应对气候变化是全球性的问题，要实现《巴黎协定》的目标，全国碳市场要积极与国际碳市场接轨，进一步加快国内与国际碳交易机制间的政策协调，建立与国际碳市场发展相对应的国家标准。在此背景下，推动中国碳市场与国际碳市场的对接，提升国际碳的定价能力，将提高中国在未来全球统一碳市场体系中的参与度与竞争力，实现中国在全球碳市场中地位的进一步提升。

一是逐步试水国际碳市场，开展绿色低碳的国际化实践。随着国际航空碳抵消与减排机制（CORSIA）进入实施阶段，鼓励相关行业企业利用符合条件的 CCER 小范围试水 CORSIA，为未来扩大与国际碳市场接轨奠定基础。二是依托“一带一路”，积极参与全球环境治理。探索碳交易人民币跨境结算业务，开展气候投融资项目，帮助沿线国家增强当地应对气候变化能力，为我国先行先试制定“一带一路”绿色体系下碳金融市场的国际规则探路。三是积极探索国际碳定价机制建设，开展国际交流与合作。包括引导国际“行业减排”的碳价机制建设（如国际航空、航海领域的减排）；探索区域性碳市场的合作与联动（如中、日、韩合作）；加强对未来全球碳价机制、碳市场发展趋势和管理机制的研究和参与，并发挥积极引领作用，通过对国内外不同碳定价机制的探索实践，为后续我国扩大参与国际碳市场积累经验。

3. 增强碳市场价格的国际影响力，丰富“上海价格”的新内涵

《上海市国民经济和社会发展第十四个五年规划和二〇三五年远景目标纲要》中提到，要增强“上海价格”国际影响力，支持“上海金”“上海油”“上海铜”等基准价格在国际金融市场广泛使用，提升重要大宗商品的

价格影响力。建议随着国内碳市场价格发现能力和国际合作以及定价能力的提升，在目前“上海金”“上海油”等基准价格的基础上，将碳市场基准价格纳入具有国际影响力的标志性“上海价格”的范畴体系，增强上海对于全国乃至全球的碳金融服务功能，更好提升各类“上海价格”的国际影响力，将上海打造成国际碳金融中心和国际碳定价中心。

（三）建立精准有效的政策支持和配套措施，为碳金融市场的可持续发展保驾护航

在推进碳金融市场发展的过程中，建立各项精准有效的政策支持和配套措施，是市场合理健康发展的必然要求。通过加大政策指引和支持力度、构建明晰有效的监督管理体系、建立健全市场风险防范机制、充分发挥数字化技术和手段、积极创新人才培养培育制度等方式，更好地发挥碳交易市场的金融属性，满足碳市场长远发展的需求和方向，为碳市场的可持续发展保驾护航。

1. 加大金融政策指引和支持力度

绿色金融在实现我国 2030 年前碳达峰、2060 年前碳中和的战略目标进程中可发挥“加速器”的效果，在支持绿色转型、管理气候相关风险等方面也将发挥积极作用。下阶段，推动和完善中国碳金融市场的发展，需要各类积极的金融政策指引和支持，将绿色低碳项目的外部性内部化，以最大程度激发市场活力和动力。

财政政策方面，一是可通过财政贴息、税收减免等方式降低绿色项目的融资成本，间接实现对绿色项目正外部性的收益补偿和推动绿色项目的发展。二是大力扩大绿色债券的发行主体范围，鼓励探索发行绿色国债、绿色地方政府专项债、绿色专项 ABS、绿色项目收益专项债等产品，并强化绿色债券的信息报告和披露要求。三是建议对投资碳中和债等绿色债券的利息收入给予免税处理，以增加绿色投资者的收益。

货币政策方面，根据中国人民银行行长易纲的发言，在气候变化和绿色转型的进程中，有一定可能会影响金融稳定和货币政策，需要及时评估

和应对[①]，在政策体系中纳入气候变化和绿色转型的相关考虑因素。在政策建议方面，一是建议通过优惠利率、绿色专项再贷款、减免绿色信贷及债券的风险资本占用等方式，激励金融机构积极参与绿色金融市场。二是建议按照自愿披露向强制披露的发展路径，实行气候相关信息的强制披露，督促中国国内主要的商业银行披露碳信息，随后督促国内上市公司的相关披露活动。[②]

2. 构建明晰有效的协同监管体系

2018 年 3 月，随着国务院机构改革的进行，碳排放交易体系的主管部门由国家发改委调整为新改组的生态环境部，但目前我国碳市场尚未纳入金融监管范畴，随着未来碳金融市场建设的推进，如果碳市场与金融市场没有建立明晰有效的协同监管机制，将不利于全国碳市场金融化发展，更不利于全国碳市场作为市场化手段推动节能减排效果的发挥。

建议构建跨部门协同监管机制：一是国家碳交易主管部门负责对碳市场实施宏观审慎监管，对交易机构和登记结算机构制定的相关业务规则进行审核，对企业参与碳交易涉及的相关流程进行总体把关，并明确相应的惩罚措施；二是在碳金融市场的推进建设中，建议采用生态环境部与金融监管部门联合监管的管理机制。新设交易产品应由生态环境部进行备案，由金融监管部门针对参与碳交易的金融机构的管理制度和风险监测提出要求，并对碳金融产品及创新业务进行监管。

3. 建立健全市场风险防范机制

推动碳金融市场发展，尤其是建立衍生品金融市场，需要特别关注碳衍生品市场的风险并进行风险的评估与防控，包括风险识别、风险评估和风险控制等内容。自 2021 年 2 月 1 日起施行的《碳排放权交易管理办法（试行）》中，明确要求“全国碳排放权注册登记机构和全国碳排放权交易

---

① 中国人民银行．用好正常货币政策空间，推动绿色金融发展——中国人民银行行长易纲在中国发展高层论坛圆桌会的讲话[EB/OL]．(2021-03-21)．http://pbc.gov.cn/goutongjiaoliu/113456/113469/4211212/index.html.

② 摘自 2021 年 6 月 4 日中国人民银行行长易纲在国际清算银行组织的 2021 年 Green Swan 会议上的讲话。

机构应当遵守国家交易监管等相关规定，建立风险管理机制和信息披露制度，制定风险管理预案，及时公布碳排放权登记、交易、结算等信息”，但在管理办法中并未对碳金融市场发展的风险管控给出明确的规定。

下阶段，可从以下几方面建立健全碳市场的风险防范机制：一是根据《碳排放权交易管理办法（试行）》的要求，建立覆盖交易前、中、后的全方位和全生命周期的碳市场风险管理机制；二是探索发展碳金融衍生工具时尤其要关注衍生品市场的市场风险管控。2008 年金融危机后，在 G20 匹兹堡金融峰会相关精神的指导下，中央对手方清算机制以及推进场外金融衍生品的标准化等内容成为金融市场风险管理规范的重要要求。未来可在碳金融市场探索引入中央对手方清算机制，降低市场参与者信用风险，强化市场风险管理体系的建设。

4. 运用数字化转型和创新人才培养制度

在推进碳金融市场的发展过程中，可充分顺应数字化转型的市场发展趋势，运用各类数字化技术和手段，赋能碳市场的可持续发展。下阶段要充分运用大数据、人工智能、云计算等数字技术，支撑多层次碳市场体系建设，将全国碳市场基础设施与金融市场基础设施打通，与相关金融市场、金融机构建立联盟链，助力国家碳达峰目标和碳中和愿景的实现。

同时，有别于传统金融学理论，碳金融是综合经济、金融、环境科学、生态保护等多个学科的跨学科领域，碳金融市场的持续发展需要大量复合型人才的研究和技术支持。未来可借助重点高校在学科创新和建设方面的优势，加强碳金融专业人才的培养和储备，为碳金融市场的发展提供人才支持。同时，借助传统金融要素市场扎实的人才储备，积极引进具备衍生品交易和研究、衍生品市场风险管理等方面经验的专业人才，为推动碳金融市场的发展提供宝贵经验。

参考文献

[1]刘丛丛，吴建中. 走向碳中和的英国政府及企业低碳政策发展[J]. 国际石油经济，2021，29(4)：83－91.

[2]邓茗文. 碳金融:激活碳市场金融属性 优化碳资产配置[J]. 可持续发展经济导刊,2021(4):21—23.

[3]袁溥. 中国碳金融市场运行机制与风险管控[J]. 国际融资,2020(10):55—58.

[4]雷鹏飞,孟科学. 碳金融市场发展的概念界定与影响因素研究[J]. 江西社会科学,2019,39(11):37—44+254.

[5]孔祥云. 我国碳金融市场的现状、问题及对策研究[J]. 农村经济与科技,2019,30(4):97—98.

[6]夏梓耀,汤旸,舒昱. 京津冀碳金融市场建设的法制保障研究[J]. 华北金融,2018(3):20—27.

[7]张先忧,王崧青,潘志昂,樊婷. 碳金融市场发展的国际经验及启示[J]. 金融纵横,2017(8):55—61.

[8]张攀红,许传华,胡悦,王欣芳. 碳金融市场发展的国外实践及启示[J]. 湖北经济学院学报,2017,15(3):45—51.

[9]樊威. 英国碳市场执法监管机制对中国的启示[J]. 科技管理研究,2016,36(17):235—240.

[10]刘佳骏,汪川. 国外碳金融体系运行经验借鉴与中国制度安排[J]. 全球化,2016(3):80—91+136.

[11]程炜博. 碳金融市场参与主体和交易客体及其影响因素分析[D]. 吉林:吉林大学,2015.

[12]刘英. 国际碳金融及衍生品市场发展研究[J]. 金融发展研究,2010(11):7—12.

[13]努力将上海打造成联通国内国际双循环的绿色金融枢纽:专访上海市委常委、副市长吴清[N]. 新华社,2021-03-21.

[14]周小全. 加快建设全国碳排放权交易市场,提升绿色低碳核心竞争力[N]. 中国证券报,2021-03-29.

[15]中国人民银行 . 用好正常货币政策空间,推动绿色金融发展——中国人民银行行长易纲在中国发展高层论坛圆桌会的讲话[EB/OL]. (2021-03-21). http://pbc. gov. cn/goutongjialiu/113456/113469/4211212/index. html.

[16]张黎黎. 一线话题:透视我国碳市场发展[J]. 中国金融,2021(5).

[17]中国人民银行研究局课题组. 推动我国碳金融市场加快发展[D]. 2021.

第四章　海外(欧美、日本)碳市场建设的比较借鉴

一、欧盟碳市场

(一)欧盟碳市场体系概述

欧盟碳市场全称为欧盟排放交易体系(European Union Emissions Trading Scheme,EU ETS),是欧盟气候变化政策的重要基石,也是欧盟应对气候变化、以符合成本效益原则减低温室气体排放的关键工具。EU ETS是世界上历史最悠久的ETS制度,也是首个多国参与的碳排放交易体系。

2003年10月13日,欧盟议会投票通过欧盟碳市场指令(Directive2003/87/EC),该指令规定了温室气体排放权交易的适用范围、分配计划、批准、转让、注销、惩罚等相关方法和程序,为EU ETS的运行奠定了翔实的法律基础。2005年1月,EU ETS正式启动,交易体系覆盖所有欧盟成员国,以及冰岛、列支敦士登和挪威,并于2020年9月与瑞士的碳排放交易体系接轨。EU ETS为约12 000家高耗能企业及航空运营商设置了温室气体排放上限,体系内受控减排企业的年温室气体排放总量约占全欧盟碳排放总量的40%。[①]

(二)欧盟碳市场运行模式

欧盟排放交易体系是一个"总量限制—交易"(Cap-Trade)体系,基本

---

① https://ec.europa.eu/clima/policies/ets_en。

原理是为其覆盖的温室气体排放总量设定一个上限。在限制温室气体排放总量的基础上，由欧盟委员会将《京都议定书》中的减排目标分配给EU ETS成员国，各国根据国家计划将碳排放配额分配给被纳入碳市场的企业，企业必须缴纳足够的配额完成当年度的排放量，否则将面临高额罚款。如果一家企业排放量减少，则可以储起剩余的配额以备未来之需，或将剩余配额出售给需要配额的企业，以确保整体排放量在特定的额度内。

(三)欧盟碳市场治理模式

EU ETS作为全球覆盖国家最多的碳排放权交易体系，成员国在经济发展水平、产业结构、制度体系等方面存在较大差异，采用按国家区域分级分权治理模式，可以让EU ETS成员国在各自国家的碳排放权交易市场有着相对自主的决策权。欧盟温室气体的排放总量是由各国政府按照欧盟排放交易指令标准，根据本国具体情况，在设定总量、分配、登记、交易、监督、惩罚等方面自主决定再上报至欧盟委员会，欧盟委员会审批通过后执行，这类自下而上的分权治理模式不仅能兼顾各成员国间的差异，维持各个分散碳市场间的平衡，同时又能建立起有效的协调机制促进欧盟碳排放权交易系统的整体发展。

(四)欧洲碳市场的阶段性发展

为实现《京都议定书》确立的二氧化碳减排目标，保证实施过程的顺利推进，欧盟排放交易系统的实施被划分为四个不同的阶段，每个阶段的覆盖范围、减排目标和体系设计细节都有所不同。

1. 第一阶段(2005—2007年)

第一阶段是碳排放的试运行阶段，以“从实践中获得运行总量交易的经验”为原则，为第二阶段正式履行《京都议定书》奠定基础。因此，第一阶段EU ETS成员国仅包含欧盟27国，温室气体的覆盖范围仅选择来自发电厂和能源密集型工业所产生的二氧化碳的排放权进行交易，并且几乎所有的排放配额都是免费分配给企业。第一阶段的目的是在欧盟各国之间建立起排放配额的自由交易模式，从而形成一个独立的碳价格。欧盟要求第一阶段覆盖的产业仅包括：发电、供热、石油加工、黑色金属冶炼、水泥生产、石灰生产、陶瓷生产、制砖、玻璃生产、纸浆生产、造纸和纸板生产；并设置了被纳入体系的企业的门槛。这一阶段，欧盟排放交易体系的上限为20.58亿吨二氧化碳。[①]

由于第一阶段无法获得可靠的排放数据，因此这一阶段使用的上限为估计数。从而发生了供大于求的情况，排放总配额的发放超过了实际排放额。加上第一阶段的配额不能存至第二阶段使用，导致2007年排放配额的价格降至零。

2. 第二阶段(2008—2012年)

第二阶段是欧盟实现全面减排承诺的关键期，时间跨度与《京都议定书》第一承诺期相合，EU ETS成员国必须在此期间达到具体的减排目标。第二阶段，EU ETS成员国在欧盟27个成员国的基础上，新增了挪威、冰岛、列支敦士登。温室气体的覆盖范围，在欧盟成员国的自由裁量权下，允许多国将硝酸生产过程中产生的一氧化二氮排放量自愿纳入其中。免费排放配额的比例稍减至90%左右。自2012年1月1日起，第二阶段覆盖的产业在原有基础上扩大至航空行业的二氧化碳排放量。第二阶段，欧盟排放交易体系的上限为18.59亿吨二氧化碳，较2005年降低约6.5%。

第二阶段具备了试运行阶段经核证的年排放数据，因此，排放配额上限在实际排放数据的基础上进行了削减，但由于2008年全球经济危机，欧盟制造业一蹶不振，温室气体的排放量急剧下降，造成排放配额和信用额过剩的情况，导致第二阶段压低了碳价格。

3. 第三阶段(2013—2020年)

第三阶段开始，逐年减少固定设施的碳排放上限，2013年固定设施的排放上限为20.84亿个排放配额，该上限在第二阶段配额总量年均分配的基础上每年以线性折减系数1.74%递减，相当于每年减少3 826万

---

① EU ETS handbook，https://ec.europa.eu/clima/sites/clima/files/docs/ets_handbook_en.pdf。

个配额。2020 年,固定设施可使用的排放配额总量将比 2005 年降低 21%。第四阶段,排放配额将逐渐以拍卖代替免费发放,约有 57%的总配额量以拍卖形式分配,并逐年上升。

(1)电力行业

自第三阶段起,不再发放免费配额,要求完全实行拍卖获取额度(8 个在 2004 年后加入欧盟的成员国,即保加利亚、塞浦路斯、捷克共和国、爱沙尼亚、匈牙利、立陶宛、波兰和罗马尼亚,由于电力行业较为落后以及能源结构单一,可从免费排放配额逐渐过渡到拍卖获取额度,2020 年开始全部通过拍卖方式获得)。

(2)制造业

2013 年,制造业获取的配额中 80%为免费发放,逐年递减,至 2020 年降低至 30%,并将在 2030 年降低至 0(被视为具有高风险碳泄漏的行业则除外)。

(3)航空业

第三阶段的航空总排放配额上限原为每年 2.1 亿个排放配额;由于克罗地亚加盟 EU ETS,自 2014 年 1 月 1 日起,每年增加 11.6 万个排放配额。配额分配中:82%为免费发放;15%为拍卖获取;3%为专项储备,以便分配给新进入者。

在总结了第一、第二阶段经验和不足的基础上,欧盟对第三阶段进行了多方面的改进。这些改进主要包括:对覆盖的排放实体设定更高的减排目标;逐步淘汰前两阶段免费发放排放配额的机制,以拍卖方式取而代之;将其覆盖范围延伸至更广的工业行业,比如石油化工、碳捕集等行业的二氧化碳排放,及铝工业的全氟化碳排放。

不同于 EU ETS 第一、二阶段的各成员国制定各自排放限额的制度,第三阶段的排放总量由欧盟制定统一的标准,同时制定了更加严格的减排目标,即较 2005 年的排放水平下降 21%。

另外,第三阶段欧盟在分配排放配额时,将基于各行业以往的单位产值的排放配额,而不是历史排放量,此举在于鼓励企业使用更先进的低碳技术。

4. 第四阶段(2021—2030 年)

2015 年 7 月,欧盟委员会提出了修订 EU ETS 的立法建议,做出的修订适用于 2020 年以后,修订内容包含三方面:

(1)加快减排速度

第四阶段开始,欧盟碳配额年递减率从第三阶段的 1.74%增至 2.2%。欧盟承诺在 2030 年降低境内温室气体排放至少 40%,为了达到这一减排目标,欧盟排放交易体系所覆盖的行业需要比 2005 年减少排放 43%。因此,今后十年中,欧盟排放交易体系下的行业将额外降低排放量 5.56 亿吨左右。到 2050 年,排放量与 2005 年相比将减少约 90%。

(2)对抗碳泄漏的风险

欧盟进一步深化健全、公平和具有预测性的规则,修改免费排放配额分配体系,把约 50 个风险最高的行业的生产基地搬离欧盟,将大量免费排放配额预留给新成立和发展中的设施,建立更灵活的规则以使免费排放配额与生产数据更一致。同时更新基准值,以反映 2008 年以来企业绿色转型的进步。第四阶段,预期将有约 63 亿个配额免费分配给企业。

(3)推进能源行业现代化

欧盟建立数个支援机制帮助各工业和电力行业面对转型到低碳经济而带来的创新和投资挑战。包括两种新的融资:

第一种是创新基金,为展示创新技术扩展现有支持,以促进行业中的创新突破;

第二种是现代化基金,在 10 个低收入成员国内促进现代化能源行业、扩展能源体系和提高能源效率的投资。

同时继续发放免费排放配额,使低收入成员国的能源行业更现代化。

(五)欧盟排放交易体系的结构改革

自 2009 年开始,EU ETS 出现了排放配额过剩的现象,欧盟配额过剩主要是因为国际信用额的大量进口以及受经济危机影响,制造业受创,温室气体的排放量小于预期,碳配额的供需出现了结构性失衡,导致市场产生20亿吨冗余配额。排放配额过剩导致碳价格降低，因此减少了企业节能减排的动力。短期来说，这种盈余有损碳市场的有序运作。长期来看，配额盈余可能影响欧盟排放交易体系的达标能力，无法因应成本效益原则满足更严格的减排目标。因此，欧盟委员会就配额过剩现象制定了短期和长期的解决方案。

1. 第三阶段的“折量拍卖”

欧盟委员会于2012年11月12日首次提出“折量拍卖”计划，具体内容为：推迟拍卖2014—2016年的9亿个排放配额，并于2019年至2020年间分两个阶段返还给EU ETS市场。欧盟委员会认为，“折量拍卖”计划的实施可以在短期内平衡供求关系，减缓碳价格波动而不会明显影响竞争力。

2. 市场稳定储备机制

市场稳定储备机制于2018年建立，2019年1月正式启动。这一机制的建立被视为是应对排放配额过剩问题，通过调整配额拍卖量的供给，提高系统面对重大冲击的抵御能力的长期解决方案。

市场稳定储备机制为欧盟排放交易体系带来变动和改革，是对欧盟碳市场规则的一种补充，使碳价能够在中长期走强，促进低碳技术的创新和投资，从而推进低碳经济转型。

(六)国际信用额

1. 国际信用额的来源

国际信用额作为一种金融工具，1个信用额代表减排项目中的1吨二氧化碳从大气层中清除或减少。

目前，国际信用额来自两个由《京都议定书》建立的机制。分别是：

(1)清洁发展机制(CDM)

清洁发展机制的核心内容是允许做出减排承诺的工业化国家(简称“附件一国家”)在发展中国家进行项目级的减排量抵消额的转让与获得，替代本国内较昂贵的减排项目。从而帮助发展中国家持续发展，为最终实现温室气体的减排目标做出应有的贡献。

(2)联合执行机制(JI)

联合执行机制的核心内容是允许工业化国家之间通过项目级的合作,其所实现的减排单位(ERUs)可以转让给另一工业化国家,但同时必须在转让方的"分配数量"(AAU)配额上扣减相应的额度,以达到部分的减排要求。

清洁发展机制创造了核证减排量(CERs),联合执行机制创造了减排单位(ERUs),《巴黎协定》建立了一个新的市场机制,在2020年替代清洁发展机制和联合执行机制。

2. 国际信用额的使用

(1)国际信用额的使用(第三阶段)

第三阶段中,欧盟排放交易体系的参与者可以使用国际信用额,以履行欧盟排放交易体系的部分义务,但信用额的使用有定性和定量的限制。

作为全球最具影响力的碳市场,欧盟排放交易体系目前也是国际信用额需求最大的源头。因此,该体系成为国际碳市场的主要驱动者和发展中国家及转型经济体清洁能源的主要投资者。

①定性限制

企业可以使用国际信用额投资各种项目,除了核能项目、造林或再造林项目(土地利用、土地利用变化与林业,LULUCF)、摧毁工业气体的项目(如三氟甲烷和一氧化二氮)。装机容量超过20兆瓦的水电站项目的信用额只能在某些情况下被接受。

2012年后,禁止使用新项目信用额或核证减排量,除非该项目注册在最不发达国家。

②定量限制

国际信用额使用的上限应符合第二、第三阶段的上限要求。每个减排体系参与者可以获得的首期国际信用额度,由各成员国决定,再提交至欧盟委员会根据相关法规批准。

第二阶段期间,欧盟排放交易体系的参与者共使用了10.58亿吨的国际信用额,未使用的信用额则转到第三阶段。

③信用额的交易

第三阶段,核证减排量和减排单位不再是欧盟排放交易体系内的规范减排单位,所以必须兑换成欧盟减排配额。运营商必须申请兑换核证减排量和减排单位,最高限额为他们注册时标明的排放配额。

《京都议定书》第一承诺期(2008—2012年)所发行的减排信用额必须在2015年3月31日前与欧盟排放配额兑换。

(2)国际信用额的使用(第四阶段)

第四阶段中,欧盟有自身的减排目标,暂不考虑在2020年后继续使用国际信用额。不过,很重要的一点是:《巴黎协定》列出了各种碳交易市场运用的规定,为衔接各碳交易市场提供了一个明确和稳固的框架。该协议第六条规定:

①会计准则规定各方运用健全的会计准则,以实现国家自主贡献方案里的"国际转让缓解成果"的使用。这些规定将不同的项目联系起来,以确保承诺的完整性。

②一个减缓机制来替代现有机制(如清洁发展机制和联合执行机制),该机制对减排认证做出规定,以使各国做出自主贡献。这能促进基于固定减缓贡献的国际碳市场的参与。

这些规则应在未来几年里通过执行决定实现。虽然有市场经验做基础,但它们仍需要适应新的情况,比如所有国家虽然都做出自主贡献,但贡献的种类有所不同。

(七)欧盟碳市场要素

1. 主体范围

欧盟排放交易体系覆盖的行业和温室气体,以可测量、可报告及核查精确度高的温室气体排放为重点并逐步扩大。第一阶段覆盖了发电、供热、石油加工、黑色金属冶炼、水泥生产、石灰生产、陶瓷生产、制砖、玻璃生产、纸浆生产、造纸和纸板生产;第二阶段增加了欧洲经济区内的航空部门[在2023年12月31日前,欧盟排放交易体系将只适用于往返欧洲经济区(EEA)内各机场的航班];第三阶段又增加了铝业、其他有色金属生产、石棉生产、石油化工、合成氨、硝酸和已二酸生产。

2. 配额分配

配额分配方法有两种：有偿分配和无偿发放。有偿分配的方式是拍卖获取配额；无偿分配方法例如基于历史排放水平的祖父式、基于标准排放率的基准式、随机分配（如抽签）等。EU ETS 在启动之初采取了以无偿分配为主的分配方法，之后倾向于有偿分配，有偿分配比例逐渐升高。

3. 监测、报告、核查（MRV）

欧盟排放交易体系指令规定，年排放超过 25 000 吨二氧化碳的设施都要实施强制报告制度。年度报告必须由运营商按照监管者开发的《监测和报告决议》的格式。核查基于欧洲认可合作组织、欧洲标准化委员会和国际标准组织开发的指南。年度核查报告经由有资质的核查机构开展独立评估，包括对排放源提交的排放报告采用的监测、方法、信息、数据和计算进行核查。核查要求排放源监测符合监测计划、欧盟《监测和决议报告》以及其他相关温室气体准则。

4. 配套支撑体系——登记注册系统

EU ETS 在第三阶段对整个交易登记及其监管体系进行了改革和整合。原先由电子系统欧盟独立日志（Community Independent Transaction Log，CITL）[①]记录发行、转让和清除指标并授权欧盟各个成员国境内发生的减排交易额；以及负责监管《京都议定书》附件 B 国家之间交易京都减排额登记的国际交易登记系统（International Transaction Log，ITL）的单一格局被改变，欧盟建立了欧盟排放配额注册登记处（Union Registry，UR）[②]，由境内成员国登记管理员负责 UR 中的本国账户以及本国辖区内的 EU ETS 账户，由欧盟交易登记体系（European Union Transaction Log，EUTL）监管所有的 EU ETS 减排额，ITL 仅监督京都减排额。

---

① 欧盟系统独立日志概述，http://www.eea.europa.eu/data-and-maps/data/european-union-emissions-trading-scheme-eu-ets-data-from-citl-4.

② Union Registry https://ec.europa.eu/clima/policies/ets/registry_en.

欧盟排放配额注册登记处保证欧盟排放交易体系之下所有发放的配额都经过准确核算，如同银行记录所有客户及其款项信息一样，注册登记处记录了配额持有人在电子账户中的信息。

(1)统一的欧盟排放配额注册登记处

2009年《欧盟排放交易体系指令》修订后，2012年欧盟排放交易体系在欧盟排放配额注册登记处统一操作。该注册处由欧盟委员会管理。欧盟注册登记处覆盖了欧盟排放交易体系下的31个国家。

欧盟注册登记处是一个网上数据库，掌管的账户包括固定设施(2012年前的数据则从各国注册系统中移交过去)和航空运营人(从2012年1月起加入欧盟排放交易体系)。注册登记处记录以下内容：

①国家实施办法(列出每个欧盟成员国中受《欧盟排放交易体系指令》管制的设施，以及每一个设施在第四阶段获得的免费排放配额)；

②持有免费排放配额的企业或个人账户；

③账户持有人进行配额转让(“交易”)；

④来自各设施和航空运营人的年度经核证二氧化碳排放报告；

⑤对排放配额和经核证排放量进行年度对账，年度对账时，所有企业必须确保交付足够的配额涵盖所有经核证的排放量。

(2)在欧盟注册登记处开立账户

意欲加入欧盟排放交易体系的企业或个人需要先在欧盟注册登记处开立账户。开立账户前，必须先致函所属成员国的有关行政官员提出要求。后者将收集和核对所有支持文件。

(3)欧盟交易日志

欧盟交易日志(EUTL)自动检查、记录和批准欧盟注册登记处账户之间的所有交易。这样能确保所有交易符合欧盟排放交易体系的规则。

欧盟交易日志是欧盟独立交易日志(CITL)的后继者，在欧盟注册登记处推出前扮演类似的角色。

5. 交易标的

现阶段在欧盟交易体系内主要有四种可交易的碳信用，碳排放配额

(EUAs)、航空类排放配额(EUAAs)、欧盟核证减排量(CERs)、欧盟减排单位(ERUs)。

(1)碳排放配额(EUAs)

允许持有者在一年的有效期内排放1吨温室气体污染物。

(2)航空类排放配额(EUAAs)

和碳排放配额的效用一样,都是在1年内排放一吨温室气体污染物,但只能适用于航空类企业。虽然任何市场参与者可以持有但是最后履约必须是航空类企业。正因为这样的特性使得该配额的市场需求量很小。

(3)欧盟核证减排量(CERs)

通过清洁发展机制(CDM)获得的一种碳信用,这种碳信用除了在欧盟碳排放市场具有履约效用,也可以在发展中国家通过方法论获得并在发达国家使用。

(4)欧盟减排单位(ERUs)

同样具有抵消效用。它的获得必须通过《京都议定书》所引入的三个联合履约机制一的联合履约机制来获得。这样的一个机制可以有效地推动联合履约机制附件I国家间的减排技术互动转移,通常是一个发达国家和一个向市场经济转型的国家。

在一定条件下,控排企业可以使用合规的碳信用在欧盟碳交易体系(ETS)内抵消在欧盟境外的排放量。这样的履约形势只适用于欧盟核证减排量(CERs)和欧盟减排单位(ERUs)。

6. 交易平台

欧盟于2005年正式开始了碳排放权金融产品交易,两家主要的碳交易所分别为EEX和ICE。

欧洲能源交易所(EEX)成立于2002年,总部位于德国莱比锡,其前身是德国能源交易所,于2005年开始在欧盟排放交易体系下进行欧盟碳排放配额交易,是包括德国在内的欧盟大部分国家的配额拍卖平台,拍卖量占欧盟整体拍卖量的90%以上。主要交易产品包括一级市场欧盟排放配额(EUA)与欧盟航空排放配额(EUAA)的现货拍卖;二级市场

EUA、EUAA、核证减排量(CER)的现货交易，以及 EUA、EUAA、CER 的期货交易等。

洲际交易所(ICE)成立于 2000 年 5 月，总部位于美国佐治亚州亚特兰大。ICE 作为世界最大的交易所集团之一，于 2010 年收购了欧洲气候交易所(ECX 为原欧盟主要的碳排放交易平台)。目前，ICE 旗下的衍生品交易所 ICE Futures Europe(欧洲期货交易所)涉及欧洲碳市场交易，交易所位于英国伦敦，主要交易标的物包括 EUAs 和 CERs，欧盟碳排放交易产品大部分在 ICE 进行交易，占据了一级与二级市场份额的 92.9%，其中大部分是期货交易。ICE 实行的是会员制度，会员包括巴克利银行、英国石油公司、摩根士丹利和壳牌在内的一百多家公司。

7. 市场参与者

在欧盟碳交易市场中，除了控排企业外还有个人及机构参与者。

(1)交易员

交易员是该体系中数量最多的参与者，可分为两种形式，一种是以个人身份参与交易，另一种是以公司注册会员的形式参与交易。

(2)经纪人

其主要作用在于以媒介作用促进双边合同的订立，将独立的交易双方带入碳交易市场，交易者包括银行、商业公司、公共服务类能源公司和综合类能源企业等。

8. 合规性

参与 EU ETS 的企业每年必须提交由欧盟委员会规定的统一电子模版的排放报告。当年度的数据必须在第二年的 3 月 31 日之前由授权的第三方验证者进行验证。经核实后，企业必须在当年 4 月 30 日之前交纳同等数量的配额。

9. 履约与惩罚

在欧盟排放交易体系试运行阶段，企业每超额排放 1 吨二氧化碳，将被处罚 40 欧元，在正式运行阶段，罚款额提高至每吨 100 欧元，并且还要从次年的企业排放许可权中将该超额排放量扣除。由此，欧盟排放交易体系创造出一种激励机制，它激发私人部门最大可能地以成本最低的方法实现减排。欧盟试图通过这种市场化机制，确保以最经济的方式防止全球温暖化，把温室气体排放限制在预期的水平上。

二、美国碳市场

（一）美国碳市场体系概述

美国因其宪政体制的限制尚未建立全国统一的碳市场，各州以倡议的形式建立区域性的自愿交易市场，主要包括区域温室气体减排行动（Regional Greenhouse Gas Initiative，RGGI）、西部气候倡议（Western Climate Initiative，WCI）、加州总量控制与交易计划（California's Cap-and-Trade Program，CCTP）。各区域交易体系的监管框架、监管机构和监管制度有所差异。

表 10　　美国各区域碳市场监管机制

区域碳市场	遵循法规	监管主体	管理制度
区域温室气体倡议（RGGI）	《碳预算交易计划》（CO_2 Budget Trading Programs）	RGGI 董事会由各个参与州的能源与环境监管机构部门负责人组成	碳配额拍卖； RGGI 碳配额追踪系统； 独立市场监督者（Potomac Economics）； 碳抵消
西部气候倡议（WCI）	《西部气候倡议章程》（By-law of WCI）	西部各州州长组成的协会全面负责项目管理，各成员州派代表组成委员会和秘书处执行日常工作	形成了几个委员会来分析温室气体减排计划的技术机构，同时向其成员各州提出建议，主要包括报告委员会、总量设置和配额分配委员会、市场委员会、补充政策委员会、抵消委员会、经济建模小组和电力小组
加州总量控制与交易计划（CCTP）	《全球温室效应治理法案》（AB32 法案）	加州政府下属空气资源委员会	加州总量控制及交易计划，排放点源和强度排查

(二)立法基础

美国碳市场的监管法律主要集中在区域性交易体系的层面上,联邦层面的监管立法相对较少。目前主要包括联邦最高法院关于“马萨诸塞州诉美国环保署”的判例、《美国清洁能源与安全法案》《美国商品交易法案》。

2007 年 4 月 2 日,联邦最高法院关于“马萨诸塞州诉美国环保署”的判例,使美国环境保护署取得了对二氧化碳排放进行规制的立法授权。[①] 2009 年 12 月 7 日,在哥本哈根气候变化大会召开之际,美国环境保护署进一步裁定,把二氧化碳列为污染物,将温室气体纳入《清洁空气法》管制。

美国国会众议院于 2009 年 6 月通过了《美国清洁能源与安全法案》,明确规定了碳排放配额同其他能源产品一样是《美国商品交易法案》农业商品的一种,在没有特殊规定的情况下受该法案管辖。[②] 同时,《美国清洁能源与安全法案》将碳衍生产品列入农业商品范围,由《商品交易法案》进行规制,受到严格的监管,必须在交易所进行交易。美国《清洁能源法案》授权美国商品期货交易委员会为碳衍生品市场的监管主体,商品期货交易委员会可根据《美国商品交易法案》和《美国清洁能源与安全法案》制定具体的监管政策[③]。委员会承担了制定规则、调查取证以及最终负责向市场操纵者提起民事诉讼等具体职责,在针对市场不法行为的案件中起到了至关重要的作用。

《清洁能源与安全法案》要求商品期货交易委员会下设能源限仓咨询委员会,该委员会的代表分别来自能源商品期货短期套保者、能源商品期货长期套保者、能源商品期货非商业目的参与者、能源商品期货交易场所代表和有价格发现功能的电子平台交易场所代表。由该限仓委员会向商

---

① 《马萨诸塞州诉讼美国环保署判例》,依据《清洁空气法》202 条第(a)1 规定,https://www.epa.gov/clean-air-act-overview.

② 参见 American Clean Energy and Security Act 2009, H. R. 2454:1047—1048.

③ 参见 American Clean Energy and Security Act 2009, H. R. 2454:1057—1060.

品交易委员会提交有关限仓制度的草案。法案中规定对重要价格发现合同、指定合约市场的可交易合同、衍生品市场的可交易合同、衍生品交易执行设施的可交易合同等，设置了严格的持仓、限仓制度，防止市场操纵。[①]

监管主体方面，主要可以分为联邦层面、州一级政府层面、区域性交易市场层面。

1. 联邦层面

美国曾经尝试将碳排放权金融化，由美国商品期货交易委员会(CFTC)监管，但是参议院最终并未通过。在未来联邦层面的管理机构如证券及交易委员会(SEC)、联邦能源管制委员会(FERC)及环境保护署(EPA)等都有可能参与到组建一个联邦层级的联合监管机构的工作中去。[②] 2015 年 8 月 3 日，碳污染管理标准办法《清洁能源计划》(Clean Power Plan)被正式采用。环境保护署获得了对全美电力市场温室气体排放的监管权限。[③]

2. 州一级政府层面

在州一级的监管层面上，大多数监管职责由州一级职能部门承担，多以州环保行政机构和能源监管机构为主。以加州为例，在该州通过《全球温室治理法案》前，加州能源委员会、加州空气资源委员会、加州环保署对碳交易市场联合监管，在法案通过后则由统一的专门机构加州环保局进行监管。

3. 区域性交易市场层面

各区域碳市场有各自的监管主体，例如 RGGI 的监管主体是一家独立的市场监督企业(Potomac Economics)；WCI 由各州州长组成的协会全面负责项目管理，各成员州派代表组成委员会和秘书处执行日常工作；

---

① 参见 American Clean Energy and Security Act 2009, H. R. 2454:1050—1052.

② 美国商品期货交易委员会规章记录总汇，http://www.cftc.gov/LawRegulation/RulemakingRecords/index.htm.

③ 美国碳污染防治标准，http://www.c2es.org/federal/executive/epa/clean-power-plan.

CCTP 的监管主体为加州政府下属空气资源委员会。

(三)区域性碳市场

1. 区域温室气体倡议

美国区域温室气体倡议(RGGI)于 2009 年启动，涉及康涅狄格、特拉华、缅因等东北部 10 个州，是美国第一个以市场为基础的区域性温室气体排放交易体系。

(1)总量控制与减排目标

各成员州根据历史碳排放情况确定各自的配额总量，各配额总量加总形成了 RGGI 的初始配额总量。按照 RGGI 目标设定，至 2018 年，区域范围内 CO_2 排放总量在 2009 年的基础上(18.8 亿吨)减少 10%。

RGGI 采取了每连续三年作为一个履约控制期的方式，每个履约控制期相对独立。RGGI 的第一个履约控制期为 2009 年 1 月 1 日至 2011 年 12 月 30 日，在此期间，RGGI 控排企业实际碳排放下降明显，碳市场在运行初期即面临碳配额供过于求的问题。配额过剩造成 RGGI 碳市场出现碳价持续低迷、碳市场活跃度不高等现象，无法充分发挥市场价格发现功能和价格信号传递功能。为了缓解这种现象，RGGI 于 2013 年实施了配额总量调整政策，将 2014 年的配额总量在 2013 年基础上削减了约 45%。另外，新修订的规则提出，2015 至 2020 年，配额总量设置每年削减 2.5%。

(2)覆盖范围

RGGI 碳市场仅覆盖电力行业，纳入标准是装机容量高于 25 兆瓦的化石燃料发电厂。化石燃料燃烧是美国碳排放的主要来源之一，其中电力行业的化石燃料燃烧占据了较大的比重，控制电力行业的碳排放对实现 RGGI 区域温室气体减排目标起到关键性作用。

(3)分配方式

配额免费发放和有偿拍卖是国际碳交易体系最常用的两种分配方式。RGGI 是全球首个主要通过拍卖形式进行配额分配的碳交易体系，几乎所有配额均以拍卖形式分配。RGGI 配额拍卖采取统一价格、单轮密封投标和公开拍卖的形式，每季度组织一次拍卖，每次拍卖配额总量由各成员州各自提交的配额组成。参与主体方面，RGGI拍卖市场向所有具备相关资格的主体开放，包括公司、个人、非营利性机构、环保组织、经纪人以及境外公司等。

拍卖市场的监管由RGGI委托的第三方机构Potomac Economics进行。该第三方机构被授权负责监督RGGI碳交易的一级市场和二级市场，负责对拍卖管理行为进行调查评估，对交易市场违规行为进行调查，最终调查结果报告给RGGI各成员州。对于一级市场的监管内容主要包括拍卖活动是否符合相关程序，拍卖过程是否公开透明，拍卖结果是否公平公正，是否存在价格操纵等情况。

(4)监测、报告与核查

①监测方面

RGGI监测要求主要包括制订监测计划(燃料类型、监测设备技术参数、被监测参数类型、监测方法等)和选择监测方法(燃料热值法/烟气排放连续监测法)。

②报告方面

RGGI控排企业需在规定时间内向相关部门提交季度电子版和纸质版报告。报告的主要内容包括：监测设备信息、每小时和累积排污数据、装置每小时运行信息(如负载、热输入率、运行时间等)、监测计划、要求进行的认证以及质量保证测试结果等。电子版报告由控排企业通过美国环保局(EPA)开发的排放收集和监测计划系统(ECMPS)客户端提交给EPA清洁空气市场部(CAMD)。各成员州环保部门对辖区内控排企业提交的电子版季度报告进行评估，比较二氧化碳排放量与配额持有量。

③核查方面

RGGI对控排企业二氧化碳排放数据的核查分为电子审查和实地审核两种方式。电子审查通过ECMPS客户端预先设定的程序对控排企业提交的数据进行检查，并且可以将审查出现的问题及时向控排企业反馈，在正式提交前发现问题并纠正。实地审核主要包括监测计划审查、历史数据审查、监测设备以及系统周边设备的现场检查、与工厂人员进行访谈等。

(5)监管机制

RGGI 的监管机制分为一级市场监管制度和二级市场监管制度两个层面。一级市场建立了碳配额拍卖监管制度,按季度将绝大多数碳配额通过拍卖来分配。碳配额拍卖按照法律进行或由提供配额的各州监管部门予以管理。每个州在管理拍卖配额的监管决定权上各自保持独立。[①]二级市场建立了碳配额追踪制度,由碳配额追踪系统来记录和追踪每个州碳交易相关数据。RGGI 碳配额追踪系统支持所有公众成员查看不同类型的市场数据和账户信息报告,包括账户个人信息报告、所有者或经营者报告、交易价格报告、碳来源报告、账户基本信息报告、抵消、总体排放报告、遵约情况[②]等。除了针对一二级市场的分别监管,RGGI 还建立了针对一二级市场总的监管制度。由一家独立的市场监督企业 Potomac Economics 监督 RGGI 一级市场碳配额拍卖和碳配额二级市场的表现和效率,通过跟踪每一笔 RGGI 配额拍卖和每季度二级市场的活动,及时发布市场监管报告。

2. 西部气候倡议

2007 年 2 月,美国加州等西部 7 个州和加拿大中西部 4 个省发起成立了区域性气候变化应对组织——西部气候倡议(WCI)。WCI 建立了包括多个行业的综合性碳市场,到 2015 年进入全面运行并覆盖成员州(省)90%的温室气体排放,以实现 2020 年比 2005 年排放量降低 15%的目标。WCI 碳排放交易体系行业覆盖范围基本包括所有经济部门,气体种类涵盖所有 6 种温室气体。

WCI 采用区域限额交易机制,要求各成员自 2011 年起必须报告上年度的碳排放量,同时必须制定至 2020 年年底前的总量上限,即确立一个明确的、强制性的温室气体排放上限,然后在各自区域内通过免费或有

---

① RGGI 拍卖制度简介,http://www.rggi.org/market/co2_auctions.

② RGGI 报告制度简介,http://www.rggi.org/market/tracking/public_reporting.

偿拍卖的方式进行配额分配。WCI 要求各成员在交易体系运行时至少有 10%的配额以拍卖方式进行分配，到 2020 年拍卖的配额比例不低于 25%，同时要求将一部分拍卖所得的收益用于各自区域内的公益事业，例如提高能源效率和创新低碳技术等。

WCI 旨在通过各州之间的联动来推进气候变化政策的制定和实施，各州州长组成的协会全面负责项目管理，各成员州派代表组成委员会和秘书处执行日常工作。从 2008 年到 2010 年期间，WCI 形成了专门的技术机构用于分析温室气体减排计划，并且向各成员州提出建议。分析机构包含了以下委员会：报告委员会、总量设置和配额分配委员会、市场委员会、补充政策委员会、抵消委员会和经济建模小组、电力小组等。[①] 市场交易层面的监管主要由市场委员会主导。

2013 年，WCI 任命 Monitoring Analytics 公司负责监督和分析市场交易行为。具体而言，该公司负责以下事务：为各地区的市场安全和监测提供服务，对拍卖、持有、交易和二级市场活动进行监督，为各地区的监管提供项目指引性文件和有关市场有效运作的观点等。[②]

3. 加州总量控制与交易计划

加州早期加入了美国西部气候倡议（WCI），之后在 WCI 开发的框架基础上独立建立了自己的总量控制与交易体系（CCTP），并于 2013 年开始实施。CCTP 覆盖行业范围主要包括电力行业、工业、交通业、建筑业等，覆盖的温室气体种类较全，几乎包含了《京都议定书》中的所有温室气体类型。

加州总量控制与交易体系建立基于 2006 年加州州长签署通过的《全球气候变暖解决方案法案》（即 AB32 法案），该法案提出 2020 年的温室气体排放要恢复到 1990 年水平，2050 年排放量比 1990 年减少 80%。

2016 年通过的 SB32 法案提出要确保 2030 年温室气体排放量在

---

① WCI 下属委员会职责介绍，http://www.westernclimateinitiative.org/wci-committees.

② WCI, Justification for a Contract Amendment to Contract 2012－03: Cap-and-Trade Market Monitoring Service.

1990 年水平上降低 40%，2050 年排放量在 1990 年基础上减少 80%以上；2017 年通过的 AB398、AB617 法案提出将加州总量控制与交易体系延长至 2030 年；2018 年州长以行政命令(B-55-18)明确加州将于 2045 年实现碳中和，减排目标逐渐趋严。

三、澳大利亚碳市场

(一)澳大利亚碳市场体系概述

澳大利亚碳市场的起步阶段是在 2003 年建立的强制性地区碳排放权交易体系——新威尔士州温室气体减排计划，主要针对电力企业减排。地区碳市场的长期运行与发展，为全国碳交易体系的建设奠定了良好的基础，在总量设定、覆盖范围、配额分配、履约和处罚制度等方面积累了宝贵经验。至 2012 年，澳大利亚建立了全国统一的碳排放交易体系。

(二)立法基础

2010 年，澳大利亚政府出台了《清洁能源未来计划草案》，2011 年该草案得以通过，同时《清洁能源法案 2011》正式颁布，成为澳大利亚碳排放权交易体系的法律依据。此外，《国家温室气体与能源报告法案 2007》《可再生能源法案 2000》《碳信用法案 2011》《澳大利亚国家排放单位注册法案 2011》等法案也为澳大利亚碳市场提供了重要的法律支撑作用。

(三)市场要素分析

1. 总量设置与减排目标

澳大利亚碳市场经历了两个发展阶段，第一阶段是固定价格时期(2012 年 7 月 1 日至 2015 年 6 月 30 日)，第二阶段是灵活价格时期(2015 年 7 月 1 日之后)。2015 年澳大利亚政府设定的减排目标是 2030 年的碳排放在 2005 年的基础上减少 26%～28%。

在为期三年的固定价格阶段，澳大利亚不设置绝对的配额总量，控排企业根据上一年度的实际碳排放上缴等量的碳配额或其他核证减排量以完成履约。若企业无法提交足够的碳配额或其他减排信用，则需要向政府以固定价格购买，第一年初始固定价格为 23 澳元/吨二氧化碳，之后每年的固定价格按 2.5％的比例递增，即第二年每吨二氧化碳当量价格为 24.15 澳元，第三年为 25.4 澳元。在此阶段，政府不设置发放碳配额的上限，企业持有的配额量不能用于后续年度使用，同时也不能预借未来的碳配额用于该阶段。在固定价格阶段，澳大利亚碳价与国际市场没有建立联系，但是可以使用国内其他减排信用抵消，例如通过减少农业碳排放或者利用土地封存技术获得相应的碳减排量。

在灵活价格阶段，澳大利亚碳市场建立总量控制和交易机制，由市场决定碳价格，并且和欧盟碳市场进行连接。灵活价格机制实施的前三年，政府对市场价格设置了上下限，防止价格剧烈波动，保障碳市场的稳定。2018 年 7 月 1 日以后则取消了价格上下限机制，碳价格主要由市场决定。在灵活价格阶段，碳配额可以累积到后续年度使用，而且累积数量不受限制；也可以提前借用未来的碳配额，但是借用比例不得超过本年度配额总量的 5％。

2. 覆盖范围

澳大利亚碳市场覆盖的行业范围主要包括能源、工业制造、发电、运输、垃圾填埋等，涵盖了澳大利亚碳排放总量的 60％左右。纳入标准是年度碳排放量超过 2.5 万吨的重点排放企业，不包括小型企业、家庭、个人等微量碳排放。

3. 分配方式

在固定价格阶段，配额全部以免费的形式发放，有缺口的企业则需要以固定价格向政府购买足够的配额完成履约。而且，政府出售的碳配额数量没有严格限制，但是企业购买的配额不允许用于国际交易或者银行间业务。

在灵活价格阶段，初期配额免费发放的比例设置成 50％，其余的则以有偿拍卖的方式进行分配。随着碳交易体系的发展，澳大利亚碳市场逐步提高配额有偿分配的比例，甚至不再采取免费发放的方式。

4. 监测、报告与核查

澳大利亚碳市场的MRV体系依靠于国家盘查与汇总系统(National Inventory System,NIS),该系统由澳大利亚气候变化与能源效率部和清洁能源管理局共同管理。其中,气候变化与能源效率部负责政策与规则制定以及系统开发工作,清洁能源管理局则主要负责盘查汇报和监督工作。NIS包含两个信息子系统:一是国家温室气体与能源报告系统(National Greenhouse and Energy Reporting System,NGERS),该系统强制要求控排企业汇报能源生产、能源消耗和碳排放数据三个方面的内容;二是澳大利亚温室气体排放信息系统(Australian Greenhouse Emission Information System,AGEIS),该系统实质上是澳大利亚一体化的温室气体排放信息库,包含了所有企业的温室气体排放数据。

5. 履约机制

在固定价格阶段实行分期履约机制,企业需要在每年6月15日之前完成75%的履约,同时提交本年7月1日至次年6月30日的预估碳排放数据;10月31日之前需提交经过核查审计的碳排放数据,并于次年2月1日之前完成剩下25%的履约。每年2月28日,政府会公布经过审核的企业碳排放数据。

在灵活价格阶段取消了分期履约机制,同样地,企业在每年6月15日之前提交预估碳排放数据,在10月31日之前提交经过核查审计的碳排放数据。履约时间为次年2月1日之前,企业碳排放数据仍是于2月28日由政府统一公布。

6. 监管机制

澳大利亚政府建立了三个机构对碳交易体系进行监管:一是澳大利亚气候变化局,该机构负责制定碳排放指标;二是清洁能源管理局,该机构负责配额发放工作;三是生产力委员会,该机构负责分析评估碳交易市场价格变化对国民经济的影响,并根据国际碳减排政策变化出具评估结果,为气候变化局制定碳排放指标提供依据。

四、日本碳市场

(一)日本碳市场体系概述

日本于2005年开始筹建全国性碳交易系统,全国性碳交易系统计划由中央政府主管,覆盖日本最大的500家能源和资源供应商。但由于各种原因,国家级碳市场这一计划迟迟未能付诸实践。因此,为实现日本在哥本哈根气候大会上的减排承诺,2020年温室气体排放量在1990年的基础上减排25%,2030年减排30%。日本搁置了全国碳市场建设计划,率先启动了日本东京都碳排放交易体系。

(二)东京都碳排放交易体系

东京都碳排放交易体系又称"东京都排出总量削减义务和排放量交易制度",是世界上首个城市级的强制排放交易体系。东京都作为日本政治、经济、文化中心,地域范围内并无发电厂和能源密集型产业,因此,东京都碳市场涵盖的减排部门分为商业和工业两个部门,商业部门包括办公楼、公共建筑、商业建筑和供热设施等,工业部门包括废弃物处理设施与工业制造等其他设施。涵盖部门的排放活动主要来自化石燃料消费与电能利用,因此,二氧化碳排放量可以依据燃料的含碳量以及与电能产生相关的排放估算系数进行计算。东京都碳排放交易体系的纳入门槛为年度能源消耗量(化石燃料消费与电能利用)超过1 500公升原油的大型排放源,约1 200多个建筑物和用能设备纳入减排范围。承担履约义务的原则上是建筑物的所有者,管理工会法人和特定租户等经营者向东京都申报后,可以共同承担义务,或代替所有者承担义务。

(三)东京都碳交易体系的三个履约期

东京都碳市场的履约期自2010年4月开始实施,五年为一个期间,每个履约期都包含一个18个月的履约调整期。

1. 第一履约期(2010—2014年)

第一履约期定位是"大幅度减排的转折期",减排目标是在基年的基础上将大型商业设施的排放量减少 8%,工业设施的排放量减少 6%。

2010 年度	2011 年度	2012 年度	2013 年度	2014 年度	2015 年度	2016 年度
计划期间					调整期间	
2010 年 4 月 1 日—2015 年 3 月 31 日					2015 年 4 月 1 日—2016 年 9 月 30 日	

2. 第二履约期(2015—2019 年)

第二履约期定位是“大幅度减排的开展期”,减排目标是在基年的基础上将大型商业设施的排放量减少 17%,工业设施的排放量减少 15%。(受新冠疫情影响,第二履约期的履约调整期延长 4 个月,截止日期由 2021 年 9 月 30 日变更为 2022 年 1 月 31 日。)

2015 年度	2016 年度	2017 年度	2018 年度	2019 年度	2020 年度	2021 年度	2022 年
计划期间					调整期间		
2015 年 4 月 1 日—2020 年 3 月 31 日					2020 年 4 月 1 日—2022 年 1 月 31 日		

3. 第三履约期(2020—2024 年)

第三履约期定位是“致力于脱碳社会的节能减排和促进能源再利用”,减排目标是在基年的基础上将大型商业设施的排放量减少 27%,工业设施的排放量减少 25%。

2020 年度	2021 年度	2022 年度	2023 年度	2024 年度	2025 年度	2026 年度
计划期间					调整期间	
2020 年 4 月 1 日—2025 年 3 月 31 日					2025 年 4 月 1 日—2026 年 9 月 30 日	

(四)东京都碳排放交易体系市场要素

1. 配额分配

2016 年 3 月,在《东京都环境基本计划》中提出的减排目标是,2030 年东京都的温室效应气体排放量在 2000 年的基础上降低 30%,东京都的能源消费量在2000年的基础上降低38%，东京都的可再生能源的电力利用比例约为30%。这一减排目标是东京都碳市场设定减排总量的依据。

(1)东京都碳市场现有设施分配规则

对于制度开始时已经建设完成的建筑物，基准排放量是2002年至2007年中任意连续3年排放的平均值。履约系数是根据东京都政府的法规来设定，乘以数字5表示这是履约期5年的配额总量。第一、二、三期的履约系数见表11。

表11　　履约期的履约系数

覆盖范围		履约系数(与基年水平相比较减少的比例)		
		第一履约期	第二履约期	第三履约期
Ⅰ-1	办公楼(除Ⅰ-2包含的办公楼以外)商业设施、住宿设施、供热设施等	8%	17%	27%
Ⅰ-2	大量使用区域供热供冷设施的办公楼	6%	15%	25%
Ⅱ	除Ⅰ-1、Ⅰ-2以外的设施，例如工厂、上下水道设施、废弃物处理设施	6%	15%	25%

资料来源：东京都环境局官网。

例如，第二履约期中，基准年排放量为10 000吨的商业大楼，履约系数为17%，排放配额计算方法为：

法定减排量＝基准年排放量×履约系数×履约期(5年)

＝10 000吨×17%×5年＝8 500吨

排放上限量＝基准年排放量×履约期(5年)－法定减排量

＝10 000吨×5年－8 500吨＝41 500吨

(2)2010年及以后新增设施分配规则

对于2010年及以后新增的设施，其基准年排放量可采用历史排放计算或基于排放强度标准的分配方法。

基于排放强度标准的分配方法为排放活动指数和排放强度标准的乘

积。各类设施的排放强度标准,具体数据见表12。

表12　　　　各类设施的排放强度标准(节选)

设施分类	排放强度标准		
	第一履约期	第二、第三履约期	排放强度标准
办公设施	85	100	千克二氧化碳每年每平方米
办公设施(公用办公楼)	60	75	千克二氧化碳每年每平方米
信息和通信设施	320	380(数据中心:610)	千克二氧化碳每年每平方米
广播电台	215	260	千克二氧化碳每年每平方米
商业设施	130	160(食品相关企业:225)	千克二氧化碳每年每平方米
住宿设施	150	180	千克二氧化碳每年每平方米
教育设施	50	60(理科大学设施:95)	千克二氧化碳每年每平方米
医疗设施	150	185	千克二氧化碳每年每平方米
文化设施	75	90	千克二氧化碳每年每平方米
物流设施	50	55(冷库:90)	千克二氧化碳每年每平方米
停车场	20	25	千克二氧化碳每年每平方米
上述以外的工厂及其他	历史排放量的95%		

2. 碳信用

东京都碳市场有两类碳信用:超额碳信用和抵消碳信用。其中,抵消碳信用有四种,分别是中小型设施碳信用、可再生能源碳信用、非东京都碳信用以及埼玉县碳信用。

(1)超额碳信用

参加减排的企业,超过法定减排量的部分,可以在履约期内用于交易，计算公式为：

法定减排量＝基准年排放量×履约系数×履约期

计算超额碳信用额度有两点需要注意：

第一，法定减排量，按履约期的各年度进行划分，对于超额的减排量，可以转移至第2年度进行。

例如，第三履约期中，某商业大楼的基准年排放量为10 000吨，第一年的实际排放量为7 500吨，第二年的实际排放量为7 000吨，则：

法定减排量(1年)＝基准年排放量×履约系数×履约期(1年)

＝10 000吨×27%×1年＝2 700吨

法定减排量(2年)＝基准年排放量×履约系数×履约期(2年)

＝10 000吨×27%×2年＝5 400吨

第一年的实际排放量为7 500吨，则减排量为2 500吨，没有超过法定减排量2 700吨，所以不能进行交易。

第二年的实际排放量为7 000吨，则减排量为3 000吨，第一年和第二年的减排量合计为2 500吨＋3 000吨＝5 500吨，该商业大楼两年合计可出售的超额碳信用量为5 500吨－5 400吨＝100吨。

第二，超额碳信用额度的售出量不得超过减排设施基准年排放量的一半。

例如，第三履约期中，某商业大楼的基准年排放量为10 000吨，其可出售的超额碳信用不得超过5 000吨，碳信用的履约系数为27%，即法定减排量为2 700吨。如果该商业大楼的年排放量有以下几种情况，则：

第一年排放量为4 000吨时，则该大楼当年可出售的超额碳信用为5 000吨－2 700吨＝2 300吨；

第二年排放量为6 000吨时，则该大楼当年可出售的超额碳信用量为4 000吨－2 700吨＝1 300吨；

第三年排放量为7 000吨时，则该大楼当年可出售的超额碳信用量为3 000吨－2 700吨＝300吨；

第四年排放量为4 500吨时，则该大楼当年可出售的超额碳信用量为5 000吨－2 700吨＝2 300吨；

第五年排放量为4 000吨时，则该大楼当年可出售的超额碳信用量为5 000吨－2 700吨＝2 300吨；

五年累计可出售的超额碳信用为2 300吨＋1 300吨＋300吨＋2 300吨＋2 300吨＝8 500吨。

(2)抵消碳信用

①中小型设施碳信用

此类碳信用的采用不仅有利于碳市场内减排设施减排目标的达成，还能鼓励东京都的中小企业参与到碳市场中。

申请中小型设施碳信用的条件包括以下四点：

第一，申请者需提交全球变暖对策报告书；

第二，原则上减排设施是以建筑为单位的，如果设施的使用能分开监测，以住户或者财产共有权为单位也是允许的；

第三，申请者必须有升级设施设备的权力或者能从拥有该权力的人手中取得授权；

第四，申请者应位于东京都内。

中小型设施碳信用额度的计算方法分为两个步骤：

第一，确定基年排放量：从减排措施实施前的最近三个连续财年中选择一年作为基年，这一年与能源相关的二氧化碳排放量即为基年排放量。

第二，比较“实际减排量”和“预估减排量”，取较小者作为中小型企业碳信用的签发依据。值得注意的是如果实际减排量为零或者负数，即当年排放量不低于基年排放量时，该设施不能获得中小型设施碳信用额度。

②可再生能源碳信用

可再生能源碳信用是东京都碳市场优先采用且无使用额度限制的抵消碳信用。企业可以将其拥有的且被东京都碳市场所认可的可再生能源证书(Renewable Energy Certificates)转换成可再生能源碳信用，用以完成自己的减排任务。

可再生能源碳信用的申请条件：

第一，申请“使用可再生能源发电设施”证书的条件。

原则上，发电设施的所有者才可以申请这一证书，但有以下几个情况也可申请这一证书：一是通过受让获得新能源环境价值所有者的其他人；二是获得设施拥有许可的其他人；三是向东京都碳市场纳入的减排设施供应电力的电力生产和供应商。

第二，申请“清洁电力生产”证书的条件。

原则上是获得了“使用可再生能源发电设施”证书的设施所有者才能申请“清洁电力生产”证书，其他情况参考“使用可再生能源发电设施”证书的相关情况执行。

③非东京都碳信用

与东京都碳市场中纳入的减排设施规模相当的非东京都设施实现的二氧化碳减排量也可以用于完成碳市场减排设施的减排任务。这一碳信用额度的计算方法与碳市场减排设施的减排量计算方法相同，即用总减排量减去义务减排量（参照体系内的义务减排量来确定）的剩余减排量。

东京都以外的企业申请非东京都碳信用需要满足以下两个条件：

第一，基年的能源消费折合原油 1 500 公升及以上，基年二氧化碳排放量不超 150 000 吨；

第二，采取相关减排措施后应达到的预计减排率不能低于 6%。

符合申请条件的设施可以按照以下程序获签非东京都碳信用：

第一步，在 2011 年 9 月底提出初步申请并领取东京都颁发的减排证书；

第二步，向东京都政府提交附有核证报告的非东京都碳信用监测报告（每财年）；

第三步，2015 年年初东京都政府会根据设施的减排证书和碳信用申请书可使用的非东京都碳信用录入申请设施在注册登记系统中的交易账户。

④埼玉县碳信用

埼玉县碳市场于 2011 年开始运行，在机制设置上与东京都碳市场基本相同,只根据属地情况进行了微小修订。东京都与埼玉县在2010年签署了关于《排出总量削减义务和排放量交易制度》的伙伴协定,伙伴协议包括:第一,两都县间互相分享各自碳市场的相关信息,建立合作机制,以便开展各个层面的广泛合作;第二,在大东京范围内公开合作成果,积极促成大东京区域内碳市场合作;第三,积极推动日本政府建立全国性的碳市场。

东京都碳市场与埼玉县碳市场之间的碳信用额度相互连通,埼玉县碳市场中的超额碳信用以及中小型设施碳信用可用于完成东京都碳市场中的减排义务。

3. 账户管理

(1)登记管理系统中的账户类型

碳排放权交易设置了三个类型的账户,分别是指定管理账户、一般管理账户、政府管理账户。

表13　　碳排放权交易系统账户类型

账户类型	账户所有人	作　用
指定管理账户	负有减排义务的企业	记录减排设施履行情况的管理账簿 ※不记录碳资产的所有情况
一般管理账户	交易参加者(负有减排义务的企业和希望参加碳排放交易的企业)	记录碳排放权交易的所有情况
政府管理账户	东京都知事	企业履约记录、运营管理所需的账户

(2)登记管理系统中的会计处理

为了保证碳排放交易的顺利进行,登记管理系统的运行应遵循的会计原则如下:

①在履约期间无偿取得的额外碳减排权的会计处理(发行超额碳信用时),仅作为实际减排记录,不进行会计处理(不计入账)。

②出售无偿取得的碳减排权的会计处理,在出售碳减排权后取得的

款项，暂不计入收入，通过其他应收款等非年度需清算科目（清算：汇算清缴），五年后经过计算，如果预估目标成果可以达成，则结转为收入（如果目标成果未完成，产生的费用则从事先收到的款项中扣除）。

③购买碳排放权的会计处理：为完成碳减排目标时，记入“无形资产”或“长期投资性资产”科目；以销售给有减排需求的第三方为目的时，记入“库存商品”科目。

④计提准备金。预计无法完成目标成果时，根据《企业会计准则》计提准备金。

⑤企业最终将碳排放权用以抵消其减排义务时的结算，若有偿取得碳排放权，则从一般管理账户转移到指定管理账户的费用，记入销售费用或者管理费用。

⑥偶然发生债务的注释。有重要情况发生的时候，应该需要注释。

4. 监管机制

碳市场中对企业和设备层面点源温室气体排放的测量、报告与核查有两个重要的目的：一是核准初始排放量，为减排配额的初始分配提供依据；二是核准减排设施每财年的减排额度，作为评判其减排义务履行情况的重要依据。

2009 年 7 月，东京都政府出台针对已纳入碳市场的减排设施为对象的《温室气体计算指南》，针对第三方认证机构的《申请认证资格指南》以及针对获得认证资格的第三方认证机构的《温室气体排放认证指南》。这些规范指南的出台使得各主体能依据清晰的规则做好温室气体的计算、监测、报告以及核查工作，保证了碳市场交易的公平性。

根据规定，纳入东京都碳市场的减排设施每年都有义务向管理者提交前一财年的温室气体排放报告，公开经过认证机构认证的温室气体排放数据。

5. 履约与惩罚

将排放量控制在排放限制量以下是纳入东京都碳市场的减排设施应当履行的法定义务，未履行义务将会受到惩罚。惩罚包括：罚款（50 万日元)、通报、按未完成比例征收额外费用。额外费用由政府来决定,以吨为单位进行计算。未完成减排义务的企业在交完罚款后,依然要承担从别处购买配额完成其减排任务的费用。

履约评估将在履约调整期内进行。举例来说,第一履约期始于2010财年结束于2014财年(2010年4月1日—2015年3月31日),每个履约期都包含一个18个月的履约调整期(2015年4月1日—2016年9月30日),履约评估将在履约调整期内的2015年进行。参与配额分配的设施有义务在2015年向政府提交其在履约期内的总排放量。至此,排放量超过其配额的设施要在2015年内通过碳排放权交易将其最终排放量(实际排放量减去其通过碳排放权交易获得的排放量)降低到配额数量以下。根据政府规定,未完成减排义务的企业需要通过碳排放权交易获得的排放量等于实际排放量减去限额再乘以1.3。

在履约截止期限之前未能完成减排义务的减排设施将被处以50万日元的罚款,政府还将通报未完成减排任务的设备名称以及减排义务的未达标情况。此外,纳入碳市场范围,但未能按要求提供温室气体排放报告并公开其排放信息的设备,将被处以50万日元罚款并予以通报。

为保证各项义务的履行,第三方认证机构将针对各种未履行情况制定相应的罚款及其他的惩罚措施。

6. 退出机制

东京都碳排放交易体系的纳入门槛为年度能源消耗量(燃料、热能和电能使用量)超过1 500公升原油的设施,当该类设施排放量持续三年低于该门槛,即可向东京都政府提交申请报告,经东京都政府审批同意后退出碳市场。

东京都碳市场的履约期为五年。履约期间如果有减排设施退出,配额会根据履约期起始年到该设施退出年的实际排放量重新分配。例如,第一履约期内,2013年有减排设施退出碳市场,配额会根据2010—2012年的实际排放量重新分配。退出机制的设立,有利于促进减排设施所有者加大低碳技术的创新和投资,从而加快节能减排目标的实现。

参考文献

[1]齐绍洲，程思，杨光星. 全球主要碳市场制度研究[M]. 北京：人民出版社，2019.

[2]潘晓滨. 日本碳排放交易制度实践综述[J]. 资源节约与环保，2017(9)：110－112.

[3]边晓娟，张跃军. 澳大利亚碳排放交易经验及其对中国的启示[J]. 中国能源，2014，36(8)：29－33.

[4]周伟，高岚. 欧盟碳排放交易体系及其对广东的启示[J]. 科技管理研究，2013，33(12)：41－44.

[5]陈洁民，李慧东，王雪圣. 澳大利亚碳排放交易体系的特色分析及启示[J]. 生态经济，2013(4)：70－74＋87.

[6]胡荣，徐岭. 浅析美国碳排放权制度及其交易体系[J]. 内蒙古大学学报(哲学社会科学版)，2010，42(3)：17－21.

[7]李布. 欧盟碳排放交易体系的特征、绩效与启示[J]. 重庆理工大学学报(社会科学版)，2010，24(3)：1－5.

[8]贺城. 借鉴欧美碳交易市场的经验，构建我国碳排放权交易体系[J]. 金融理论与教学，2017(2)：98－103.

[9]肖星宏，万春林，邓翔，周璇. 欧盟碳排放交易体系及其对我国的启示[J]. 价格理论与实践，2015(4)：101－103.

[10]European Union. EU ETS Handbook，2015.

[11]Tokyo Metropolitan Government. “Tokyo Cap-and-Trade Program” for Large Facilities(Outline)，2021(6).

第五章　我国碳市场发展的理论思考和建议

一、我国碳市场发展的战略意义

2011 年 10 月，国家发改委印发《关于开展碳排放权交易试点工作的通知》，确定在广东、湖北两省和北京、天津、上海、重庆、深圳五市开展碳排放权交易试点，拉开了我国碳排放权交易试点的大幕。随着我国碳市场的不断发展，对建设全国统一碳市场的呼声日益高涨。习近平主席在第 75 届联合国大会一般性辩论上指出，"中国将提高国家自主贡献力度，采取更加有力的政策和措施，二氧化碳排放力争于 2030 年前达到峰值，努力争取 2060 年前实现碳中和"。该目标的提出标志着我国碳排放权交易市场建设迈出实质性步伐。全国碳市场建设对于提高我国碳市场竞争力、提升国际碳市场话语权具有重要的战略意义。

（一）发展碳市场是履行《巴黎协定》、提升国际地位的重要抓手

作为全球碳排放大国，我国推动碳达峰、碳中和是实现全球碳达峰、碳中和目标的重要环节。我国是《联合国气候变化框架公约》首批缔约方之一，也是联合国政府间气候变化专门委员会（IPCC）的发起国之一。2016 年《巴黎协定》设定了 21 世纪后半叶实现净零排放的目标，我国带头签署了这一协定。作为落实《巴黎协定》的积极践行者，加快推进我国碳市场建设，既有助于我国在应对全球气候变化中发挥领导力作用，也是我国贯彻绿色、创新、协调、开放、共享的发展理念。加快落实《巴黎协定》，将气候治理蓝图转化为实际行动，积极做好国内温室气体减排工作，

体现了我国践行全球气候治理大国的责任和担当，对于推进全球气候治理具有重要意义，也有利于提升我国的国际地位和影响力。

（二）发展碳市场是实现“双碳”和经济转型目标的重要途径

碳排放权交易是利用市场化机制，实现以较低的成本降低全社会二氧化碳排放量的有效手段。碳排放权交易可以通过碳价引导资金在实体经济不同部门及不同环节流转，有助于调整能源结构，引导低碳投资，推动经济转型，用市场手段引导高碳企业节能减排、鼓励低碳企业健康发展，最终实现总量减排和低碳发展目标。① 相较于欧盟等发达国家，我国经济发展虽起步晚但速度快。到 2035 年，要基本实现新型工业化、信息化、城镇化、农业农村现代化，即实现现代化经济体系。同时，还要努力实现“广泛形成绿色生产生活方式，碳排放达峰后稳中有降，生态环境根本好转，美丽中国建设基本实现”的基本目标。绿色现代化的本质是创新绿色要素，实现高碳经济向低碳经济的转变。碳市场的发展有利于充分发挥市场机制在推动绿色产品创新中的作用，推动绿色要素创新，为构筑以低能耗、低污染为基础的经济发展体系奠定基础。

2020 年 12 月，中央经济工作会议明确提出做好碳达峰、碳中和工作是 2021 年八项重点任务之一。而明确绿色产权属性、健全交易机制、构建成熟完善的碳市场是“做好碳达峰、碳中和工作”的重要实现路径。我国建设碳交易体系将在全社会范围内形成碳排放权定价的信号，是加快新旧动能转换，实现经济高质量发展的重要抓手。依托全国碳市场，能够发挥市场机制对绿色产权进行有效的交易定价，促进技术和资金转向低碳发展领域，推动企业节能减排创新和产业结构优化升级，使碳达峰、碳中和的国家战略部署能够得到产业和市场的充分支持，实现经济低碳可持续发展。

---

① 中信证券．碳中和专题研究报告：全国碳市场扬帆起航，绿色化转型箭在弦上[EB/OL].（2021-04-01）. https://baijiahao.baidu.com/s?id=1695821086461834786&wfr=spider&for=pc.

(三)发展碳市场是推动绿色金融体系建设的内在要求

绿色金融是指以降低气候变化带来的负面影响,推动资源节约和高效利用,实现社会良性可循环发展的经济活动,包括对绿色交通、绿色建筑、清洁能源、环保等领域的项目投融资、项目运营、风险管理等提供金融服务。我国绿色金融起步较晚,但发展速度快。央行发布的数据显示,截至 2020 年末,我国绿色贷款余额近 12 万亿元,存量规模居世界第一;绿色债券存量约 8 000 亿元,居世界第二。[①] 为推进绿色金融发展,2016 年中国人民银行等七部委联合印发《关于构建绿色金融体系的指导意见》(下称“指导意见”),对发展碳金融产品、促进建立全国统一的碳排放权交易市场做出了具体部署。

碳排放权是一种有价的经济资源,具有特殊性、稀缺性的特征,同时也具有很强的金融属性。碳排放权交易紧密联结金融与绿色低碳经济,是绿色金融体系的重要组成部分。逐步扩大碳排放权交易种类、交易量,推动碳金融发展,促进企业和金融机构盘活整体碳资产、拓宽绿色融资渠道、管理碳资产风险敞口,从而有效提升碳市场的流动性和价格发现功能,使之成为应对气候变化、减少温室气体排放、解决环境问题的重要途径,是深入落实指导意见,推动绿色金融体系建设的内在要求。

(四)发展碳市场是加速人民币国际化进程的重要举措

一般而言,一国货币若能作为国际大宗商品贸易的计价和结算工具,尤其是与煤炭、石油等能源贸易相结合,有利于该国货币成为国际公认的世界货币。从国际经验看,煤炭催生了英镑、石油使美元崛起,正是印证了这一点。随着低碳经济和低碳能源的快速崛起,碳资产有望成为大宗商品交易的主体,与碳资产交易的深度绑定,将深刻影响一国货币的地位和价值。我国碳排放量居世界第一,庞大的碳排放量奠定了人民币在国际碳市场交易中的基础地位。目前,国际碳市场定价仍以美元和欧元为

---

① 2020 年全国绿色贷款余额近 12 万亿元　绿色金融迎密集政策支持[N]. 经济参考报, 2021-03-29.

主。我国虽然是全球最大的碳排放权交易国之一，但在碳定价和交易中仍处从属地位，在减排交易市场中长期缺乏话语权和定价权。

碳排放涉及全球各个国家和地区，具有明显的国际性。碳交易供需双方的多元化，为打破美元和欧元的垄断、推动人民币作为碳交易结算货币、实现碳交易货币多元化提供了难得的机遇。随着"一带一路"倡议的推行，人民币在沿线国家贸易往来中的使用规模、使用频率和影响力不断提升。在此基础上，将沿线国家的碳排放权交易与人民币紧密结合，推动人民币作为碳交易的计价和结算工具，推动我国碳交易逐步影响国际碳市场的议价和定价，进而提升人民币在国际碳货币中的地位。此外，通过碳金融产品的创新，也能持续拓展交易规模和交易主体，对于碳定价机制的有效发挥、争取国际碳交易的定价权、打破国际碳交易计价结算中的币种垄断格局、推进人民币国际化也具有重要意义。

二、我国碳市场发展的机遇和挑战

（一）我国碳市场发展的机遇

1. 我国经济面临重要转型期，低碳发展为碳市场提供机遇

经过 30 多年的高速增长，我国经济和社会发展正进入转型和调整期，新时代经济发展离不开"绿色、低碳、可持续"等关键词。经济新常态下的新发展理念，促进绿色低碳发展为全国碳市场建设发展提供了良好的舆论氛围和政策环境。低碳化趋势将推动企业技术升级和产业向低碳化转型，产业结构调整和技术升级带来的巨大减排潜力将为我国碳市场的可持续发展提供动力。此外，国家从战略层面推动碳达峰、碳中和，国家财税金融政策体现的绿色低碳导向等，都为全国碳市场发展创造了难得的政策环境。

2."碳达峰、碳中和"目标下，碳市场发展迎来新的机遇

继习近平总书记向国际社会做出碳达峰、碳中和的郑重承诺后，"30・60"目标被纳入"十四五"规划建议，中央经济工作会议也将做好碳达峰、碳中和列入 2021 年度重点工作，相关目标被写入政府工作报告。

从历次高层表态与各类文件、会议可见，中央决策层对实现“双碳”目标的决心之大、力度之大前所未有。这不只是关乎持续发展的国家战略，也是展现中国负责任大国形象的切实行动。在“双碳”目标的指引下，全国碳市场作为充分运用市场机制控制温室气体排放的有效手段，将迎来新的发展机遇。为推动“双碳”目标的尽早实现，国家将从立法保障、政策设计与资金投入等方面给予支持，碳排放控制目标逐步强化，有效的市场需求持续扩大，市场参与主体和交易规模也将不断扩展。目前，《碳排放权交易管理暂行条例》已列入国务院 2021 年度立法工作计划，相关领域立法工作的持续有效推进，为全国碳市场法制化、规范化运行提供了重要的保障和前提。

3. 我国是全球的碳排放大国，为碳市场有效运行提供保障

交易市场是否有足够规模是保证市场有效运行的前提。我国既是全球能源最大的消费国，也是全球的碳排放大国。Rhodium Group 的一项研究指出，我国 2019 年的温室气体排放达到了 140.93 亿吨二氧化碳当量，占全球总排放量的 27%以上，远高于居第二位的美国。若以 2025 年纳入碳交易市场比重 30%～40%测算，未来我国碳排放配额交易市场规模将在 30 亿吨以上。我国碳论坛及 ICF 国际咨询公司共同发布的《2020 中国碳价调查》的研究结果显示，2025 年全国碳排放交易体系内碳价预计将稳定上升至 71 元/吨。据此计算，到 2025 年，全国碳排放权交易市场中配额交易总规模将达 2 130 亿元。随着交易活跃度提升和碳价的稳步上扬，将直接拉动碳交易业务量的快速增长，未来全国碳市场有巨大的发展空间和潜力。我国庞大的碳排放量，既为碳市场发展提供了良好的基础，也需要发展碳市场来倒逼节能减排，实现经济的可持续发展。

4. 九省市地方市场平稳运行，为全国统一碳市场奠定基础

自 2013 年以来，我国陆续启动了北京、上海、天津、重庆、湖北、广东、深圳七省市的碳排放权交易试点。福建、四川于 2016 年启动非试点地区碳市场。中国碳排放交易网数据显示，截至 2020 年 12 月 31 日，全国九个碳市场总成交量为 7.13 亿吨，其中配额总成交量为 4.45 亿吨，配额成

交额为102.27亿元。各地方碳市场共覆盖钢铁、电力、水泥等20多个行业、3 100余家纳管企业，形成了行业覆盖相对广泛、市场规模初具的地方碳市场。我国地方碳市场数量相对较少，但从各地的实践来看，碳市场在促进企业节能减排、增强低碳转型意识、提升碳资产管理能力、推动低碳节能技术研发、拓展低碳项目融资来源，以及培育碳资产管理、碳金融、碳交易、碳会计、碳审计等新业务方面发挥了积极作用。同时，我国碳市场横跨东、中、西部地区，各地区的经济结构、资源禀赋各异，各地方政府结合自身社会经济发展特征，在总量设定、配额分配、管理架构、交易制度、履约机制等多个方面进行了探索和实践，比较和验证了不同政策设计的适用性，为全国统一碳市场的建立提供了多层次的参照和丰富的实践运行经验，为全国碳市场的建立探索了可行路径。

（二）我国碳市场发展的挑战

1. 我国碳市场中远期发展路径、发展预期尚不明确

作为碳交易相对成熟的市场，欧盟碳市场在2005年正式启动交易前，提前描绘了2005—2007年、2008—2012年及2013—2020年三个阶段的发展路线图，如今发展已经较为成熟，开始进入稳定运行的第四阶段（2021—2030年）。我国2017年12月印发的《全国碳排放权交易市场建设方案（发电行业）》标志着全国碳排放交易体系正式启动，经过基础建设期（2018年）、模拟运行期（2019年）、深化完善期（2020年）三个阶段，即将开启交易，但对于未来发展尚没有制定出明确的路径。尤其是2020年我国做出碳达峰、碳中和承诺后，在实现碳达峰的10年时间里，以及实现从碳达峰到碳中和的30年时间里，碳市场并没有明确的定位。全国碳市场缺乏涵盖近期、中期、远期的路线图，这就无法对全国碳市场有明确的预期，也将影响市场参与各方的积极性。

2. 支撑碳市场的各类法规和配套制度仍待建立健全

近年来，各试点碳市场在顶层制度建设等方面进行了有益的探索，但全国层面并没有现成的经验可参照，从试点到全国统一市场仍任重而道远。首先，国家层面缺少碳排放权交易的相关法律法规，现有立法位阶不

高，多为政府规章和规范性文件。例如，没有应对气候变化的相应法律法规，《环境保护法》和《大气污染防治法》等单行法不完善，《碳排放交易管理条例》或《碳排放权交易法》等上位法缺失。其次，有关碳排放权的内涵和产权界定、排放权交易规则、交易双方的权力与义务、交易纠纷解决办法及排放权交易试点的法律授权等，没有相关的法律制度界定。此外，我国幅员辽阔，东、中、西部的发展差异性大，碳市场关键制度要素的设计需要统筹考虑各地区、各行业、各企业的差异，并在与现行的能源、环境、气候治理体系相适应的基础上进行碳市场的顶层设计和各类配套制度建设。

3. 各地碳市场的差异性对统一全国碳市场形成挑战

各地方碳市场为全国统一碳市场积累了丰富的运行和实践经验，但各地在政策体系、制度设计等方面都有自己的特点和侧重点，在碳排放试点的规则，配额发放、核查、报告等相关管理，以及碳配额价格等方面都存在较大差异。要形成建立全国统一清晰、简单易行的碳排放权交易市场机制存在不小的挑战。此外，流动性是形成全国统一碳市场的基础，碳市场作为新兴市场目前流动性较低，又分散在 9 省市，导致本就不多的碳交易量更加分散，且各地方市场相互竞争，不利于碳价格的发现和碳交易主管部门的统一管理。在全国碳排放权交易市场建立后，如何将各地方碳市场衔接并实现碳资产的自由流动，形成一个流动性充足的统一市场体系亟须破局。

4. 保障碳市场供需平衡和碳价稳定机制亟待完善

根据经济学原理，在完全竞争市场上供给和需求共同决定了均衡价格。碳排放权交易市场的特殊性在于，政府决定市场供给，在碳试点市场建立初期，为减少控排企业对新政策的抵制，碳交易总配额大于实际需求量，且大部分配额都是免费分配的。供过于求，导致目前碳排放权试点市场的成交价远低于可以充分反映减排成本的均衡价格。再者，由于数据基础相对薄弱等原因，容易出现供需不匹配的情况，试点市场中除广东和湖北外，其余试点市场均没有公开发布总配额，价格在很大程度上取决于交易双方的谈判，交易双方信息不对称导致价格不稳定，碳价无法体现其真正价值。此外，不同行业减排成本的差异、市场参与主体的数量和活跃度，都会对交易价格产生影响。如何充分发挥市场机制作用，维持碳市场供需平衡和碳价稳定是构建全国碳市场亟须解决的问题。

三、我国碳市场发展的趋势和前景

全国碳市场将按照“循序渐进、先易后难、由点及面、由松至紧”的发展原则，实现平稳过渡和有序发展。

（一）循序渐进，由区域到全国乃至全球市场

随着全国碳市场建设进程的逐步推进，碳排放权交易市场将从区域试点阶段逐渐向全国交易阶段转变。《碳排放权交易管理暂行条例（草案修改稿）》指出，不再建设地方碳排放权交易市场，已经存在的地方碳排放权交易市场应当逐步纳入全国碳排放权交易市场。纳入全国碳排放权交易市场的重点排放单位，不再参与地方相同温室气体种类和相同行业的碳排放权交易市场。短期内，全国和地方碳市场将共存一段时间，以利于地方和全国碳市场的平稳过渡。随着全国碳市场的建立和逐步完善，地方碳市场所在行业及相关企业将逐步纳入全国碳市场，地方碳市场稳步退出。这种循序渐进的方式，有利于地方碳市场和全国碳市场的平稳衔接和过渡，也有利于更好地发挥市场机制作用，降低实现总体减排目标的经济成本，助力“30·60”目标尽早实现。

（二）先易后难，由发电行业到整体覆盖

根据生态环境部于2021年1月发布的《碳排放权交易管理办法（试行）》，全国碳市场交易首批仅纳入2 225家发电企业。发电行业排放量约40亿吨，占比接近全国碳排放总量的1/3。虽排放体量巨大，但单一行业内部电厂或火电机组同质化程度较高，碳减排成本的差异并不大，因此引入更多碳减排成本差异较大的行业和企业将促进碳交易机制更好发挥市场资源配置的基础性作用。对于碳排放量在全国总体碳排放量中占

比较高、强化其减排力度能够有效推动全国整体减排目标实现的行业，对于有固定排放源、MRV基础数据条件较好、市场扩容可操作性强的行业，对于减排技术先进、碳资产管理意识较强的行业和企业等，可优先考虑纳入全国碳市场。近日，生态环境部应对气候变化司已向中国建筑材料联合会发出委托函，正式委托中国建筑材料联合会开展建材行业纳入全国碳市场的相关工作。未来随着全国碳市场建设的逐步推进，碳交易的行业覆盖范围将持续扩大，最终实现发电、石化、化工、建材、钢铁、有色金属、造纸和国内民用航空等行业的全覆盖。

（三）由点及面，金融产品属性逐步强化

现阶段我国碳金融市场尚处于发展初期，碳市场以现货交易为主，而欧盟等成熟碳交易体系既有碳现货市场，又有期货、期权等碳金融衍生品市场。碳金融衍生品有利于提高碳市场的流动性，向市场发出明确的碳价信号，引导减排成本存在差异的各行业控排企业充分借助碳市场的力量各司其职，实现配额在企业间的有效流动，进而降低全社会碳控排和减排的成本。为支持碳中和进程，我国资本市场已开始了一系列探索，近年绿色债券发行稳步上升，绿色股权市场增长迅速，为碳中和发展提供了重要支持，但相较于发达国家，我国碳金融仍处于起步阶段。为满足市场参与主体的多元化需求，进一步发挥碳市场在价格发现、资产配置、风险管理、引导资金融通等方面的功能，借鉴发达国家经验，创新金融产品，推动形成丰富的碳金融产品体系是全国碳市场发展壮大的必然趋势。

（四）由松至紧，有偿分配比例逐步提高

碳价格发现是碳排放权交易市场的一项重要功能，但目前尚未充分发挥其作用。2021年3月30日，生态环境部发布的《碳排放权交易管理暂行条例（草案修改稿）》中提出“碳排放配额分配包括免费分配和有偿分配两种方式，初期以免费分配为主，根据国家要求适时引入有偿分配，并逐步扩大有偿分配比例”。可见，国家相关部门正致力于建立更加完善的碳价格发现机制。基于试点碳市场和欧盟碳市场的经验，目前碳排放配额分配以免费分配为主，交易方式包括协议转让、单向竞价及其他符合规定的方式，随着全国碳市场运营的日渐成熟，未来将逐步提升配额有偿分配比例。通过配额有偿分配，有利于落实控排主体的减排责任，并形成一二级市场价格联动机制，提高定价效率，有助于各类市场参与主体更好地进行碳资产配置。同时，通过配额有偿分配获取的资金可用于支持全国碳排放权交易市场建设和温室气体削减重点项目，形成绿色资金有效利用的良性循环。

四、我国碳市场发展路径选择和建议

（一）加快完善基础制度保障

1. 加快建立与碳市场相适应的法律法规和制度体系

良好的法律基础为碳市场机制的设计和实施提供保障，是碳市场有效运行的基础。碳交易的本质是政府创设的环境政策工具，市场参与各方的权力和义务需从法律上明确，保障碳交易有法可依。应尽快研究制定与碳交易相关的法律、行政性法规、地方性法规及政府规章制度等，加快明确碳排放权经济属性、财务属性和金融属性，以及碳排放权交易体系相关方的权利与责任、碳市场交易规则等，形成一套以国务院《全国碳排放权交易管理条例》为根本，以生态环境部相关管理制度为重点，以交易所交易规则为支撑的“1＋N＋X”政策制度体系，保障碳市场交易的平稳、长期运行。

一是尽早出台全国碳排放权交易管理条例。2021 年 2 月 1 日，《全国碳排放权交易管理办法(试行)》正式施行。从法律效力来看，条例属于行政法规，而办法属于行政规章，条例的法律效力要高于办法。在《碳排放权交易管理办法(试行)》基础上，尽早出台《全国碳排放权交易管理条例》，加快推动改善气候环境的相关立法，以更高层级的立法来保证碳市场的权威性。对碳排放权市场的主体资格确立统一的法律标准，明确碳排放权交易市场参与各方的权利、义务和责任，规范碳排放权市场交易的条件、程序和内容，制定碳排放交易所创建、运行和管理的统一规定等，为全国碳市场体系建设提供完备的法律法规和制度保障，以便稳定交易主体的制度预期和市场预期。

二是制定完善主管部门配套制度和细则。建议生态环境部尽快制定完善相关管理制度和细则，尽早出台落实《全国碳排放权配额总量设定和配额分配方案》《企业温室气体排放报告管理办法》《企业温室气体核查管理办法》等配套管理规定，在夯实碳市场数据基础的同时为企业履约提供依据。尽快制定全国碳市场总量目标、地方总量目标、全国碳市场纳入重点企业门槛、配额分配办法、地方执法权力等核心要素的管理细则和技术规范。尽快发布技术细则文件，对已出台的碳排放权登记管理、交易管理、结算管理规则进一步细化。例如，登记管理规则中进一步明确登记主体需提交的申请材料及证明材料清单，交易管理规则中进一步明确交易机构的交易时段、交易数量、调解制度的具体安排等，结算管理规则中进一步明确监督与风险管理涉及的管理制度和具体措施流程等，以利于指导各方主体开展碳交易工作。联合相关部门加快完善有利于绿色低碳发展的价格、财税、金融等经济政策。

三是持续完善交易所核心交易规则。交易所作为全国碳排放权集中统一交易的平台，应进一步完善《全国碳排放权交易细则》，并据此制定完善涵盖交易、会员管理、投资者适当性、风险控制、违规违约、信息和单向竞价等多方面的交易管理细则，通过各项细则的严格落实，对交易进行穿透式监督，保障交易市场的平稳运行和交易的顺畅开展。

2. 加快制定将碳市场发展纳入绿色金融的规则体系

碳排放市场本质上是以供求关系为基础的风险定价市场。全国碳市场建设的重点在于跨区配置投资与风险管理，因而具有明显的金融属性，是绿色金融的重要组成部分。金融市场的核心是价格，有效的碳价将为包括金融机构在内的众多投资者开展投资收益、风险评估及资产管理提供参照，有利于引导投资预期进而改变未来的生产和消费模式。早在2009年，中国人民银行原行长周小川就表示，碳配额和减排融资是资本市场重要的组成部分，重点在于碳定价机制的构建。2016年，周小川再次指出碳排放权交易市场在性质上与金融市场类似，其本身就能够带来激励机制，同时也能带来融资的功能，因此要大力支持配额交易市场的建设。2020年，生态环境部等五部门联合发布《关于促进应对气候变化投融资的指导意见》，明确提出“充分发挥碳排放权交易机制的激励和约束作用”，为全国碳排放权交易市场的启动和进一步发展带来更多机遇。

从较为成熟的国际碳金融市场发展经验来看，通过立法的方式巩固和建立较为完善的碳金融制度是主流的做法，如欧盟启动的《欧洲气候变化方案》，德国制定的《节省能源法案》，以及美国的《清洁能源安全法案》等法律法规。从国内情况看，目前我国碳市场总体仍处于发展初期，以标准化场内金融市场衍生品的代表产品——期货交易的立法为例，2021年5月下旬，《中华人民共和国期货法(草案)》征求意见结束，其中对碳期货等新型碳市场衍生金融产品的界定内容依然缺失。在现行全国碳市场建设路径和工作机制下，金融体系的价格发现、风险管理功能在二级碳市场中难以发挥，主要表现有：碳市场交易不活跃、碳价低迷；碳市场以现货交易为主，金融化程度不高；部分试点虽推出了包括碳衍生品在内的碳金融产品，但交易规模较小。基于此，为推动全国碳市场建设，应完善相应的法律制度和机制，开展合理配套的顶层设计和规划合理清晰的碳市场发展战略，尽早将碳市场纳入绿色金融体系，明确金融机构等参与碳市场的合法性，创新交易品种，进一步挖掘碳市场的金融属性。

一是完善法规制度，构建财务可持续的绿色金融服务体系。加强碳排放权交易机制与资本市场的融合和互动，对于推进碳市场健康有序发展具有重要的现实意义，同时也为金融市场提供了新的增长点。应尽快出台相关法规制度，从战略高度将碳市场建设和发展纳入我国绿色金融体系的整体框架中，结合碳排放权特点，推进碳交易市场发展与绿色金融体系建设同步规划、整体设计。建议下阶段，在构建以《全国碳排放权交易管理条例》为根本的“1+N+X”政策制度体系基础上，结合生态环境部等五部门印发的《关于促进应对气候变化投融资的指导意见》，尽快完善交易机制、投资者基础及相应的金融市场监管规则等基础条件，明确碳市场的激励约束机制、会计及税收处理等相关内容，以适应全国碳市场未来不断纳入新的交易主体和交易产品的趋势，及早从立法层面确保碳金融市场的发展实现有法可依，确保各项政策维持长期稳定。此外，绿色金融应具备可持续经营的能力，不应是建立在政策持续补贴基础上的政策性金融。可持续的绿色金融需要良好的金融生态和财务可持续的绿色金融体系做支撑，需尽快建立完善的绿色资产产权、绿色技术产权的保护和交易制度，包括绿色低碳资产价值的市场化变现机制、绿色低碳资产外溢价值的内部化机制，以及相应的绿色低碳资产评估体系和评估标准等。

二是探索转型金融，丰富实体企业开展低碳转型的融资工具。中国作为全球制造业大国，具有庞大的工业体系，重点工业、交通、建筑等碳密集、高环境影响的行业和企业众多，需要大量的资金支持推动技术升级和结构转型，以逐步实现低碳、减排和零排放的目标。然而绿色金融有严格的概念、标准和分类，其覆盖对象严格强调绿色、有明确的环境效益、符合国际分类标准，这在很大程度上导致绿色金融无法大规模支持实体经济的能源结构转型。为更好地支持我国更大范围和更大规模的经济能源结构转型投资需求，转型金融被逐渐纳入视野。转型金融是指针对经济活动、市场主体和资产项目向低碳和零碳排放转型的金融支持，相较于绿色金融，转型金融更注重应对气候变化和低碳转型，强调经济活动、市场主体、投资项目和相关资产沿着清晰的路径向低碳和零碳过渡，可应用于碳密集和高环境影响的行业、企业、项目和相关经济活动①，具备更好的灵活性、针对性和适应性。在大力支持绿色金融创新发展的同时，应重视和发展转型金融，在深入研究发达国家在转型金融方面的实践和经验基础上，结合中国国情和发展阶段，尽早明确转型金融的概念、标准和分类，探索制定转型金融的考核和管理框架，进一步提出转型金融支持项目目录。在维护市场诚信的前提下，探索发展转型金融以丰富实体企业开展低碳转型活动的融资工具，形成绿色金融和转型金融相互补充、良性互动的局

---

①　周诚君．大力推动转型金融发展 更好支持“30・60”目标[N]．新华财经，2021-03-25.

面。

三是强化金融支持，与上海国际金融中心建设形成良性互动。多元化的金融机构和包括碳衍生品在内的丰富的金融产品，有利于发挥碳市场的价格发现功能，降低交易成本，强化金融支持以充分发挥金融在碳市场建设中的支持作用。经过多年发展，金融市场已经形成了相对成熟的风险管理工具和运作模式，深入研究金融市场的逻辑和规则，在遵循金融逻辑规则基础上管理碳市场，有利于实现有效的跨周期配置和套期保值。金融系统应积极配合、主动适应碳市场建设需要，有效平衡绿色低碳投资中激励、跨期和风险管理间的关系。作为全国金融改革发展的排头兵，上海金融要素市场完备、金融机构聚集、金融基础设施完善，为绿色金融的创新发展奠定了良好的基础。同时，上海在绿色低碳转型方面也走在全国前列，早在 2013 年上海就建立了碳排放权交易市场，经过十多年的发展，已经形成了一套“制度明晰、市场规范、管理有序、减排有效”的碳交易体系，在碳基金、碳质押、碳配额远期等产品创新和碳金融业务协同监管等方面也开展了一系列探索。随着全国性碳市场交易中心落户上海，未来上海可结合现有基础和国际金融中心建设优势，在金融机构碳核算、金融机构及融资主体的气候和环境信息强制披露、绿色金融产品评估认证等方面迈出更大步伐，推动碳市场与国际金融中心建设的良性互动，增强碳市场价格发现能力，提高上海在全球碳市场定价中的地位。

四是明确金融机构等非控排企业的准入资格。各类投资机构和个人投资者的参与有利于提高市场流动性、扩大市场规模，而活跃的交易正是确保形成真实碳价的核心。欧盟参与交易的主体包括有排放需求的能源和工业企业，也包括银行、私募等金融机构，欧盟金融机构在为企业提供交易中介服务的同时，也积极参与碳交易。借鉴发达国家经验，在推进全国碳交易市场发展中，应明确金融机构、碳资产管理公司等非控排主体参与碳市场的合法性，加快推进碳排放权场内场外市场融合发展，并加强市场运行的金融监管。金融机构的参与能够助力碳市场在价格发现、引导预期、风险管理等方面作用的充分发挥，进而推动减排目标的尽早达成。

此外，鼓励符合交易规则的个人投资者参与碳排放权交易，在扩大国内市场覆盖范围基础上，逐步考虑允许境外合格投资者进入以及与国际碳市场的链接。对践行可持续金融理念的金融机构和负责任的ESG投资者，应考虑采用“ESG参与策略”（ESG Engagement），加强与被投企业的沟通与协作，为被投企业的低碳转型提供融资与技术支持，帮助被投企业尽快转型，从根本上消除相关的环境与气候风险。

五是加大碳金融培育力度，鼓励碳金融产品创新。《关于促进应对气候变化投融资的指导意见》指出，“在风险可控的前提下，支持机构及资本积极开发与碳排放相关的金融产品和服务，有序探索运营碳期货等衍生产品和业务”。广义上的碳金融是指与碳减排相关的所有金融活动，包括碳排放权及其金融衍生品的交易，以及基于碳减排的直接投融资活动及相关金融中介等服务。各类碳金融衍生品和服务为市场参与主体提供了重要的资产管理和风险对冲工具，有助于碳市场发挥信用转换、期限转换、流动性转换等功能，提升碳市场交易活跃度，以形成有效的价格预期，发掘碳资产的真实价值。在支持鼓励金融机构参与碳市场交易的同时，不断丰富碳衍生品等碳市场交易品种，鼓励碳排放配额、CCER、碳远期、碳期货、碳掉期、碳期权等交易类工具，碳债券、碳资产抵押/质押、碳基金/信托、碳资产回购、碳资产托管等融资类工具，以及碳指数、碳保险等支持类工具的金融创新，引导金融资源助推碳市场发展和具有国际影响力的碳定价中心建设。鼓励中介服务机构探索拓展碳交易资金清算存管、碳资产质押授信、节能减排融资等金融服务。在上述产品和服务的设计研发过程中总结各试点市场在碳金融领域的经验教训，借鉴欧盟等在碳金融市场运营和管理方面的经验，在条件成熟的地区先行先试，待逐步成熟后向更大范围推广。

六是密切碳市场主管部门与金融监管部门的沟通。健全、开放、包容的监管体系，是确保多元化主体参与、多样化品种交易顺利开展的基础，也是打通国际碳市场的保障。按照一二级市场联动发展模式，探索建立碳交易市场二级金融监管框架。首先，生态环境部要加强与“一行两会”

等金融监管机构的合作沟通，多方协作划定各自监管职责，协同监管，使金融机构参与碳金融规范化、低风险化。其次，要明确由生态环境部门重点负责“一级市场配额管理”，服务碳排放总量控制目标，做好配额总量核发、初始分配、清缴、超排惩罚等全流程管理。此外，明确金融监管部门重点负责“二级市场交易管理”，即基于“一级市场”配额和中国碳排放交易网(CCER)的相关金融产品创新和市场监管，服务碳交易市场建设目标，结合现行金融基础设施业务规则，与财政部、中央银行、银保监会等多部门协作制定碳金融市场发展指引，做好金融监管。

七是探索碳市场链接，为资本跨区流动奠定基础。气候问题是全球各国需要面对的共性问题，加强地区和国家间的碳市场链接可为资本跨区域流动奠定良好基础，引导资金投向低碳领域市场机制的有效发挥。周小川在第 17 届国际金融论坛(IFF)全球年会的开幕式上就提出“要关注中国或者亚洲地区碳市场与欧洲碳市场的链接问题，割裂的碳市场会对市场运行效率带来负面影响，同时会给跨区域过度投机创造机会，不利于合理有效碳价的形成。”在碳市场跨境交易中各试点碳市场也进行了相应探索。例如，《深圳经济特区绿色金融条例》提出“鼓励金融机构参与粤港澳大湾区碳交易市场开展跨境交易业务，支持深圳排放权交易机构开展碳资产和绿色资产的境内和跨境交易”，为在我国部分地区开展碳市场链接的先行先试奠定了良好的法律制度基础。在深入研究资本市场“沪港通”“深港通”模式的基础上总结经验教训，探索更大范围碳市场链接的可行性和模式。支持以区块链为基础的跨境绿色资产标准化、认证、仓储和交易平台建设，探索构建跨境合作机制。鼓励金融机构参与碳交易市场跨境交易业务，支持碳资产和绿色资产境内和跨境交易。

3. 加快建立和完善总量设定与配额分配方法体系

总量设定是指确定全国碳配额的供应总量。科学的总量设定有利于合理市场碳价的形成。欧盟在碳市场发展初期也有过失败的经历，其背后的原因与总量设定不合理密切相关，主要表现为总量设定过松，市场预先设定的总量高于实际碳排放总量，导致碳价过低。欧盟碳市场初期在总量设定时对未来覆盖行业的增长率预期过高，明显超过了行业发展过程中的实际增长率。合理的碳市场总量设定需要充分考虑碳市场覆盖行业的特征、国家战略的宏观要求、经济增长率和行业成长情况，以及企业的实际承受力等，是一项极具挑战性的工作。

一是制定清晰化、透明化的总量指标体系。碳配额总量决定配额是过剩还是稀缺，将直接影响碳市场的配额价格。国家层面明确碳配额总量后，各省、自治区、直辖市才能进行相应分配，然后再分配至各行政区域内的重点排放企业。因此，全国碳市场建设首先是要建立清晰化、透明化的碳配额总量指标体系。在明确的总量目标下，才能清晰地分解出各省市、各行业、各企业层面的微观目标，这有利于碳减排工作的有序推进，也有利于计算、设置和完善相应的激励机制。此外，碳达峰、碳中和目标的实现需要引进大量的民间投资，每年明确的碳排放总量目标有助于投资者测算投资回报，稳定市场预期。为发挥碳市场作用确保“双碳”目标实现，配额总量设定应遵循“适度从紧”和“循序渐进”的原则。总量设定既要自上而下地考虑经济发展阶段和水平、节能减排政策及与国家去产能、去库存等产业政策、行业规划相衔接确定碳排放权交易市场的总量；也要自下而上地考虑企业的实际承受能力，制定具体行业企业的配额分配方法。同时，要尽快制定包括配额有效期、配额预借和结转等方面的具体规则和要求，明确有关配额分配、数据报送及清缴履约等方面的具体要求和关键时间节点，纳管行业企业可据此尽早开展相应的工作规划，将参与碳交易纳入企业整体发展规划中。

二是初期以免费配额分配法为主导。配额分配就是通过合理的计算方法将碳排放权交易市场的配额总量分配到减排行业和企业的过程。我国碳市场覆盖的行业多为贸易敏感的工业部门，初期以配额免费发放为主，可以大幅减少在碳市场建立初期对经济发展产生的负面影响，也可以有效降低控排企业的抵触情绪。在《2019—2020 年全国碳排放权交易配额总量设定与分配实施方案》中指出“为降低配额缺口较大的重点排放单位所面临的履约负担，在配额清缴相关工作中设定配额履约缺口上限，其值为重点排放单位经核查排放量的20%，即当重点排放单位配额缺口量占其经核查排放量比例超过20%时，其配额清缴义务最高为其获得的免费配额量加20%的经核查排放量”。可见，在碳市场建设初期，政策在制定时就考虑到了对首次纳入的发电行业的保护。配额免费分配方法包括基于历史碳排放总量的方法、基于历史碳排放强度的方法和基准法等。基准法又分为基于以往活动水平的方法和基于未来实际活动水平的方法。基于各地碳交易试点的实践，以及在“30·60”目标下对未来生产活动进行合理评估，并确定相应的配额分配方法更符合实际。根据经济发展、覆盖行业及减排目标等的不同情况，可以灵活选择合适的配额分配方法，结合各行业碳排放基准提出配额免费发放比例，为企业转型升级和结构调整提供导向，助力供给侧结构性改革。

三是适时引入配额拍卖分配法。从国际经验看，碳市场建设初期一般采用全部免费分配或绝大部分配额免费分配的方式，随着体系建设的逐渐成熟，为提高配额配置效率，尽早实现碳减排目标，会逐步引入拍卖机制，提高拍卖在配额分配中的比重。例如，欧盟碳市场在2008—2012年的配额拍卖分配比例约为10%，而在2013—2020年该比例提升至57%，其中电力行业完全实行拍卖方式分配。① 我国各试点碳市场目前仍以配额免费分配为主，但上海、深圳、广东、湖北初步建立了配额拍卖机制并根据具体交易情况进行了探索应用，取得了一定效果，但配额拍卖机制在全国碳市场的应用广度和深度仍存在很大的改进空间。为提高配额配置效率，发挥配额拍卖在价格发现、促进市场流通、服务市场交易主体碳资产保值增值的功能，应积极研究和适时引入适合我国特点的配额拍卖分配方法。一方面，结合配额分配方法、配额供求关系、企业控排成本、抵消机制等对拍卖机制的底价设定、准入限制、资金去向披露等进行系统的制度设计，与碳交易市场联动，发挥拍卖机制在优化碳排放资源配置、引导市场价格预期中的作用。另一方面，充分借鉴国际碳市场的成功经

---

① 全国能源信息平台．碳交易手册：市场篇，2021.

验，逐步建立拍卖专项基金，确定资金预算并公布用途，引导和稳定预期，从而带动减排投资。

4. 加快建立科学合理的数据监测、报告与核查制度

碳排放数据是碳配额分配和交易实现的基础，一方面为碳交易主管部门科学决策和有效监管提供可靠的数据支撑，为配额分配提供保障；另一方面能够督促企业结合自身碳排放情况采取相应减排措施，进行有效的碳资产管理。科学合理的碳排放数据监测、报告和核查体系（MRV 体系），是降低信息不对称，确保碳市场发挥价格机制引导资源有效分配的先决条件和重要保证。

碳市场涉及的行业、企业众多，各类企业由于发展程度、管理意识和管理水平等方面的差异，导致对基础数据的收集、整理和存档水平良莠不齐，数据缺乏统一性、完整性和真实性，亟须构建一个完整的温室气体排放 MRV 体系以保障碳市场建设。目前各试点碳市场在借鉴欧盟做法的基础上，建立了相应的 MRV 体系，总体思路和操作流程相近，在具体规则和标准方面略有差异。我国碳市场 MRV 体系建设近年来虽持续推进，但也面临法律制度支撑薄弱、相关技术指南和标准亟待完善、第三方核查机构能力有待提升等问题。

构建科学合理的碳排放数据监测、报告与核查制度，可以重点从以下几个方面着手：

一是加快推进 MRV 制度体系建设。尽快出台《全国碳排放权交易管理条例》，以条例形式确立碳排放数据监测、报告与核查制度，明确各方主体责任。探索制定《企业碳排放报告管理办法》《第三方核查机构管理办法》等配套细则，明确保障 MRV 运行的管理体系、主体责任、工作流程和具体要求，并将其制度化。构建完善数据监测、报告和核查三个环节各自的技术标准和指南，搭建细化到企业内部的设施、工序、产品层级的数据监测体系，对已发布的重点行业核算和报告指南进一步完善。加强 MRV 体系与配额管理制度之间的匹配与衔接，确保采集数据能够为配额分配提供依据。全面评估现有碳排放数据管理情况，结合国家减排目

标和企业碳排放配额管理要求，对相关法律法规和统计体系提出针对性的改进建议。

二是强化国家统一数据报送系统建设。推进国家统一数据报送系统建设并持续完善。报送系统建设应充分考虑将技术语言转为客户语言，将相关规则、指南和技术标准等转化为易于理解、操作友好的界面和表格，降低数据处理的技术门槛，同时规避操作人主观判断导致的执行偏差。报送系统设计要充分考虑实际操作的可行性，MRV 规则、指南和标准要与实际工作需求相匹配，确保系统为用户理解和应用。此外，数据报送系统要紧密结合碳市场相关规则和标准的变化，进行相应的动态调整和完善。

三是强化第三方核查机构监管。坚持严格规范的第三方核查机构管理制度，确保第三方机构的专业技术能力和职业操守，采取公开招标、政府委托、财政保障的办法组织核查工作，确保第三方核查机构的独立、客观、公正。探索建立第三方核查机构的行业自律组织，加强第三方核查队伍的培育力度，研究制定核查员注册和评级制度，定期开展核查业务的交流与研讨，组织开展核查员业务培训及技能评级，持续提升第三方核查机构的专业力量。

四是建立动态调整优化机制。全国碳市场建设是一个长期的、动态变化的过程，随着产业结构和企业生产力的持续优化，MRV 体系也应进行相应的优化调整。建议尽快搭建 MRV 体系的定期评估机制，设立专项评估小组，对 MRV 体系运行状况、存在的问题等进行跟踪监测，对相关法规制度、技术指南和标准、组织实施、工作流程、第三方核查机构管理等进行全方位评估，评价 MRV 体系的实施效果，对不足之处提出改进建议，为合理的配额管理提供依据。结合评估结果，召集相关主管部门、报送企业、第三方机构等参与评估工作会，为各方提供交流平台的同时，推动评估改进建议的反馈落实。

5. 探索引入碳税制度为全国碳市场提供有益补充

碳排放权交易和碳税是目前各国常见的两种碳减排的重要政策工

具。碳排放权交易是指企业二氧化碳排放额度的分类和交易，碳税则是对二氧化碳等温室气体排放征税。通过税收手段，碳税可以将二氧化碳排放导致的环境成本转化为生产经营成本。据世界银行统计，截至2020年6月，已有超过30个国家和地区实施碳税政策，范围横跨各大洲的发达国家和发展中国家，覆盖二氧化碳排放总量达300亿吨。

在应对气候变化的各种环境政策工具中，碳税被认为是最有效的经济手段之一。碳税具有见效快、实施成本低、税率稳定、有利于收入再分配等优势，但也存在碳排放总量控制力度不足、无法解决全球碳减排等问题。与此相对，碳排放权交易则具有减排效果确定、相对完善的价格发现机制、促进跨境减排协调、提高市场流动性等优势，但面临设计难度大、运行成本高等困难。将两种制度结合起来，双管齐下，可以进一步提高政策效力。

一是与现有交易制度联动，逐步推进碳税制度。全国碳市场先期仅纳入电力行业，行业覆盖范围相对有限，随着后续碳市场的运营成熟，覆盖行业将逐步扩大，但小微企业仍在碳市场覆盖范围之外。考虑到全国碳市场运行存在的碳泄露问题以及形成全社会共同减排的良好局面，在碳交易制度基础上，可对碳交易体系无法调控的碳排放和企业征收一定税率水平的碳税。碳税政策更适用于管控小微排放端，碳排放权交易体系则适用于管控排放量较大的企业或行业。这两种政策的结合使用，可对覆盖范围、价格机制等起到良好的互补作用。

二是灵活选择征税对象，差异化设置税率。考虑到我国碳交易市场已先行建立，为避免对同一排放源或企业同时实施碳交易和碳税政策，造成企业负担过重，应明确碳税的征收范围是碳交易体系覆盖范围之外的碳排放源或企业。同时，基于不同地区经济发展水平、产业结构、生产成本、碳减排技术等方面的差异，在税率设置上不应采用“一刀切”模式，而应结合各地发展特征设置相应的差异化碳税税率。

三是逐步减少税收优惠，规范企业碳排放行为。考虑到我国社会经济的发展阶段，为了能够对纳税人碳排放行为形成一定影响，同时避免对现阶段能源密集型行业形成过大冲击，保护相关产业在国际上的竞争力，碳税应选择从较低的税率水平起步，初期可考虑建立完善的减免和返还机制，待碳市场发展日渐成熟再逐步削减补偿力度，进行动态调整。

四是建立完善碳交易与碳税政策间的协调机制。受供求关系影响，碳交易市场确定的碳价格存在波动性，与碳税相对确定的税率可能存在较大差距，进而导致不同调控政策下的企业存在负担不公平的问题。对此，需要搭建碳交易和碳税两种制度间的协调机制，构建相对公平的碳减排成本政策环境，实现两种制度在调控力度上的大体一致。一方面，要结合碳市场逐步完善碳排放权配额的分配，通过拍卖使企业有偿获得配额；另一方面，碳税税率的制定要充分结合企业配额拍卖价格和碳市场交易价格，通过建立动态调整的碳税税率制度来协调与碳交易体系之间的负担关系。

（二）加快推进全国市场体系建设

1. 合理构建碳定价机制

稳定、有效的碳排放权价格能够全面、客观、及时地反映碳排放权交易的相关信息，包括碳排放权的供求状况、交易双方的真实意愿、交易风险等，有效的价格信号能够引导资金在交易市场中高效、合理地流动，进而实现低成本减排的目标。如果碳价过高，短期内不利于社会经济和相关产业发展，但价格过低又无法激励企业导致减排效果不理想。从目前各地试点碳市场的经验来看，以履约为目的的集中交易造成市场流动性受限，难以形成稳定、清晰的价格信号，无法形成有利于反映减排目标、能够对各种政策做出灵活反应的价格信号。此外，受限于政策要求，试点碳市场大多只有现货交易，普遍缺少必要的风险管理工具，造成市场有效性不足，影响价格发现功能。碳价格是碳市场有效运行的基础，应尽早建立合理的碳定价机制，推动企业以更积极的态度进行低碳转型，改进生产工艺和能源结构，尽早实现减排目标，同时也可吸引更多社会资本进入碳市场，提升市场交易的活跃度。

一是探索引入多样化交易方式。受法律监管的限制，现有试点交易所均以场外非标准化商品的模式挂牌交易，不允许集合竞价，在开盘的短暂时间内存在通过对敲大量交易等方式操纵价格的风险。建议主管部门和证监会等部委在充分论证可行性的基础上，适时引入竞价机制，采取自由报价、撮合成交的交易方式，按照价格优先、时间优先的原则撮合成交，并适当引入做市商机制和适当的投资人制度以允许机构和个人参与市场，提升交易效率、促进价格发现。

二是持续丰富碳市场交易品种。在碳现货交易基础上，探索碳期货、碳期权等衍生品交易。衍生品具有套期保值、风险转移的功能，市场参与者可以通过衍生品有效规避碳排放权价格波动带来的风险。同时，多元化的碳衍生品也有利于吸引更多投资者开展交易。随着市场参与者结构的优化和交易量的拓展，将进一步提升衍生品市场对标的物的定价效率和精准度。

三是鼓励企业利用碳定价进行风险管理。全国碳市场逐步建立适应市场需求的碳管理模式，满足不同交易主体的需求，如集团化专业管理、长期风险管理等。支持企业利用内部碳定价管理长期气候风险及将投资决策与气候目标有机结合；支持金融机构使用内部碳定价进行气候相关风险管理，鼓励银行机构使用碳定价方法进行贷款审批和评估投资组合的碳足迹，主要参数包括碳定价、气候风险、气候政策等。

四是探索碳价机制的国际合作。通过碳价机制的国际合作，可降低实施减排行动的成本并吸引各方资源聚集。加强国际航空、航海领域"行业减排"规则的研究，引导相关领域碳价机制建设；探索与日本、韩国等区域碳市场碳价机制的合作与联动；加强对未来全球碳价机制、碳市场发展趋势和管理机制的研究和参与，为后续我国扩大参与国际碳市场积累经验。

五是提高公众低碳节能意识。从国际碳定价机制的推行经验来看，公众对于碳定价机制的接受度将极大影响碳定价机制的推行、实施及减排作用的有效发挥。应加大低碳生活、低碳发展等新理念的普及力度，鼓励低碳出行、低碳消费等绿色低碳的生活方式，形成全社会共同参与气候治理的良好氛围，为碳定价机制及其他低碳转型政策的推行奠定基础。

2. 审慎对待碳抵消机制

抵消机制是指允许企业使用一定量的减排指标完成其配额提交义务的一种灵活机制，能够降低覆盖企业的履约成本；其也可以是一种调节市场价格的柔性机制，避免政府直接干预市场的不良影响；抵消机制还可以激励未覆盖部门实施减排行动，降低社会总体减排成本。[①] 抵消比例的大小直接关系到企业的减排成本和企业的减排积极性。从国际碳实践及上海、广州等地的碳试点经验来看，自愿减排量的成交价格整体上低于配额价格。如果抵消比例过大，抵消机制限制过松，企业会倾向于购买 CCER 以抵消其超额排放部分，降低减排积极性，过低的自愿减排成交价格也会对碳交易体系内的碳配额价格造成冲击；如果抵消比例过小，抵消机制限制过严，企业不得不购买价格更高的碳排放配额或增加减排投入，会对企业造成较大压力，尤其对高碳排放、能源密集型行业企业的冲击更大。

综上，过松或过严的碳市场抵消机制都会对碳市场发展造成不利影响，应以审慎的态度对待抵消机制，在均衡考虑各项因素的前提下制定合理的碳抵消机制和抵消比例。在给抵消机制留出空间的同时，避免过于宽松的抵消机制对碳排放权市场带来的不利影响，确保碳抵消项目在减少温室气体排放源或同等增加温室气体吸收汇方面真正发挥作用，实现温室气体绝对量的减少。

一是尽早修订和发布碳抵消机制相关政策。为规范项目减排活动和碳排放权交易，国家发改委于 2012 年颁布了《温室气体自愿减排交易管理暂行办法》（下称“办法”）。彼时国内试点市场尚未正式启动，暂行办法更多体现了项目开发商的意志，未充分考虑 CCER 泛滥后对配额价格的冲击。2017 年，为进一步完善和规范温室气体自愿减排交易，国家发改委宣布暂停有关 CCER 方法学、项目、减排量、审定与核证机构、交易机构

① 王信智．我国碳排放权交易机制研究[D]．天津：天津科技大学，2019.

的备案和签发工作，组织相关部门对办法进行修订。为完善我国温室气体自愿减排交易体系，应结合国内外最新形势尽快修订相关管理规范，尽早出台全国碳市场体系下抵消机制的详细规则，明确抵消机制的使用条件，包括对可用于抵消的信用类型、项目种类、签发时间、地域范围、温室气体范围、抵消比例、减排量核查与核证等进行明确的规定，尽早推动CCER交易重启。

二是建立CCER交易信息披露制度。CCER市场在以往运行过程中存在供需不平衡、交易不透明、等量不同质等问题，为规范各市场主体的交易行为，保障CCER市场平稳有序运行，应尽早研究制定CCER交易信息披露制度，定期公布CCER交易量、成交价格、履约百分比等信息，对公开时间、公开形式、公开内容及信息发布渠道等做出明确规定，提高CCER市场交易信息的透明度，为企业参与交易及制定履约策略提供参考和指导。同时，提升交易信息的透明度也能有效减少中介机构利用信息不对称牟取暴利的空间。

三是加强CCER基础设施建设。强化CCER基础设施建设，为适时纳入全国碳排放权交易系统奠定良好基础。进一步完善CCER注册登记系统功能，提升不同层级部门对系统运维管理的能力，以满足全国碳排放权交易体系的交易和履约需求。明确CCER注册登记系统与其他相关平台的对接机制，包括全国碳排放权注册登记系统、碳排放权交易系统、清洁结算系统，以及国际航空碳抵消和减排机制（CORSIA）登记系统等，尽早开展各系统间的链接、压力测试和试运行工作。

四是优先支持优质CCER入市交易。CCER交易既是碳排放权配额交易的重要补充，有利于形成强制减排与自愿减排市场有机结合的全国统一碳市场体系，也是提升全国碳市场流动性和活跃度，盘活碳资产的重要途径。CCER相关工作重启后，应优先支持将具有生态、社会等多种效益的可再生能源、农村沼气、林业碳汇等优质CCER项目入市交易，发挥碳市场在生态建设、修复和保护中的补偿作用；率先在大型会议、文体活动中试点碳中和，鼓励重点行业和企业制定碳中和方案，同时扩大宣传，向社会推广碳中和理念和实践，形成政府引导、市场化运作、社会公众广泛参与、可持续的自愿碳市场。

3. 设置碳市场调节机制

碳排放交易体系中的价格调节机制是指，规定碳排放配额交易价格的上下限，并在价格达到上下限时，允许主管部门通过一定方式对市场进行干预，减小市场价格的波动。价格上下限是一种风险管理工具，可以有效降低碳排放交易给政府、市场参与者、社会经济发展带来的风险。[①] 上限有利于防止配额成本过高，过度影响经济发展；下限有利于向企业提供合理的价格信号，保证企业进行低碳投资的积极性，在减排成本较低时更多地减排。

在碳市场交易体系中，除基础的法律制度体系、监管规则、定价机制、抵消机制外，市场调节机制也是减小碳市场波动的重要保障措施。市场调节机制是指碳交易主管部门通过向市场投放（卖出）和回购（买入）配额等方式调节碳市场供需关系的行为。北京、湖北、福建等试点地区在市场调节机制方面均出台过专项文件，但由于碳交易规模较小、市场整体走势相对平稳，价格波动未触发碳市场调节机制，使得各地虽出台了相关政策但实际并未落实。随着全国碳市场的建立，碳排放权交易量将大幅增长，为保证全国碳市场体系的健康发展，参考国外及国内试点碳排放权交易体系在市场监管方面的经验，全国碳排放权交易体系应探索设立相应的市场调节机制。由全国碳交易主管部门负责建立市场调节机制，在配额价格波动较大时，采取配额投放或回购、设置拍卖最高最低价、调整抵消机制等方式对价格进行调控，以维持碳市场交易的平稳运行。

一是发挥政府主导的宏观调控作用。为防范市场急剧波动带来的风险，应将碳价维持在合理范围内。当配额市场价格超过上限时，政府向市场投放一定比例的配额，以缓解市场供不应求状态，防止配额价格过高；当市场价格低于下限时，政府可通过回购配额或收紧配额发放的方式，减

---

① 王信智．我国碳排放权交易机制研究[D]. 天津：天津科技大学，2019.

少市场可交易的配额量，通过收紧供应的方式帮助配额价格回升至合理区间。通过政府"看得见"的手对配额价格进行合理调控，减少价格大幅波动带来的市场风险。

二是设置拍卖最高价格和保留价格。事先设定拍卖最高价和最低价，当配额拍卖的成交价格高于事先规定的最高价格时，应追加配额拍卖的数量以稳定价格；当拍卖成交价格过低时，应减少拍卖配额数量，例如将配额暂时保留在主管部门的账户中，在未来达到既定条件时重新进入拍卖市场，设置拍卖保留价格是为了避免碳市场各方参与者共谋导致拍卖价格过低。与政府"有形的手"相比，在拍卖环节实施价格控制更简单，成本更低，也利于发挥"无形的手"在市场调控中的主导作用。

三是结合市场变化灵活调整抵消机制。主管部门可结合市场实际情况适时调整抵消机制规则，实现调整市场价格的目的。配额市场价格过高时，提高抵消信用额在遵约配额中的比例，从而实际上提高体系的排放上限，增加市场上指标的供给，降低市场价格；配额市场价格过低时，降低企业可以使用抵消信用额的比例，从而实际上降低体系的排放上限，减少市场上指标的供给，提高市场价格。

（三）稳步推进全国性碳市场建设

1. 加快制定全国碳市场发展总体计划

早在 2011 年，国家发改委下发《关于开展碳排放权交易试点工作的通知》，批准 7 个省市开展碳排放权交易试点工作。经过两年多的筹备，2013—2014 年 7 个区域碳交易试点陆续启动。2016 年，国家发改委发布《关于切实做好全国碳排放权交易市场启动重点工作的通知》，明确了全国碳市场第一阶段的八大重点排放行业，并组织上述行业年综合能耗 1 万吨标准煤以上的企业报告 2013—2015 年的碳排放历史数据并进行第三方核查，为全国碳市场的配额分配、制度研究等奠定了可靠的一手数据基础。2017 年，国家发改委印发《全国碳排放权交易市场建设方案（发电行业）》，明确提出 2017—2020 年全国碳市场启动工作安排的路线图，但截至 2019 年 9 月除重点企业碳排放数据报告、核查工作常态化外，全国碳市场建设的部分工作推进未达预期。2020 年 9 月“30 · 60”目标提出后，全国碳市场建设加速推进，并于 2021 年 7 月启动了全国碳市场上线交易。

全国碳市场建设是一个系统性、长期性的工作，需要制定一个清晰涵盖近期、中期和远期的路线图，围绕碳达峰、碳中和目标，分步骤、分阶段推进全国碳市场建设，明确各方预期，提高市场参与的积极性。

第一阶段为政策完善期。这一阶段的重点在于建立并实施与全国碳市场相适应的法律法规和制度体系，并在碳市场运行和实践中检验相关制度是否存在重大缺陷，总结不足之处并持续优化相关制度体系保障；同时，对碳交易的基础设施稳定性、市场交易的活跃度及交易主体的参与度等进行检验，并总结存在问题的原因；此外，随着市场运行逐渐步入正轨，纳入行业从初期的发电行业逐渐扩展至其他行业，在现货交易基础上探索启动论证和探索碳金融衍生品上市的相关可行性条件。

第二阶段是高速发展期。这一阶段是兑现碳达峰目标的关键时期，是从相对减排到绝对减排的转折期。全国碳市场从相对量过渡到总量控制，总量目标与各省碳达峰的目标进行有效衔接，各地区、各行业可通过全国碳市场优化碳配额资源配置，降低控排成本。全国碳市场价格发现功能得到充分发挥，控排企业可依托碳价信号规避价格波动风险，提高配额交易意愿，形成活跃的市场氛围，真正降低碳达峰目标实现的全社会成本。此外，碳交易品种逐步从现货扩展至期货、期权等衍生品，交易主体拓展至控排企业、金融机构、个人投资者等，交易品种和市场参与主体持续丰富和多元。

第三阶段是运行成熟期。这一阶段全国碳市场的中心任务是强化总量控制，配额供给持续收紧，碳价形成稳定上升趋势，推动碳达峰目标实现后碳排放总量尽快实现从平台期的“稳”转向下行期的“降”。通过收缩配额总量、利用碳价信号驱动控排企业重视低碳技术革新，为我国低碳转型提供长期动力。随着碳市场的长期运营发展，这一阶段全国碳市场规范化程度和国际影响力持续提升，开始探索与国际相关区域和国家探讨碳交易机制对接的可行性和方案,国际交流与合作更频繁和紧密。从碳达峰到碳中和,由于时间跨度较长,暂时难以描绘清晰的路线,可在前两个阶段建设和运行的基础上进一步细化。

2. 逐步扩大行业范围和交易主体范围

随着全国碳市场运行的逐步完善和成熟,市场的覆盖范围将逐步由发电行业扩大至其他对推进碳减排影响突出的高污染、高能耗的行业,交易主体范围也将由控排企业逐步扩大至金融机构和个人投资者,碳交易市场的流动性和活跃度进一步提升。随着行业覆盖范围和交易主体范围的持续扩大,碳定价机制将越来越多地纳入企业的投资决策和生产经营决策中。

一是逐步扩大行业覆盖范围。以发电行业为突破口,分阶段、有步骤地逐步扩大碳市场行业覆盖范围,最终覆盖发电、石化、化工、建材、钢铁、有色金属、造纸和国内民用航空八个高耗能行业,实现全国碳市场的平稳有效运行和健康持续发展。在纳入更多行业的同时,要加强与相关行业改革的统筹规划、协同推进,依托碳市场发展机遇,引入市场机制,进一步深化能源、电力等市场改革。提前做好将其他行业纳入碳市场的相关准备工作,可先进行碳排放及配额相关数据收集,评估扩大纳入范围的成本和技术难度,对数据基础相对薄弱的行业企业要求其先尽快开展碳盘查和碳核算,夯实碳管理的基础,为全国碳市场扩大行业覆盖范围创造条件。

二是持续扩大交易主体范围。开放多元的碳排放交易参与主体意味着更丰富的碳市场需求、更充足的碳减排资金,对于提升市场交易活跃度、有效化解分散风险等具有积极的作用。生态环境部等五部门印发的《关于促进应对气候变化投融资的指导意见》提出“逐步扩大交易主体范围,适时增加符合交易规则的投资机构和个人参与碳排放权交易”。要尽快研究制定相关标准,明确投资机构和个人进入全国碳市场的准入条件,要逐步扩大交易主体范围以提升市场覆盖面、流动性和有效性。适时增加符合交易规则的投资机构,包括碳资产公司、碳资产投资公司、银行、券商等金融领域成熟机构，待市场运行相对成熟完善后再逐步引入个人投资者及境外机构，不断丰富和优化交易主体结构。

3. 加快创新助力多层次产品体系构建

从发达国家的经验看，欧盟建立了全球闻名的碳交易市场，各成员国在碳排放交易、绿色信贷、碳基金等碳金融领域的发展也较为迅速。欧盟碳期货交易量占其碳市场交易总规模的 80%以上，为欧盟碳市场提供了充足的流动性。[①] 金融机构和私人投资者的参与，使得碳市场容量不断扩大，流动性持续加强，市场更加透明，进而吸引更多企业和金融机构参与，这种相互促进作用既深化了碳交易市场，又提高了金融产业的竞争力。国内一些碳试点虽然推出了碳基金、碳质押、碳回购、碳远期等碳金融工具，但未形成规模化和市场化，尚未建立起真正意义上且具有金融属性的多层次碳市场产品体系。

全国碳市场应在借鉴现有试点经验的基础上，积极对标和对接国际市场，要利用上海国际金融中心的要素优势和政策优势，构建开放、创新的金融环境，在符合政策和金融安全前提下，进一步推动碳交易的金融产品化。根据全国碳市场的成熟程度，分阶段、分步骤推进全国碳市场交易产品发展。在实现碳现货市场良性发展的基础上，持续丰富现货产品类型和结构，增强现货市场金融属性，逐步推出远期、延期交收等产品，并进一步分阶段、有序发展碳衍生品市场。最终形成场外和场内市场、非标准化衍生品和标准化衍生品市场、现货市场和衍生品市场有机结合的多层次、多渠道、多维度的全国碳市场产品体系。

一是完善碳现货产品体系。现货市场是衍生品市场的基础，现货市场的交易产品、交易规则、交易主体等对未来衍生品市场发展具有重要影响。在全国碳市场启动初期，以建立健全现货市场交易制度、发展现货交易品种、夯实现货交易基础为主。在全国碳配额的基础上，尽快规划CCER（国家核证自愿减排量）、PHCER（碳普惠核证自愿减排量）等品

---

① 全国能源信息平台．碳交易手册：市场篇，2021.

种，打通强制减排市场、自愿减排市场和碳普惠市场，加快构建完整的全国碳市场现货产品体系。尽早修订《温室气体自愿减排交易管理暂行办法》，完善涉及项目全生命周期及各流程管理的配套细则，尽早重启CCER项目和减排量的备案工作，为将CCER纳入全国排放权交易体系奠定基础。同时，借鉴广东试点市场的发展经验，探索将PHCER纳入碳排放权交易市场，将自愿参与实施的减少温室气体排放（如节水、节电、公交出行等）和增加绿色碳汇等低碳行为产生的减排量纳入交易。通过社会广泛参与，强化全民低碳意识，促进温室气体减排及增加碳汇。建立健全现货市场的信息披露机制，提升现货市场的流动性，为碳衍生品市场的建立奠定基础。

二是推动碳衍生品创新。以全国碳排放权交易市场建设为契机，依托上海国际金融中心优势，支持全国碳交易市场的金融化探索，以建设国际碳金融中心为目标，进一步提升市场流动性和价格发现能力。第一，有序推进与碳现货市场相对应的碳质押（抵押）、碳租借（借碳）、碳回购、碳托管等基础碳金融工具，为控排企业解决融资问题，提高全国碳市场流动性。例如，加快推出标准化碳质押业务，为企业短期融资提供强有力的增信工具。第二，积极探索并上线碳远期、碳掉期、碳互换等非标衍生品交易，为交易主体提供多样化风险管理工具。第三，加快研究碳期货、碳期权等标准化衍生品，在初期开展现货交易的同时探索期货期权合约交易，逐步由以项目为主的交易向以标准化合约为主的交易过渡，充分发挥期货市场价格发现和风险管理能力。第四，支持碳基金、碳债券、碳保险、碳信托、碳资产支持证券等金融创新，充分发挥碳排放权融资功能，吸引更多资本投入一级和二级碳市场，满足交易主体多元化融资需求。第五，适时发布全国碳市场价格指数，用于增加企业项目的评价投资；积极探索与中证指数公司等的合作，共同开发相关指数产品，推进形成多层次碳市场和打造有国际影响力的碳市场定价中心。第六，鼓励建立气候投融资基金，引导国际国内资金更好地投向应对气候变化领域，打造全球绿色金融资产配置中心。

全国性碳市场的发展壮大需要以现货市场交易量为基础，衍生品市场的活跃度为重要支撑。然而现阶段全国碳市场尚处于发展初期，现货市场流动性较低，产业链有待完善，全国现货交易所能否获取期货牌照也尚未可知，当前开展期货产品交易存在市场条件和政策条件方面的限制。但从市场需求来看，履约实体和贸易交易商存在较多的远期交易需求，全国碳市场的发展离不开远期交易品种的支撑。在全国碳交易所尚未成熟，期货牌照暂时无法获取的情况下，可探索与现有能源类期交所的合作，上线碳期货品种。一方面，作为能源类相关衍生品，碳排放权的客户类型与能源类期货相近，有利于客户发现；另一方面，能源类商品与碳关系密切，相互间定价易受到影响，将碳期货交易集中在能源类期交所有利于客户开展风险对冲和套利套保等交易。

4. 积极推进基础设施和专业能力建设

全国碳排放权交易市场基础设施建设和专业人才队伍建设是保障碳排放权交易业务顺利开展和市场高效运转的基础。

一是强化基础设施建设。碳排放权交易整体流程较长、涉及主体较多，过程中需防范信用风险、对手方风险等各类风险，完善的基础设施建设为全国碳市场平稳、健康、高效、有序运行提供了核心支撑。碳市场基础设施主要包括注册登记系统、交易系统和排放报告系统三个方面，涉及账户的设立、登记、交易、清算、结算、报告，以及市场流动性管理、干预、监控、监管等各个层面，同时也是跨机构、跨市场、跨地域甚至未来跨国界开展碳交易的主要通道。根据全国碳市场建设的总体安排，全国碳排放权交易市场建设采用了创新型的"双城"模式，交易中心和注册登记系统分设两地，其中交易中心落地上海，碳配额登记系统设在湖北武汉。目前，基本完成两个支撑系统基础功能的建设，初步建立了适合全国碳市场现阶段发展需求的基础设施体系，但离多层次、国际化还有一定差距。

未来随着全国碳市场交易品种的丰富、碳金融业务多元化的发展、跨境业务的推出、多样化市场的融合，势必对基础建设提出新的更高要求，建议从以下几个方面进一步夯实基础设施建设。首先，充分运用大数据、人工智能、云计算等数字技术，全面提高报送系统数据采集及交易系统与注册登记系统之间的信息流转、科技监管、风险监控等能力，实现全流程智能化、科技化。其次，推动交易系统的标准化、产品化，提高国际化水平，支撑多层次碳市场体系建设，目前交易系统满足竞价交易、协议转让、有偿竞买等主要交易模式，随着系统运行的逐渐成熟，未来可考虑向碳交易、CCER、用能权、排污权市场等多市场、多品种、多交易模式灵活扩展。最后，以区块链为基础，将碳资产上链，利用区块链技术的不可篡改和可追溯特性，确保碳资产所有相关数据上链后的唯一性、不可篡改、永久保存。充分运用区块链技术，将全国碳市场基础设施与金融市场基础设施打通，与金融市场承担不同角色的金融机构建立联盟链，全面打通绿色产融链，助力国家碳达峰和碳中和远景目标的实现。

二是加快专业能力提升。目前，全国碳市场由于管理人才、专业人才不足，导致碳市场发展受限，建议从以下几个方面着力加强专业能力建设。第一，提升碳市场人才培养支持力度。加强对碳市场专业能力建设的统筹和指导，调动和依托多方力量加大对从业人员能力建设经费的投入，为专业能力的提升提供持续、系统的支持。第二，结合不同主体需求完善培训方案。围绕政府管理人员、企业管理人员、企业技术人员、第三方核查机构等不同主体的培训需求，对现有培训体系进行优化调整，各培训机构应针对不同岗位设置针对性的培训内容，如针对核查及数据管理岗位的学员偏重于讲授各种行业温室气体减排措施、针对碳管理及决策层级的人员偏重于讲授数据和信息质量管理等；探索搭建碳排放报告及核查相关的专业知识网站和在线学习平台，系统整合碳交易专业知识体系和课程、权威教材、政策解读、实操案例等相关信息，打通碳市场专业信息获取渠道。第三，校企合作搭建多层次人才培养体系。支持高校尽快设立碳金融、碳资产管理等相关专业，加大对碳监测、碳核查、碳交易、碳会计、碳审计、碳信贷等方面人才的培养；支持学校、企业、政府三方通过共建实验室等方式加强对碳交易市场的研究，为碳市场提供人才储备；支持交易所自主开班培训、政府机构定制课程、大型企业定制培训课程，以及宣讲会和研讨会等多样化培训形式，扩大受众群体范围。第四，搭建人才数据平台和管理体系。采用执业资格考试和注册制的方式遴选碳市场领域专家，以贴近实际业务操作为基础，科学设置考试题库和严谨的考试流程，提高资格证书含金量；建议生态环境部气候变化司组织协调建立全国统一的碳市场人才管理数据库，为碳人才、机构间的交流合作提供平台。

（四）建立碳市场风险识别和防范机制

碳排放权交易有利于通过市场机制合理高效配置碳排放权资源，是实现低成本减排、促进经济低碳转型的重要举措。然而碳市场作为政策性的新兴市场，存在参与主体多元、利益关系复杂、信息不对称等问题，极易面临政策风险、金融风险、法律风险、操作风险等多重风险。加之我国碳排放权交易市场起步较晚，在监管方面存在监管法律法规不完善、缺乏统一协调的监管机制、忽视事中和事后监管、外部监管难以有效发挥等诸多问题。后续随着全国碳市场建设的逐步推进，市场覆盖范围、交易品种、交易主体将更加复杂和多元，亟须建立和完善碳市场监管机制以保证碳排放权交易的正常运行和减排目标的实现。

1. 统一市场监管，建立监管协同机制

搭建完善的跨市场协同监管体系对于统一市场监管、推动碳市场健康发展具有重要意义。一方面，完善的跨市场协同监管体系，可通过适当的信息共享机制与有效的监管合作，及时发现跨市场的操纵与欺诈等行为，避免金融风险事件的发生，进而起到保护投资者与促进市场稳步发展的作用。另一方面，合理设计的跨市场协同监管体系有利于提高监管效率、降低监管成本和减少监管冲突。

一是明确权责划分，落实主体责任。从欧盟碳市场的监管经验来看，欧盟建立了欧盟委员会、成员国监管机构和多部门分工协调的层级明确的市场监管架构。建议全国碳市场构建由生态环境部统一监管，各相关部门协调配合的监管体系，按照权责一致原则，厘清各监管部门边界和主体权责。生态环境部是全国碳排放管理和交易工作的主管部门，负责对主体范围、配额分配、碳排放报告与核查等碳排放管理和交易工作进行综合协调、组织实施和监督管理，对交易机构和登记结算机构制定的相关业务规则进行审核，对企业参与碳交易涉及的相关流程进行总体把关，并明确相应的惩罚措施。国家金融主管部门主要负责制定相关碳金融管理制度，对参与碳交易的金融机构进行风险监测，包括对金融机构增加碳风险评价，要求金融机构将环境与社会风险合规要求纳入投融资全流程管理，测算项目的碳排放量，评估项目的气候、环境风险，定期评价银行绿色信贷情况和金融机构开展绿色信贷、绿色债券的业绩等，并对碳金融产品及创新业务进行监管。碳排放权交易机构负责对配额交易进行监管，对会员及客户等交易参与方进行监督管理，同时负责信息的发布，每周公开各类交易者持仓情况，并每日向监管部门提供所有交易者持仓情况。碳排放权注册登记机构根据交易系统提交的成交记录办理配额和资金的结算，构建完善的技术系统和应急响应程序，对全国碳排放权结算业务实施风险防范和控制，并与交易机构建立管理协调机制，确保数据信息及时、准确、安全。碳排放权核查机构负责对企业的排放行为进行核查并将核查报告提交生态环境部，同时核查机构需在政府部门备案并接受政府部门的监管。重点排放企业通过交易系统进行配额交易，负责提交碳排放报告，通过注册登记系统进行履约清缴，接受政府委托的第三方机构进行核查，企业应配合核查并提供真实的相关文件和资料。

二是完善信息共享，强化协同监管。碳排放权交易由于涉及的行业范围广、地域跨度大、流程程序复杂，在整个交易过程中保证公平、公正是维护碳交易市场平稳、有序发展的前提。从目前碳市场的信息公开情况来看，各地方市场的信息公开程度存在较大差异，同时存在公开信息过于保守、实质信息内容少、信息集中度不够等问题，亟须构建完善的碳市场信息公开制度。首先，基于各试点市场和非试点区域市场已有的碳排放基础数据，逐步探索建立碳排放报告制度，要求控排企业提供历史碳排放数据，并保证相关数据的真实、可靠，为相关部门获取准确的碳排放量数据提供支撑。其次，各级主管部门应依职权或组织第三方核查机构对控排企业的实际碳排放情况进行调查，通过构建独立客观的核算、报告和核查体系，确保数据的真实性和准确性。建立全国控排企业温室气体排放报告定期公开制度，并依托信息化碳交易注册登记系统，准确记录、跟踪和管理碳排放配额的持有和交易情况，在信息公开的基础上确保市场交易的公平、高效。此外，建立信息披露制度，可参考上市公司的强制披露制度，对碳交易主体、配额分配、交易情况、交易价格、定期评估报告等进行及时披露。

三是推动责任落实，健全问责机制。完善的监管制度需要强有力的执法体系做保障，要推动各方主体责任落实，强化责任追究机制。探索建立全国碳排放信用管理体系，将重点排放企业、交易所、核查机构及其他相关单位从业人员的交易行为记录纳入信用体系，对未按规定完成减排目标，虚报、瞒报、不按时提交核查报告的重点排放企业依法进行处理。结合全国征信系统，建立碳排放“黑名单”制度，营造诚实守信、公平竞争的市场环境。

2. 完善执法体系，加强全生命周期监管

围绕碳排放权交易全流程，强化事前预防、事中事后监管，打造全生命周期监管体系，包括对最大涨跌幅度进行限制，规定单个市场主体的最大碳排放持有量，以及风险预警、异常交易监控等风险防控制度，尽可能降低内幕交易、市场操纵等扰乱市场秩序行为发生的可能性，通过市场化机制减少政府干预，同时充分发挥市场的调节机制，确保市场公平交易。

一是事前预防方面，交易规则应涵盖合理的风险管控措施，包括完善市场准入，在注册登记阶段建立完善的交易主体资格审查制度，管理交易参与者及平台资质，为市场进入设定门槛，在满足交易主体资格条件后，可根据需要对交易主体进行分级管理；同时，建立和完善最大持仓量限制制度、大户报告制度等，避免某些市场主体因拥有过多配额而滥用其市场支配地位扰乱市场秩序行为的发生。

二是事中监管方面，完善对交易过程和交易参与行为的监管，交易过程中应设置严格的风险警示机制和异常交易监控制度，建立系统自动预警和风控人员盯市制度，及早发现交易过程中的违规行为，防止恶意抬压价格等行为的发生，针对违规行为采取有效措施进行处置。

三是事后监管方面，交易所应制定风控制度，并配置相应的风控和合规岗位，应定期对交易所进行交易风险定性定量评估，便于发现交易相关问题并及时改进。

3. 重视审计监管，鼓励企业主动披露

审计具有独立、客观的特征，委托第三方独立的审计机构根据相关国家法律制度、审计规范和行为准则等对重点控排企业在履行碳排放责任方面进行审核和检查，并出具审计报告，是推动全国碳减排目标实现的重要方法和手段。相较于发达国家，我国碳审计领域尚处于探索阶段，碳审计专门性法律法规缺失、碳审计评价体系不健全、碳审计专业人才不足等问题亟须建立和完善。

一是完善碳审计法律依据。加强碳审计相关政策的制定和实施，通过改进立法规范审计行为，确保审计过程充分、真实、有效。改进国家审计准则，独立审计准则和内部审计准则，将相关碳审计指南纳入规则中，明确碳审计证据收集、评估、核算等的责任和处理方法，明确信息披露的范围、频率、程度和载体等。同时，厘清信息披露与保护交易主体商业秘密和个体交易数据保密的界限，平衡市场知情权和个体保密信息间的关系，确保碳审计工作逐步规范化、制度化。

二是加快发展碳会计体系。碳会计是碳审计工作的重点内容，也是提升碳审计工作质量的关键。应加快推进碳会计体系建设，完善碳会计相关法律制度建设，从碳确认、计量、报告、披露等多角度细化规范，为碳会计具体业务开展提供规范化指引。同时，建立专门的监管机构对企业碳会计行为进行约束。探索在重点企业、关键领域进行试点，优先推行碳审计，在此基础上逐步向重点排放行业或企业推广，要求其及时披露碳排放情况并接受碳审计。

三是加快碳审计专业人才培养。加快培养碳审计人才，提高碳审计工作质量。开设专业技能培训课程，提高碳审计人员综合素养和专业技能。采用外聘方式引进能源、环保、生态等领域的专业人才。采用资格认证制，将碳审计工程师、碳评估师和碳计量师等纳入职业技术规范考试中，对考核通过人员给予资格认证。在重点高校开设碳会计、碳审计领域专业课程，并加强在碳排放核算方法、碳排放测算技术等方面的教育，为碳审计储备人才力量。

4. 发挥外部作用，强化行业自律监管

碳排放活动对整个社会都会有相应的影响，涉及经济、社会、生活等方方面面。由于碳排放活动的负外部性，涉及公众利益，因而作为非政府部门的社会组织也是碳交易监管的重要组成部分。要充分发挥非政府组织、独立的社会组织、交易所、行业协会、工会、消费者团体、智囊团、公众舆论和媒体等“自下而上”的监管模式作用，支持各类社会组织发挥社会主体的外部监管作用，通过各自的渠道和方式对碳交易市场上发生的各种行为进行评价、评级、传播，与政府行政监管相互配合补充，提高监管效率。探索建立行业“黑名单”制度，对于不按照相关法规规则开展碳排放交易的参与机构和人员依法予以曝光。此外，对于一些非政府组织发起的碳信息披露项目，邀请大型碳排放企业参加碳信息披露调查，将企业提供的碳信息和数据收集后融入商业和政策的制定决策中。

（五）持续深化国际国内交流与合作

在《巴黎协定》引领的全新全球气候治理格局下，碳市场在减少各国二氧化碳排放、兑现国家自主贡献中继续占据着重要地位。应对气候变化是全球性的问题，要实现《巴黎协定》的目标，全国碳市场要积极与区域和国际碳市场接轨，建立与国际碳市场发展相对应的国际标准，充分发挥全国统一碳市场在控制温室气体排放、降低社会减排总成本中的作用。

1. 加快区域与全国碳市场的协同

目前，上海环境能源交易所与湖北碳排放权交易中心已完成国家碳排放权交易市场交易系统和登记结算系统的建设工作，并正式启动上线交易；北京环境交易所、天津碳排放权交易所、重庆碳排放权交易所、广州碳排放权交易所、深圳碳排放权交易所等试点碳市场，以及四川、福建等地方碳市场，仍按照区域碳排放规划实施。在全国碳市场启动后，有关试点省市、区域碳市场还将持续运行一段时间，在坚持全国碳市场统一运行、统一管理的基础上，推动区域碳市场与全国统一碳市场的顺利对接和平稳过渡。

一是推动区域和全国碳市场制度协同。自 2013 年 7 个试点碳市场和 2 个非试点地方碳市场陆续启动，各区域市场结合自身发展情况，在配额分配、制度研究、机构建设、市场培育、人才培养等方面为全国碳市场建设发展奠定了基础。但现阶段各区域市场之间，区域碳市场与全国碳市场之间存在各自为政的问题，全国碳市场建设应处理好与区域市场政策的衔接、协同及潜在的竞争关系。为实现区域碳市场向全国碳市场的平稳过渡，要密切关注全国双碳政策支持体系，包括金融政策、财税政策、产业结构调整政策、标准制定等方面的变化；鼓励区域碳市场在制度基础、市场要素、工作系统等方面向全国碳市场靠拢，引导区域碳市场妥善处理好温室气体排放核算、配额分配等方面的管理。

二是继续发挥区域市场先行先试作用。在全国碳市场建设初期，存在行业覆盖范围有限、制度体系尚待健全等问题，但全国层面的探索尝试需要耗费大量的时间和成本。为此，可持续深化和保持区域碳市场正常运行，在区域碳市场存续期间，坚持发挥其“试验区”的作用，鼓励地方试点创新，例如，支持地方碳市场适时增加碳市场行业覆盖范围，将更多行业纳入进来；持续优化排放核算标准及配额分配方案，形成在全国可复制、可推广的经验；支持地方自愿减排市场、碳普惠市场发展，为形成全国多层次复合型碳市场格局奠定基础；在碳金融等方面进行先行先试，继续为全国碳市场建设和运行提供有益经验。

三是支持区域市场推动地方双碳目标实现。作为全球最大的发展中国家和碳排放大国，我国要实现“双碳”目标，面临较大的实现压力。“双碳”目标提出后，势必将通过目标任务分解和细化到各级地方政府和各个重点行业，地方和行业间的差异也决定了各地“双碳”目标的实现存在时间差。生态环境部出台的《关于统筹和加强应对气候变化与生态环境部相关工作的指导意见》指出,“支持‘有条件的地方和行业’率先达峰,并支持‘基础较好的地区’探索近零排放与碳中和的路径”。要积极发挥地方碳市场的先行先试作用,支持有条件的地方率先达成“双碳”目标,各地统筹协调共同推进全国“双碳”目标的实现。

2. 推进与国际碳市场的合作交流

与全球的储蓄和投资一样,气候变化投资也具有很强的流动性。应对气候变化是全球性的问题,碳市场发展同样也需要与全球的链接,有利于互通有无、协调全球减排行动,提升我国国际碳定价的影响力和话语权。同时,加强在绿色金融、减排目标节奏、碳减排技术、产品和服务的贸易及投资自由化等领域的国际谈判与合作,构建更深入、更广泛、更稳定的碳减排全球合作和制度框架,打通国际交流合作的通道,推动资金、技术和人才的自由流动,以更低的成本、更高的效率尽快实现全球碳减排的目标。

一是加强国际链接提升碳定价话语权。加强国内碳市场与国际碳市场的链接,进一步扩大市场规模、稳定供求关系,降低过度投机和套利行为发生的可能性,同时逐步提升我国在国际碳市场中的影响力和话语权。依托“一带一路”倡议,积极参与全球环境治理。开展气候投融资项目,帮助沿线国家增强当地应对气候变化能力,为我国先行先试制定“一带一路”绿色体系下碳金融市场的国际规则探路。力争将人民币与碳排放权绑定,推进碳交易人民币计价的国际化进程,建立健全人民币在“一带一路”沿线国家乃至全球碳交易中的贸易、投融资和资本市场循环流通机制,获取国家最大的战略权益。探索借鉴“沪港通”“沪伦通”“中德D股”的做法,研究探讨我国与亚洲碳市场,以及与欧洲碳市场之间的链接问题,加快实现各国碳市场间的互联互通,推动碳价格的逐步趋同。此外,可考虑在中亚欧之间设立专项研究基金,专用于处理跨亚欧交通的碳排放问题,将收入交给基金,支出用于减排或零排放的新交通及其他减排和碳全降方面的应用。

二是加快低碳技术布局和国际市场拓展。要加强与欧盟、日本等先进国家的交流与合作,学习在碳市场管理制度、交易架构、减排技术等方面的先进经验。相较于发达国家，我国目前的低碳技术还存在着不小的差距，要尽早加大低碳技术布局，深化气候治理相关科技成果转化，并积极向国际市场拓展，尽早占据中国低碳技术的国际制高点，避免重复芯片产业的国际被动局面。要尽快提升中国碳核算与低碳技术的国际市场权威度，大力开展气候环境信息的数据库建设，创建碳排放检测数据中心与监测平台、推广绿色智慧城市等。此外，积极探索通过技术升级、政策激励、基金引导、创建重点实验室等方式，撬动产业资本，创新融资工具，开展技术攻关与成果转化，加强与国际市场的合作，鼓励具有竞争力的低碳技术走向国际市场，营造全社会浓厚的、可持续的碳中和技术创新氛围。

三是加强与国外碳专业人才培养的合作与共建。碳交易人才是促进全国碳市场交易活跃的基础，通过加强与先进国家在人才培养等方面的交流与合作，借鉴各国在碳排放监测员、碳排放核算员、碳排放核查员、碳排放交易员、碳排放咨询员，以及在包括碳市场、碳金融及由碳交易衍生的碳核查、碳会计、碳审计、碳资产管理和碳金融衍生的碳信贷、碳保险、碳债券等方面人才培养的经验。支持国内高校加强与海外大学的合作，培养具备国际化视野、专业基础扎实、致力于投身全球气候治理和全球碳市场运行的专业化人才。借鉴较成熟的欧盟碳市场人才培养经验，加大海外碳金融、碳管理优秀人才引进力度。大力支持高校碳金融、碳管理师资队伍建设和人才培养，为全国碳市场发展提供人才支撑。加强与欧盟、美国等智库的通力合作，研发包括碳盈亏、碳平衡表等绿色金融的评价性指标，搭建更多的"绿色金融国际合作项目"典型案例库，夯实全球绿色金融合作网络。

3. 积极参与全球碳市场规则制定

后京都时代的新市场机制是当前国际碳市场发展的重心，同时也面临着巨大挑战。《巴黎协定》第 6 条设立了合作方法和可持续发展机制两种市场机制，但具体的实施细则经过多次谈判尚未达成一致，主要争议包括缺乏稳健的核算规则、不恰当的额外性评估带来的环境完整性风险，以及经济激励下缔约方不积极扩大减排目标覆盖范围、提高减排行动力度的风险。

在短期内，新的国际交易机制仍不明朗，难以形成真正的交易市场。

尽管各国在新的国际交易机制方面意见不一，但谋求碳市场的统一是各国的共同意愿。作为全球控排规模最大的碳市场，我国应积极参与全球碳市场规则制定，加强对未来全球碳价机制、碳市场发展趋势和管理机制等方面的研究，积极参与国际规则制定，在全球碳市场发展中发挥引领作用。积极争取引导国际"行业减排"的碳价机制建设，加强国际航空和航海领域碳排放相关规则的研究，加快与相关领域碳抵消及减排机制的对接，并积极参与相关规则制定。逐步探索建立相关行业机构、服务企业以及专业人才储备，提升我国民航运输业等的绿色高质量发展能力和影响力。同时，密切关注碳边境调节机制(CBAM)动向，在不同国家和利益集团的复杂博弈中，坚持《巴黎协定》确立的长期目标和原则，坚定在国际合作公平竞争中发展，维护发展中国家权益，同时以积极的姿态应对温室气体减排，包括推进低碳行业技术发展、扩大碳定价范围、引入碳泄露机制等完善国内碳交易市场机制，在欧盟CBAM实施条例中创造有利条件，获得更多话语权。

参考文献

[1]庞军. 碳中和目标下对全国碳市场的几点思考[J]. 可持续发展经济导刊，2021(3)：19－21.

[2]胡鞍钢. 中国实现2030年前碳达峰目标及主要途径[J]. 北京工业大学学报(社会科学版)，2021，21(3)：1－15.

[3]陶玉洁，李梦宇，段茂盛.《巴黎协定》下市场机制建设中的风险与对策[J]. 气候变化研究进展，2020，16(1)：117－125.

[4]易兰，贺倩，李朝鹏，杨历. 碳市场建设路径研究：国际经验及对中国的启示[J]. 气候变化研究进展，2019，15(3)：232－245.

[5]王信智. 我国碳排放权交易机制研究[D]. 天津：天津科技大学，2019.

[6]郭建峰，傅一玮. 构建全国统一碳市场定价机制的理论探索：基于区域碳交易试点市场数据的分析[J]. 价格理论与实践，2019(3)：60－64.

[7]邓茂芝，贾辉. 拍卖机制在我国试点碳市场配额分配中的实践及建议[J]. 中

国经贸导刊(中),2019(2):34—36.

[8]孙峥,郭婷珍.加强碳市场监管机制建设 保障碳市场健康有效运行[J].中国经贸导刊(中),2018(29):67—69.

[9]马忠玉,翁智雄.中国碳市场的发展现状、问题及对策[J].环境保护,2018,46(8):31—35.

[10]杜子平,孟琛,刘永宁.我国全面启动碳交易市场面临的机遇与挑战:基于"一带一路"倡议背景[J].财会月刊,2017(34):14—21.

[11]贺城.借鉴欧美碳交易市场的经验,构建我国碳排放权交易体系[J].金融理论与教学,2017(2):98—103.

[12]徐晓玲.碳审计评价体系构建的基本设想[D].太原:山西财经大学,2016.

[13]孙兆东.中国碳金融交易市场的风险及防控[D].吉林:吉林大学,2015.

[14]肖星宏,万春林,邓翔,周璇.欧盟碳排放交易体系及其对我国的启示[J].价格理论与实践,2015(4):101—103.

[15]边晓娟,张跃军.澳大利亚碳排放交易经验及其对中国的启示[J].中国能源,2014,36(8):29—33.

[16]宾晖,范华.上海碳交易试点实践经验及启示[J].中国电力企业管理,2014(9):38—40.

[17]周伟,高岚.欧盟碳排放交易体系及其对广东的启示[J].科技管理研究,2013,33(12):41—44.

[18]陈洁民,李慧东,王雪圣.澳大利亚碳排放交易体系的特色分析及启示[J].生态经济,2013(4):70—74+87.

[19]方游.欧盟碳金融风险防控机制分析[D].吉林:吉林大学,2013.

[20]胡荣,徐岭.浅析美国碳排放权制度及其交易体系[J].内蒙古大学学报(哲学社会科学版),2010,42(3):17—21.

[21]周诚君.大力推动转型金融发展 更好支持"30·60"目标[N].新华财经,2021-03-25.

[22]徐林.实现碳中和,中国需要更系统的激励体系[N].中国财经报,2021-06-22.

[23]刘桂平.关于金融支持碳达峰、碳中和的几点认识[N].中国人民银行.2021-06.

全国碳市场重要政策制度汇编

一、国家层面的碳市场顶层设计文件

1.《碳排放权交易管理暂行条例》(草案修改稿)(环办便函〔2021〕117号)

碳排放权交易管理暂行条例

(草案修改稿)

第一条 【立法目的】为了规范碳排放权交易,加强对温室气体排放的控制和管理,推动实现二氧化碳排放达峰目标和碳中和愿景,促进经济社会发展向绿色低碳转型,推进生态文明建设,制定本条例。

第二条 【适用范围】全国碳排放权交易及相关活动的监督管理,适用本条例。

第三条 【基本原则】全国碳排放权交易及相关活动应当坚持政府引导和市场调节相结合,坚持公开、公平、公正的原则,坚持温室气体排放控制与经济社会发展相适应。

第四条 【职责分工】国务院生态环境主管部门负责制定全国碳排放权交易及相关活动的技术规范,加强对碳排放配额分配、温室气体排放报告与核查的监督管理,会同国务院发展改革、工业和信息化、能源等主管部门对全国碳排放权交易及相关活动进行监督管理和指导。

省级生态环境主管部门负责在本行政区域内组织开展碳排放配额分

配和清缴、温室气体排放报告的核查等相关活动，并进行监督管理。

第五条　【覆盖范围】国务院生态环境主管部门应当会同国务院有关部门，按照国家确定的温室气体排放控制目标，提出全国碳排放权交易覆盖的温室气体种类和行业范围，报国务院批准后施行。

第六条　【登记机构和交易机构】国务院生态环境主管部门提出全国碳排放权注册登记机构和全国碳排放权交易机构组建方案，报国务院批准。

全国碳排放权注册登记机构和全国碳排放权交易机构应当按照本条例和国务院生态环境主管部门的规定，建设全国碳排放权注册登记和交易系统，记录碳排放配额的持有、变更、清缴、注销等信息，提供结算服务，组织开展全国碳排放权集中统一交易。

国务院生态环境主管部门会同国务院市场监督管理部门、中国人民银行和国务院证券监督管理机构、国务院银行业监督管理机构，对全国碳排放权注册登记机构和全国碳排放权交易机构进行监督管理。

第七条　【重点排放单位】国务院生态环境主管部门根据国家确定的温室气体排放控制目标，制定纳入全国碳排放权交易市场的温室气体重点排放单位（以下简称重点排放单位）的确定条件，并向社会公布。

省级生态环境主管部门按照重点排放单位的确定条件，制定本行政区域重点排放单位名录，向国务院生态环境主管部门报告，并向社会公开。

因停业、关闭或者其他原因不再排放温室气体，或者存在其他不符合重点排放单位确定条件情形的，制定名录的省级生态环境主管部门应当及时将相关重点排放单位从重点排放单位名录中移出。

第八条　【配额总量与分配方法确定】国务院生态环境主管部门同国务院有关部门，根据国家温室气体排放总量控制和阶段性目标要求，提出碳排放配额总量和分配方案，报国务院批准后公布。

省级生态环境主管部门应当根据公布的碳排放配额总量和分配方案，向本行政区域的重点排放单位分配规定年度的碳排放配额。

碳排放配额分配包括免费分配和有偿分配两种方式，初期以免费分配为主，根据国家要求适时引入有偿分配，并逐步扩大有偿分配比例。

第九条 【重点排放单位义务】重点排放单位应当控制温室气体排放，如实报告碳排放数据，及时足额清缴碳排放配额，依法公开交易及相关活动信息，并接受设区的市级以上生态环境主管部门的监督管理。

重点排放单位应当根据国务院生态环境主管部门制定的温室气体排放核算与报告技术规范，编制其上一年度的温室气体排放报告，载明排放量，并于每年 3 月 31 日前报其生产经营场所所在地的省级生态环境主管部门。

重点排放单位对温室气体排放报告的真实性、完整性和准确性负责。

温室气体排放报告所涉数据的原始记录和管理台账应当至少保存五年。

第十条 【排放核查】省级生态环境主管部门应当在接到重点排放单位温室气体排放报告之日起三十个工作日内组织核查，并在核查结束之日起七个工作日内向重点排放单位反馈核查结果。核查结果应当作为重点排放单位碳排放配额的清缴依据。

省级生态环境主管部门可以通过政府购买服务的方式，委托技术服务机构开展核查。核查技术服务机构应当对核查结果的真实性、完整性和准确性负责。

第十一条 【异议处理】重点排放单位对核查结果有异议的，可以自收到核查结果之日起七个工作日内，向组织核查的省级生态环境主管部门申请复核；省级生态环境主管部门应当自接到复核申请之日起十个工作日内，作出复核决定。

第十二条 【配额清缴】重点排放单位应当根据其温室气体实际排放量，向分配配额的省级生态环境主管部门及时清缴上一年度的碳排放配额。

重点排放单位的碳排放配额清缴量，应当大于或者等于省级生态环境主管部门核查确认的该单位上一年度温室气体实际排放量。

重点排放单位足额清缴碳排放配额后，配额仍有剩余的，可以结转使用；不能足额清缴的，可以通过在全国碳排放权交易市场购买配额等方式完成清缴。

重点排放单位可以出售其依法取得的碳排放配额。

第十三条 【自愿减排核证】国家鼓励企业事业单位在我国境内实施可再生能源、林业碳汇、甲烷利用等项目，实现温室气体排放的替代、吸附或者减少。

前款所指项目的实施单位，可以申请国务院生态环境主管部门组织对其项目产生的温室气体削减排放量进行核证。经核证属实的温室气体削减排放量，由国务院生态环境主管部门予以登记。

重点排放单位可以购买经过核证并登记的温室气体削减排放量，用于抵销其一定比例的碳排放配额清缴。

温室气体削减排放量的核证和登记具体办法及相关技术规范，由国务院生态环境主管部门制定。

第十四条 【交易产品】全国碳排放权交易市场的交易产品主要是碳排放配额，经国务院批准可以适时增加其他交易产品。

第十五条 【交易主体】全国碳排放权交易市场的主体包括重点排放单位以及符合国家有关交易规则的其他机构和个人。

第十六条 【交易方式】碳排放权交易应当通过全国碳排放权交易系统进行，可以采取协议转让、单向竞价或者其他符合国家有关规定的交易方式。

第十七条 【禁止交易】各级生态环境主管部门、全国碳排放权注册登记机构、全国碳排放权交易机构、核查技术服务机构及其工作人员，不得持有、买卖碳排放配额；已持有碳排放配额的，应当依法予以转让。

第十八条 【交易规则】全国碳排放权交易机构应当充分发挥全国碳排放权交易市场引导温室气体减排的作用，并采取有效措施，防止过度投机，维护市场健康发展。禁止任何单位和个人通过欺诈、恶意串通、散布虚假信息等方式操纵碳排放权交易市场。

第十九条 【信息披露】重点排放单位应当在完成碳排放配额清缴后，及时公开上一年度温室气体排放情况。省级生态环境主管部门应当及时公开重点排放单位碳排放配额清缴情况。

全国碳排放权注册登记机构和全国碳排放权交易机构应当按照国家有关规定，及时公布碳排放权登记、交易、结算等信息，并披露可能影响市场重大变动的相关信息。

第二十条 【风险防控】国务院生态环境主管部门应当会同国务院有关部门加强碳排放权交易风险管理，指导和监督全国碳排放权交易机构建立涨跌幅限制、最大持有量限制、大户报告、风险警示、异常交易监控、风险准备金和重大交易临时限制措施等制度。

第二十一条 【碳排放政府基金】国家建立碳排放交易基金。

向重点排放单位有偿分配碳排放权产生的收入，纳入国家碳排放交易基金管理，用于支持全国碳排放权交易市场建设和温室气体削减重点项目。

第二十二条 【监督管理】县级以上生态环境主管部门可以采取下列措施，对重点排放单位等交易主体和核查技术服务机构进行监督管理：

（一）现场检查；

（二）查阅、复制有关文件资料，查询、检查有关信息系统；

（三）要求就有关问题做出解释说明。

国务院生态环境主管部门应当与国务院市场监督管理、证券监督管理、银行业监督管理等部门和机构建立监管信息共享和执法协作配合机制。

第二十三条 【主管部门追责】县级以上生态环境主管部门及其他负有监督管理职责的部门的有关工作人员，违反本条例规定，滥用职权、玩忽职守、徇私舞弊的，由有关行政机关或者监察机关责令改正，并依法给予处分。

第二十四条 【重点排放单位追责】重点排放单位违反本条例规定，有下列行为之一的，由其生产经营场所所在地设区的县级以上地方生态环境主管部门责令改正，处五万元以上二十万元以下的罚款；逾期未改正的，由重点排放单位生产经营场所所在地省级生态环境主管部门组织测算其温室气体实际排放量，作为该单位碳排放配额的清缴依据：

（一）未按要求及时报送温室气体排放报告，或者拒绝履行温室气体排放报告义务的；

（二）温室气体排放报告所涉数据的原始记录和管理台账内容不真实、不完整的；

（三）篡改、伪造排放数据或者台账记录等温室气体排放报告重要内容的。

第二十五条　【违规清缴追责】重点排放单位违反本条例规定，不清缴或者未足额清缴碳排放配额的，由其生产经营场所所在地设区的市级以上地方生态环境主管部门责令改正，处十万元以上五十万元以下的罚款；逾期未改正的，由分配排放配额的省级生态环境主管部门在分配下一年度碳排放配额时，等量核减未足额清缴部分。

第二十六条　【违规核查追责】违反本条例规定，接受省级生态环境主管部门委托的核查技术服务机构弄虚作假的，由省级生态环境主管部门解除委托关系，将相关信息计入其信用记录，同时纳入全国信用信息共享平台向社会公布；情节严重的，三年内禁止其从事温室气体排放核查技术服务。

第二十七条　【违规交易追责】违反本条例规定，通过欺诈、恶意串通、散布虚假信息等方式操纵碳排放权交易市场的，由国务院生态环境主管部门责令改正，没收违法所得，并处一百万元以上一千万元以下的罚款。

单位操纵碳排放权交易市场的，还应当对其直接负责的主管人员和其他直接责任人员处五十万元以上五百万元以下的罚款。

第二十八条　【机构交易追责】全国碳排放权注册登记机构、全国碳排放权交易机构、核查技术服务机构及其工作人员，违反本条例规定从事碳排放权交易的，由国务院生态环境主管部门注销其持有的碳排放配额，没收违法所得，并对单位处一百万元以上一千万元以下的罚款，对个人处五十万元以上五百万元以下的罚款。

第二十九条 【抗拒监督检查追责】全国碳排放权交易主体、全国碳排放权注册登记机构、全国碳排放权交易机构、核查技术服务机构违反本条例规定，拒绝、阻挠监督检查，或者在接受监督检查时弄虚作假的，由设区的市级以上生态环境主管部门或者其他负有监督管理职责的部门责令改正，处二万元以上二十万元以下的罚款。

第三十条 【信用惩戒】国务院生态环境主管部门会同有关部门建立全国碳排放权交易主体和核查技术服务机构的信用记录制度，将相关信用记录纳入全国信用信息共享平台。

第三十一条 【衔接条款】违反本条例规定，给他人造成损失的，依法承担民事责任。

违反本条例规定，构成违反治安管理行为的，由公安机关依法予以处罚；构成犯罪的，依法追究刑事责任。

第三十二条 【地方交易市场】本条例施行后，不再建设地方碳排放权交易市场。本条例施行前已经存在的地方碳排放权交易市场，应当逐步纳入全国碳排放权交易市场。具体步骤和办法由国务院生态环境主管部门制定。

本条例施行前已经存在的地方碳排放权交易市场，应当参照本条例规定，在碳排放配额的核查清缴、交易方式、交易规则、风险控制等方面建立相应管理制度，加强监督管理。

纳入全国碳排放权交易市场的重点排放单位，不再参与地方相同温室气体种类和相同行业的碳排放权交易市场。

第三十三条 【名词解释】本条例中下列用语的含义：

（一）温室气体是指大气中吸收和重新放出红外辐射的自然和人为的气态成分，包括二氧化碳（CO_2）、甲烷（CH_4）、氧化亚氮（N_2O）、氢氟碳化物（HFCs）、全氟化碳（PFCs）、六氟化硫（SF_6）和三氟化氮（NF_3）。

其他法律、行政法规对以上温室气体的管理另有规定的，按照其相关规定执行。

（二）碳排放权是指分配给重点排放单位的规定时期内的碳排放配额。

（三）碳排放配额：1 个单位碳排放配额相当于向大气排放 1 吨二氧化碳当量。

第三十四条　【施行日期】本条例自　年　月　日施行。

2.《碳排放权交易管理办法（试行）》（生态环境部令第 19 号）

碳排放权交易管理办法
（试行）

第一章　总　则

第一条　为落实党中央、国务院关于建设全国碳排放权交易市场的决策部署，在应对气候变化和促进绿色低碳发展中充分发挥市场机制作用，推动温室气体减排，规范全国碳排放权交易及相关活动，根据国家有关温室气体排放控制的要求，制定本办法。

第二条　本办法适用于全国碳排放权交易及相关活动，包括碳排放配额分配和清缴，碳排放权登记、交易、结算，温室气体排放报告与核查等活动，以及对前述活动的监督管理。

第三条　全国碳排放权交易及相关活动应当坚持市场导向、循序渐进、公平公开和诚实守信的原则。

第四条　生态环境部按照国家有关规定建设全国碳排放权交易市场。

全国碳排放权交易市场覆盖的温室气体种类和行业范围，由生态环境部拟订，按程序报批后实施，并向社会公开。

第五条　生态环境部按照国家有关规定，组织建立全国碳排放权注册登记机构和全国碳排放权交易机构，组织建设全国碳排放权注册登记系统和全国碳排放权交易系统。

全国碳排放权注册登记机构通过全国碳排放权注册登记系统，记录碳排放配额的持有、变更、清缴、注销等信息，并提供结算服务。全国碳排放权注册登记系统记录的信息是判断碳排放配额归属的最终依据。

全国碳排放权交易机构负责组织开展全国碳排放权集中统一交易。

全国碳排放权注册登记机构和全国碳排放权交易机构应当定期向生态环境部报告全国碳排放权登记、交易、结算等活动和机构运行有关情况，以及应当报告的其他重大事项，并保证全国碳排放权注册登记系统和全国碳排放权交易系统安全稳定可靠运行。

第六条 生态环境部负责制定全国碳排放权交易及相关活动的技术规范，加强对地方碳排放配额分配、温室气体排放报告与核查的监督管理，并会同国务院其他有关部门对全国碳排放权交易及相关活动进行监督管理和指导。

省级生态环境主管部门负责在本行政区域内组织开展碳排放配额分配和清缴、温室气体排放报告的核查等相关活动，并进行监督管理。

设区的市级生态环境主管部门负责配合省级生态环境主管部门落实相关具体工作，并根据本办法有关规定实施监督管理。

第七条 全国碳排放权注册登记机构和全国碳排放权交易机构及其工作人员，应当遵守全国碳排放权交易及相关活动的技术规范，并遵守国家其他有关主管部门关于交易监管的规定。

第二章 温室气体重点排放单位

第八条 温室气体排放单位符合下列条件的，应当列入温室气体重点排放单位（以下简称重点排放单位）名录：

（一）属于全国碳排放权交易市场覆盖行业；

（二）年度温室气体排放量达到 2.6 万吨二氧化碳当量。

第九条 省级生态环境主管部门应当按照生态环境部的有关规定，确定本行政区域重点排放单位名录，向生态环境部报告，并向社会公开。

第十条　重点排放单位应当控制温室气体排放，报告碳排放数据，清缴碳排放配额，公开交易及相关活动信息，并接受生态环境主管部门的监督管理。

第十一条　存在下列情形之一的，确定名录的省级生态环境主管部门应当将相关温室气体排放单位从重点排放单位名录中移出：

（一）连续二年温室气体排放未达到2.6万吨二氧化碳当量的；

（二）因停业、关闭或者其他原因不再从事生产经营活动，因而不再排放温室气体的。

第十二条　温室气体排放单位申请纳入重点排放单位名录的，确定名录的省级生态环境主管部门应当进行核实；经核实符合本办法第八条规定条件的，应当将其纳入重点排放单位名录。

第十三条　纳入全国碳排放权交易市场的重点排放单位，不再参与地方碳排放权交易试点市场。

第三章　分配与登记

第十四条　生态环境部根据国家温室气体排放控制要求，综合考虑经济增长、产业结构调整、能源结构优化、大气污染物排放协同控制等因素，制定碳排放配额总量确定与分配方案。

省级生态环境主管部门应当根据生态环境部制定的碳排放配额总量确定与分配方案，向本行政区域内的重点排放单位分配规定年度的碳排放配额。

第十五条　碳排放配额分配以免费分配为主，可以根据国家有关要求适时引入有偿分配。

第十六条　省级生态环境主管部门确定碳排放配额后，应当书面通知重点排放单位。

重点排放单位对分配的碳排放配额有异议的，可以自接到通知之日起七个工作日内，向分配配额的省级生态环境主管部门申请复核；省级生态环境主管部门应当自接到复核申请之日起十个工作日内，作出复核决定。

第十七条 重点排放单位应当在全国碳排放权注册登记系统开立账户，进行相关业务操作。

第十八条 重点排放单位发生合并、分立等情形需要变更单位名称、碳排放配额等事项的，应当报经所在地省级生态环境主管部门审核后，向全国碳排放权注册登记机构申请变更登记。全国碳排放权注册登记机构应当通过全国碳排放权注册登记系统进行变更登记，并向社会公开。

第十九条 国家鼓励重点排放单位、机构和个人，出于减少温室气体排放等公益目的自愿注销其所持有的碳排放配额。

自愿注销的碳排放配额，在国家碳排放配额总量中予以等量核减，不再进行分配、登记或者交易。相关注销情况应当向社会公开。

第四章 排放交易

第二十条 全国碳排放权交易市场的交易产品为碳排放配额，生态环境部可以根据国家有关规定适时增加其他交易产品。

第二十一条 重点排放单位以及符合国家有关交易规则的机构和个人，是全国碳排放权交易市场的交易主体。

第二十二条 碳排放权交易应当通过全国碳排放权交易系统进行，可以采取协议转让、单向竞价或者其他符合规定的方式。

全国碳排放权交易机构应当按照生态环境部有关规定，采取有效措施，发挥全国碳排放权交易市场引导温室气体减排的作用，防止过度投机的交易行为，维护市场健康发展。

第二十三条 全国碳排放权注册登记机构应当根据全国碳排放权交易机构提供的成交结果，通过全国碳排放权注册登记系统为交易主体及时更新相关信息。

第二十四条 全国碳排放权注册登记机构和全国碳排放权交易机构应当按照国家有关规定，实现数据及时、准确、安全交换。

第五章　排放核查与配额清缴

第二十五条　重点排放单位应当根据生态环境部制定的温室气体排放核算与报告技术规范，编制该单位上一年度的温室气体排放报告，载明排放量，并于每年3月31日前报生产经营场所所在地的省级生态环境主管部门。排放报告所涉数据的原始记录和管理台账应当至少保存五年。

重点排放单位对温室气体排放报告的真实性、完整性、准确性负责。

重点排放单位编制的年度温室气体排放报告应当定期公开，接受社会监督，涉及国家秘密和商业秘密的除外。

第二十六条　省级生态环境主管部门应当组织开展对重点排放单位温室气体排放报告的核查，并将核查结果告知重点排放单位。核查结果应当作为重点排放单位碳排放配额清缴依据。

省级生态环境主管部门可以通过政府购买服务的方式委托技术服务机构提供核查服务。技术服务机构应当对提交的核查结果的真实性、完整性和准确性负责。

第二十七条　重点排放单位对核查结果有异议的，可以自被告知核查结果之日起七个工作日内，向组织核查的省级生态环境主管部门申请复核；省级生态环境主管部门应当自接到复核申请之日起十个工作日内，作出复核决定。

第二十八条　重点排放单位应当在生态环境部规定的时限内，向分配配额的省级生态环境主管部门清缴上年度的碳排放配额。清缴量应当大于等于省级生态环境主管部门核查结果确认的该单位上年度温室气体实际排放量。

第二十九条　重点排放单位每年可以使用国家核证自愿减排量抵销碳排放配额的清缴，抵销比例不得超过应清缴碳排放配额的5%。相关规定由生态环境部另行制定。

用于抵销的国家核证自愿减排量，不得来自纳入全国碳排放权交易市场配额管理的减排项目。

第六章　监督管理

第三十条　上级生态环境主管部门应当加强对下级生态环境主管部门的重点排放单位名录确定、全国碳排放权交易及相关活动情况的监督检查和指导。

第三十一条　设区的市级以上地方生态环境主管部门根据对重点排放单位温室气体排放报告的核查结果，确定监督检查重点和频次。

设区的市级以上地方生态环境主管部门应当采取“双随机、一公开”的方式，监督检查重点排放单位温室气体排放和碳排放配额清缴情况，相关情况按程序报生态环境部。

第三十二条　生态环境部和省级生态环境主管部门，应当按照职责分工，定期公开重点排放单位年度碳排放配额清缴情况等信息。

第三十三条　全国碳排放权注册登记机构和全国碳排放权交易机构应当遵守国家交易监管等相关规定，建立风险管理机制和信息披露制度，制定风险管理预案，及时公布碳排放权登记、交易、结算等信息。

全国碳排放权注册登记机构和全国碳排放权交易机构的工作人员不得利用职务便利谋取不正当利益，不得泄露商业秘密。

第三十四条　交易主体违反本办法关于碳排放权注册登记、结算或者交易相关规定的，全国碳排放权注册登记机构和全国碳排放权交易机构可以按照国家有关规定，对其采取限制交易措施。

第三十五条　鼓励公众、新闻媒体等对重点排放单位和其他交易主体的碳排放权交易及相关活动进行监督。

重点排放单位和其他交易主体应当按照生态环境部有关规定，及时公开有关全国碳排放权交易及相关活动信息，自觉接受公众监督。

第三十六条　公民、法人和其他组织发现重点排放单位和其他交易主体有违反本办法规定行为的，有权向设区的市级以上地方生态环境主管部门举报。

接受举报的生态环境主管部门应当依法予以处理，并按照有关规定反馈处理结果，同时为举报人保密。

第七章　罚　则

第三十七条　生态环境部、省级生态环境主管部门、设区的市级生态环境主管部门的有关工作人员，在全国碳排放权交易及相关活动的监督管理中滥用职权、玩忽职守、徇私舞弊的，由其上级行政机关或者监察机关责令改正，并依法给予处分。

第三十八条　全国碳排放权注册登记机构和全国碳排放权交易机构及其工作人员违反本办法规定，有下列行为之一的，由生态环境部依法给予处分，并向社会公开处理结果：

（一）利用职务便利谋取不正当利益的；

（二）有其他滥用职权、玩忽职守、徇私舞弊行为的。

全国碳排放权注册登记机构和全国碳排放权交易机构及其工作人员违反本办法规定，泄露有关商业秘密或者有构成其他违反国家交易监管规定行为的，依照其他有关规定处理。

第三十九条　重点排放单位虚报、瞒报温室气体排放报告，或者拒绝履行温室气体排放报告义务的，由其生产经营场所所在地设区的市级以上地方生态环境主管部门责令限期改正，处一万元以上三万元以下的罚款。逾期未改正的，由重点排放单位生产经营场所所在地的省级生态环境主管部门测算其温室气体实际排放量，并将该排放量作为碳排放配额清缴的依据；对虚报、瞒报部分，等量核减其下一年度碳排放配额。

第四十条　重点排放单位未按时足额清缴碳排放配额的，由其生产经营场所所在地设区的市级以上地方生态环境主管部门责令限期改正，处二万元以上三万元以下的罚款；逾期未改正的，对欠缴部分，由重点排放单位生产经营场所所在地的省级生态环境主管部门等量核减其下一年度碳排放配额。

第四十一条　违反本办法规定，涉嫌构成犯罪的，有关生态环境主管部门应当依法移送司法机关。

第八章　附　则

第四十二条　本办法中下列用语的含义：

(一)温室气体：是指大气中吸收和重新放出红外辐射的自然和人为的气态成分，包括二氧化碳(CO_2)、甲烷(CH_4)、氧化亚氮(N_2O)、氢氟碳化物(HFCs)、全氟化碳(PFCs)、六氟化硫(SF_6)和三氟化氮(NF_3)。

(二)碳排放：是指煤炭、石油、天然气等化石能源燃烧活动和工业生产过程以及土地利用变化与林业等活动产生的温室气体排放，也包括因使用外购的电力和热力等所导致的温室气体排放。

(三)碳排放权：是指分配给重点排放单位的规定时期内的碳排放额度。

(四)国家核证自愿减排量：是指对我国境内可再生能源、林业碳汇、甲烷利用等项目的温室气体减排效果进行量化核证，并在国家温室气体自愿减排交易注册登记系统中登记的温室气体减排量。

第四十三条　本办法自2021年2月1日起施行。

二、国家层面的市场制度

3.《碳排放权登记管理规则(试行)》(生态环境部公告2021年第21号)

碳排放权登记管理规则
(试行)

第一章　总　则

第一条　为规范全国碳排放权登记活动，保护全国碳排放权交易市场各参与方的合法权益，维护全国碳排放权交易市场秩序，根据《碳排放权交易管理办法(试行)》,制定本规则。

第二条 全国碳排放权持有、变更、清缴、注销的登记及相关业务的监督管理,适用本规则。全国碳排放权注册登记机构(以下简称注册登记机构)、全国碳排放权交易机构(以下简称交易机构)、登记主体及其他相关参与方应当遵守本规则。

第三条 注册登记机构通过全国碳排放权注册登记系统(以下简称注册登记系统)对全国碳排放权的持有、变更、清缴和注销等实施集中统一登记。注册登记系统记录的信息是判断碳排放配额归属的最终依据。

第四条 重点排放单位以及符合规定的机构和个人,是全国碳排放权登记主体。

第五条 全国碳排放权登记应当遵循公开、公平、公正、安全和高效的原则。

第二章 账户管理

第六条 注册登记机构依申请为登记主体在注册登记系统中开立登记账户,该账户用于记录全国碳排放权的持有、变更、清缴和注销等信息。

第七条 每个登记主体只能开立一个登记账户。登记主体应当以本人或者本单位名义申请开立登记账户,不得冒用他人或者其他单位名义或者使用虚假证件开立登记账户。

第八条 登记主体申请开立登记账户时,应当根据注册登记机构有关规定提供申请材料,并确保相关申请材料真实、准确、完整、有效。委托他人或者其他单位代办的,还应当提供授权委托书等证明委托事项的必要材料。

第九条 登记主体申请开立登记账户的材料中应当包括登记主体基本信息、联系信息以及相关证明材料等。

第十条 注册登记机构在收到开户申请后,对登记主体提交的相关材料进行形式审核,材料审核通过后 5 个工作日内完成账户开立并通知登记主体。

第十一条 登记主体下列信息发生变化时，应当及时向注册登记机构提交信息变更证明材料，办理登记账户信息变更手续：（一）登记主体名称或者姓名；（二）营业执照，有效身份证明文件类型、号码及有效期；（三）法律法规、部门规章等规定的其他事项。注册登记机构在完成信息变更材料审核后5个工作日内完成账户信息变更并通知登记主体。联系电话、邮箱、通信地址等联系信息发生变化的，登记主体应当及时通过注册登记系统在登记账户中予以更新。

第十二条 登记主体应当妥善保管登记账户的用户名和密码等信息。登记主体登记账户下发生的一切活动均视为其本人或者本单位行为。

第十三条 注册登记机构定期检查登记账户使用情况，发现营业执照、有效身份证明文件与实际情况不符，或者发生变化且未按要求及时办理登记账户信息变更手续的，注册登记机构应当对有关不合格账户采取限制使用等措施，其中涉及交易活动的应当及时通知交易机构。对已采取限制使用等措施的不合格账户，登记主体申请恢复使用的，应当向注册登记机构申请办理账户规范手续。能够规范为合格账户的，注册登记机构应当解除限制使用措施。

第十四条 发生下列情形的，登记主体或者依法承继其权利义务的主体应当提交相关申请材料，申请注销登记账户：（一）法人以及非法人组织登记主体因合并、分立、依法被解散或者破产等原因导致主体资格丧失；（二）自然人登记主体死亡；（三）法律法规、部门规章等规定的其他情况。登记主体申请注销登记账户时，应当了结其相关业务。申请注销登记账户期间和登记账户注销后，登记主体无法使用该账户进行交易等相关操作。

第十五条 登记主体如对第十三条所述限制使用措施有异议，可以在措施生效后15个工作日内向注册登记机构申请复核；注册登记机构应当在收到复核申请后10个工作日内予以书面回复。

第三章　登　记

第十六条　登记主体可以通过注册登记系统查询碳排放配额持有数量和持有状态等信息。

第十七条　注册登记机构根据生态环境部制定的碳排放配额分配方案和省级生态环境主管部门确定的配额分配结果，为登记主体办理初始分配登记。

第十八条　注册登记机构应当根据交易机构提供的成交结果办理交易登记，根据经省级生态环境主管部门确认的碳排放配额清缴结果办理清缴登记。

第十九条　重点排放单位可以使用符合生态环境部规定的国家核证自愿减排量抵销配额清缴。用于清缴部分的国家核证自愿减排量应当在国家温室气体自愿减排交易注册登记系统注销，并由重点排放单位向注册登记机构提交有关注销证明材料。注册登记机构核验相关材料后，按照生态环境部相关规定办理抵销登记。

第二十条　登记主体出于减少温室气体排放等公益目的自愿注销其所持有的碳排放配额，注册登记机构应当为其办理变更登记，并出具相关证明。

第二十一条　碳排放配额以承继、强制执行等方式转让的，登记主体或者依法承继其权利义务的主体应当向注册登记机构提供有效的证明文件，注册登记机构审核后办理变更登记。

第二十二条　司法机关要求冻结登记主体碳排放配额的，注册登记机构应当予以配合；涉及司法扣划的，注册登记机构应当根据人民法院的生效裁判，对涉及登记主体被扣划部分的碳排放配额进行核验，配合办理变更登记并公告。

第四章　信息管理

第二十三条　司法机关和国家监察机关依照法定条件和程序向注册

登记机构查询全国碳排放权登记相关数据和资料的，注册登记机构应当予以配合。

第二十四条 注册登记机构应当依照法律、行政法规及生态环境部相关规定建立信息管理制度，对涉及国家秘密、商业秘密的，按照相关法律法规执行。

第二十五条 注册登记机构应当与交易机构建立管理协调机制，实现注册登记系统与交易系统的互通互联，确保相关数据和信息及时、准确、安全、有效交换。

第二十六条 注册登记机构应当建设灾备系统，建立灾备管理机制和技术支撑体系，确保注册登记系统和交易系统数据、信息安全，实现信息共享与交换。

第五章 监督管理

第二十七条 生态环境部加强对注册登记机构和注册登记活动的监督管理，可以采取询问注册登记机构及其从业人员、查阅和复制与登记活动有关的信息资料、以及法律法规规定的其他措施等进行监管。

第二十八条 各级生态环境主管部门及其相关直属业务支撑机构工作人员，注册登记机构、交易机构、核查技术服务机构及其工作人员，不得持有碳排放配额。已持有碳排放配额的，应当依法予以转让。任何人在成为前款所列人员时，其本人已持有或者委托他人代为持有的碳排放配额，应当依法转让并办理完成相关手续，向供职单位报告全部转让相关信息并备案在册。

第二十九条 注册登记机构应当妥善保存登记的原始凭证及有关文件和资料，保存期限不得少于20年，并进行凭证电子化管理。

第六章 附 则

第三十条 注册登记机构可以根据本规则制定登记业务规则等实施细则。

第三十一条 本规则自公布之日起实施。

4.《碳排放权交易管理规则(试行)》(生态环境部公告 2021 年第 21 号)

碳排放权交易管理规则
（试行）

第一章　总　则

第一条　为规范全国碳排放权交易，保护全国碳排放权交易市场各参与方的合法权益，维护全国碳排放权交易市场秩序，根据《碳排放权交易管理办法（试行）》，制定本规则。

第二条　本规则适用于全国碳排放权交易及相关服务业务的监督管理。全国碳排放权交易机构（以下简称交易机构）、全国碳排放权注册登记机构（以下简称注册登记机构）、交易主体及其他相关参与方应当遵守本规则。

第三条　全国碳排放权交易应当遵循公开、公平、公正和诚实信用的原则。

第二章　交　易

第四条　全国碳排放权交易主体包括重点排放单位以及符合国家有关交易规则的机构和个人。

第五条　全国碳排放权交易市场的交易产品为碳排放配额，生态环境部可以根据国家有关规定适时增加其他交易产品。

第六条　碳排放权交易应当通过全国碳排放权交易系统进行，可以采取协议转让、单向竞价或者其他符合规定的方式。

协议转让是指交易双方协商达成一致意见并确认成交的交易方式，包括挂牌协议交易及大宗协议交易。其中，挂牌协议交易是指交易主体通过交易系统提交卖出或者买入挂牌申报，意向受让方或者出让方对挂牌申报进行协商并确认成交的交易方式。大宗协议交易是指交易双方通过交易系统进行报价、询价并确认成交的交易方式。

单向竞价是指交易主体向交易机构提出卖出或买入申请，交易机构发布竞价公告，多个意向受让方或者出让方按照规定报价，在约定时间内通过交易系统成交的交易方式。

第七条 交易机构可以对不同交易方式设置不同交易时段，具体交易时段的设置和调整由交易机构公布后报生态环境部备案。

第八条 交易主体参与全国碳排放权交易，应当在交易机构开立实名交易账户，取得交易编码，并在注册登记机构和结算银行分别开立登记账户和资金账户。每个交易主体只能开设一个交易账户。

第九条 碳排放配额交易以“每吨二氧化碳当量价格”为计价单位，买卖申报量的最小变动计量为 1 吨二氧化碳当量，申报价格的最小变动计量为 0.01 元人民币。

第十条 交易机构应当对不同交易方式的单笔买卖最小申报数量及最大申报数量进行设定，并可以根据市场风险状况进行调整。单笔买卖申报数量的设定和调整，由交易机构公布后报生态环境部备案。

第十一条 交易主体申报卖出交易产品的数量，不得超出其交易账户内可交易数量。交易主体申报买入交易产品的相应资金，不得超出其交易账户内的可用资金。

第十二条 碳排放配额买卖的申报被交易系统接受后即刻生效，并在当日交易时间内有效，交易主体交易账户内相应的资金和交易产品即被锁定。未成交的买卖申报可以撤销。如未撤销，未成交申报在该日交易结束后自动失效。

第十三条 买卖申报在交易系统成交后，交易即告成立。符合本规则达成的交易于成立时即告交易生效，买卖双方应当承认交易结果，履行清算交收义务。依照本规则达成的交易，其成交结果以交易系统记录的成交数据为准。

第十四条 已买入的交易产品当日内不得再次卖出。卖出交易产品的资金可以用于该交易日内的交易。

第十五条　交易主体可以通过交易机构获取交易凭证及其他相关记录。

第十六条　碳排放配额的清算交收业务，由注册登记机构根据交易机构提供的成交结果按规定办理。

第十七条　交易机构应当妥善保存与交易相关的原始凭证及有关文件和资料，保存期限不得少于20年。

第三章　风险管理

第十八条　生态环境部可以根据维护全国碳排放权交易市场健康发展的需要，建立市场调节保护机制。当交易价格出现异常波动触发调节保护机制时，生态环境部可以采取公开市场操作、调节国家核证自愿减排量使用方式等措施，进行必要的市场调节。

第十九条　交易机构应建立风险管理制度，并报生态环境部备案。

第二十条　交易机构实行涨跌幅限制制度。交易机构应当设定不同交易方式的涨跌幅比例，并可以根据市场风险状况对涨跌幅比例进行调整。

第二十一条　交易机构实行最大持仓量限制制度。交易机构对交易主体的最大持仓量进行实时监控，注册登记机构应当对交易机构实时监控提供必要支持。交易主体交易产品持仓量不得超过交易机构规定的限额。交易机构可以根据市场风险状况，对最大持仓量限额进行调整。

第二十二条　交易机构实行大户报告制度。交易主体的持仓量达到交易机构规定的大户报告标准的，交易主体应当向交易机构报告。

第二十三条　交易机构实行风险警示制度。交易机构可以采取要求交易主体报告情况、发布书面警示和风险警示公告、限制交易等措施，警示和化解风险。

第二十四条　交易机构应当建立风险准备金制度。风险准备金是指由交易机构设立，用于为维护碳排放权交易市场正常运转提供财务担保和弥补不可预见风险带来的亏损的资金。风险准备金应当单独核算，专户存储。

第二十五条 交易机构实行异常交易监控制度。交易主体违反本规则或者交易机构业务规则、对市场正在产生或者将产生重大影响的，交易机构可以对该交易主体采取以下临时措施：（一）限制资金或者交易产品的划转和交易；（二）限制相关账户使用。上述措施涉及注册登记机构的，应当及时通知注册登记机构。

第二十六条 因不可抗力、不可归责于交易机构的重大技术故障等原因导致部分或者全部交易无法正常进行的，交易机构可以采取暂停交易措施。导致暂停交易的原因消除后，交易机构应当及时恢复交易。

第二十七条 交易机构采取暂停交易、恢复交易等措施时，应当予以公告，并向生态环境部报告。

第四章 信息管理

第二十八条 交易机构应建立信息披露与管理制度，并报生态环境部备案。交易机构应当在每个交易日发布碳排放配额交易行情等公开信息，定期编制并发布反映市场成交情况的各类报表。根据市场发展需要，交易机构可以调整信息发布的具体方式和相关内容。

第二十九条 交易机构应当与注册登记机构建立管理协调机制，实现交易系统与注册登记系统的互通互联，确保相关数据和信息及时、准确、安全、有效交换。

第三十条 交易机构应当建立交易系统的灾备系统，建立灾备管理机制和技术支撑体系，确保交易系统和注册登记系统数据、信息安全。

第三十一条 交易机构不得发布或者串通其他单位和个人发布虚假信息或者误导性陈述。

第五章 监督管理

第三十二条 生态环境部加强对交易机构和交易活动的监督管理，可以采取询问交易机构及其从业人员、查阅和复制与交易活动有关的信息资料、以及法律法规规定的其他措施等进行监管。

第三十三条　全国碳排放权交易活动中，涉及交易经营、财务或者对碳排放配额市场价格有影响的尚未公开的信息及其他相关信息内容，属于内幕信息。禁止内幕信息的知情人、非法获取内幕信息的人员利用内幕信息从事全国碳排放权交易活动。

第三十四条　禁止任何机构和个人通过直接或者间接的方法，操纵或者扰乱全国碳排放权交易市场秩序、妨碍或者有损公正交易的行为。因为上述原因造成严重后果的交易，交易机构可以采取适当措施并公告。

第三十五条　交易机构应当定期向生态环境部报告的事项包括交易机构运行情况和年度工作报告、经会计师事务所审计的年度财务报告、财务预决算方案、重大开支项目情况等。交易机构应当及时向生态环境部报告的事项包括交易价格出现连续涨跌停或者大幅波动、发现重大业务风险和技术风险、重大违法违规行为或者涉及重大诉讼、交易机构治理和运行管理等出现重大变化等。

第三十六条　交易机构对全国碳排放权交易相关信息负有保密义务。交易机构工作人员应当忠于职守、依法办事，除用于信息披露的信息之外，不得泄露所知悉的市场交易主体的账户信息和业务信息等信息。交易系统软硬件服务提供者等全国碳排放权交易或者服务参与、介入相关主体不得泄露全国碳排放权交易或者服务中获取的商业秘密。

第三十七条　交易机构对全国碳排放权交易进行实时监控和风险控制，监控内容主要包括交易主体的交易及其相关活动的异常业务行为，以及可能造成市场风险的全国碳排放权交易行为。

第六章　争议处置

第三十八条　交易主体之间发生有关全国碳排放权交易的纠纷，可以自行协商解决，也可以向交易机构提出调解申请，还可以依法向仲裁机构申请仲裁或者向人民法院提起诉讼。交易机构与交易主体之间发生有关全国碳排放权交易的纠纷，可以自行协商解决，也可以依法向仲裁机构申请仲裁或者向人民法院提起诉讼。

第三十九条 申请交易机构调解的当事人，应当提出书面调解申请。交易机构的调解意见，经当事人确认并在调解意见书上签章后生效。

第四十条 交易机构和交易主体，或者交易主体间发生交易纠纷的，当事人均应当记录有关情况，以备查阅。交易纠纷影响正常交易的，交易机构应当及时采取止损措施。

第七章 附 则

第四十一条 交易机构可以根据本规则制定交易业务规则等实施细则。

第四十二条 本规则自公布之日起施行。

5.《碳排放权结算管理规则(试行)》(生态环境部公告 2021 年第 21 号)

碳排放权结算管理规则

（试行）

第一章 总 则

第一条 为规范全国碳排放权交易的结算活动，保护全国碳排放权交易市场各参与方的合法权益，维护全国碳排放权交易市场秩序，根据《碳排放权交易管理办法(试行)》，制定本规则。

第二条 本规则适用于全国碳排放权交易的结算监督管理。全国碳排放权注册登记机构(以下简称注册登记机构)、全国碳排放权交易机构(以下简称交易机构)、交易主体及其他相关参与方应当遵守本规则。

第三条 注册登记机构负责全国碳排放权交易的统一结算，管理交易结算资金，防范结算风险。

第四条　全国碳排放权交易的结算应当遵守法律、行政法规、国家金融监管的相关规定以及注册登记机构相关业务规则等，遵循公开、公平、公正、安全和高效的原则。

第二章　资金结算账户管理

第五条　注册登记机构应当选择符合条件的商业银行作为结算银行，并在结算银行开立交易结算资金专用账户，用于存放各交易主体的交易资金和相关款项。注册登记机构对各交易主体存入交易结算资金专用账户的交易资金实行分账管理。注册登记机构与交易主体之间的业务资金往来，应当通过结算银行所开设的专用账户办理。

第六条　注册登记机构应与结算银行签订结算协议，依据中国人民银行等有关主管部门的规定和协议约定，保障各交易主体存入交易结算资金专用账户的交易资金安全。

第三章　结　算

第七条　在当日交易结束后，注册登记机构应当根据交易系统的成交结果，按照货银对付的原则，以每个交易主体为结算单位，通过注册登记系统进行碳排放配额与资金的逐笔全额清算和统一交收。

第八条　当日完成清算后，注册登记机构应当将结果反馈给交易机构。经双方确认无误后，注册登记机构根据清算结果完成碳排放配额和资金的交收。

第九条　当日结算完成后，注册登记机构向交易主体发送结算数据。如遇到特殊情况导致注册登记机构不能在当日发送结算数据的，注册登记机构应及时通知相关交易主体，并采取限制出入金等风险管控措施。

第十条　交易主体应当及时核对当日结算结果，对结算结果有异议的，应在下一交易日开市前，以书面形式向注册登记机构提出。交易主体在规定时间内没有对结算结果提出异议的，视作认可结算结果。

第四章　监督与风险管理

第十一条　注册登记机构针对结算过程采取以下监督措施:(一)专岗专人。根据结算业务流程分设专职岗位,防范结算操作风险。(二)分级审核。结算业务采取两级审核制度,初审负责结算操作及银行间头寸划拨的准确性、真实性和完整性,复审负责结算事项的合法合规性。(三)信息保密。注册登记机构工作人员应当对结算情况和相关信息严格保密。

第十二条　注册登记机构应当制定完善的风险防范制度,构建完善的技术系统和应急响应程序,对全国碳排放权结算业务实施风险防范和控制。

第十三条　注册登记机构建立结算风险准备金制度。结算风险准备金由注册登记机构设立,用于垫付或者弥补因违约交收、技术故障、操作失误、不可抗力等造成的损失。风险准备金应当单独核算,专户存储。

第十四条　注册登记机构应当与交易机构相互配合,建立全国碳排放权交易结算风险联防联控制度。

第十五条　当出现以下情形之一的,注册登记机构应当及时发布异常情况公告,采取紧急措施化解风险:(一)因不可抗力、不可归责于注册登记机构的重大技术故障等原因导致结算无法正常进行;(二)交易主体及结算银行出现结算、交收危机,对结算产生或者将产生重大影响。

第十六条　注册登记机构实行风险警示制度。注册登记机构认为有必要的,可以采取发布风险警示公告,或者采取限制账户使用等措施,以警示和化解风险,涉及交易活动的应当及时通知交易机构。出现下列情形之一的,注册登记机构可以要求交易主体报告情况,向相关机构或者人员发出风险警示并采取限制账户使用等处置措施:(一)交易主体碳排放配额、资金持仓量变化波动较大;(二)交易主体的碳排放配额被法院冻结、扣划的;(三)其他违反国家法律、行政法规和部门规章规定的情况。

第十七条　提供结算业务的银行不得参与碳排放权交易。

第十八条　交易主体发生交收违约的，注册登记机构应当通知交易主体在规定期限内补足资金，交易主体未在规定时间内补足资金的，注册登记机构应当使用结算风险准备金或自有资金予以弥补，并向违约方追偿。

第十九条　交易主体涉嫌重大违法违规，正在被司法机关、国家监察机关和生态环境部调查的，注册登记机构可以对其采取限制登记账户使用的措施，其中涉及交易活动的应当及时通知交易机构，经交易机构确认后采取相关限制措施。

第五章　附　则

第二十条　清算：是指按照确定的规则计算碳排放权和资金的应收应付数额的行为。交收：是指根据确定的清算结果，通过变更碳排放权和资金履行相关债权债务的行为。头寸：指的是银行当前所有可以运用的资金的总和，主要包括在中国人民银行的超额准备金、存放同业清算款项净额、银行存款以及现金等部分。

第二十一条　注册登记机构可以根据本规则制定结算业务规则等实施细则。

第二十二条　本规则自公布之日起施行。

三、国家层面监测、报告与核查(MRV)相关制度

6.《关于加强企业温室气体排放报告管理相关工作的通知》(环办气候〔2021〕9号)

关于加强企业温室气体排放报告管理相关工作的通知

各省、自治区、直辖市生态环境厅(局)，新疆生产建设兵团生态环境局：

根据《碳排放权交易管理办法(试行)》规定和《2019—2020年全国碳

排放权交易配额总量设定与分配实施方案(发电行业)》要求,为准确掌握发电行业配额分配和清缴履约的相关数据,夯实全国碳排放权交易市场扩大行业覆盖范围和完善配额分配方法的数据基础,扎实做好全国碳排放权交易市场建设运行相关工作,现将加强企业温室气体排放报告管理有关工作要求通知如下。

一、工作范围

工作范围为发电、石化、化工、建材、钢铁、有色、造纸、航空等重点排放行业(具体行业子类见附件1)的2013至2020年任一年温室气体排放量达2.6万吨二氧化碳当量(综合能源消费量约1万吨标准煤)及以上的企业或其他经济组织(以下简称重点排放单位)。其中,发电行业的工作范围应包括《纳入2019—2020年全国碳排放权交易配额管理的重点排放单位名单》确定的重点排放单位以及2020年新增的重点排放单位。

2018年以来,连续两年温室气体排放未达到2.6万吨二氧化碳当量的,或因停业、关闭或者其他原因不再从事生产经营活动,因而不再排放温室气体的,不纳入本通知工作范围。

二、工作任务

请各省级生态环境主管部门组织行政区域内的重点排放单位报送温室气体排放相关信息及有关支撑材料,并做好以下工作。

(一)温室气体排放数据报告。组织行政区域内的发电行业重点排放单位依据《碳排放权交易管理办法(试行)》相关规定和《企业温室气体排放核算方法与报告指南发电设施》(见附件2),通过环境信息平台(全国排污许可证管理信息平台,网址为http://permit.mee.gov.cn)做好温室气体排放数据填报工作。考虑到新冠疫情等因素影响,发电行业2020年度温室气体排放情况、有关生产数据及支撑材料应于2021年4月30日前完成线上填报。

组织行政区域内的其他行业重点排放单位于2021年9月30日前,

通过环境信息平台填报2020年度温室气体排放情况、有关生产数据及支撑材料。

(二)组织核查。按照《碳排放权交易管理办法(试行)》和《企业温室气体排放报告核查指南(试行)》,组织开展对重点排放单位2020年度温室气体排放报告的核查,并填写核查数据汇总表(环境信息平台下载),核查数据汇总表请加盖公章后报我部应对气候变化司。其中,发电行业的核查数据报送工作应于2021年6月30日前完成,其他行业的核查数据报送工作应于2021年12月31日前完成。

(三)报送发电行业重点排放单位名录和相关材料。各省级生态环境主管部门应于2021年6月30日前,向我部报送本行政区域2021年度发电行业重点排放单位名录,并向社会公开,同时参照《关于做好全国碳排放权交易市场发电行业重点排放单位名单和相关材料报送工作的通知》(环办气候函〔2019〕528号)要求,报送新增发电行业重点排放单位的系统开户申请表和账户代表人授权委托书。

(四)配额核定和清缴履约。在2021年9月30日前完成发电行业重点排放单位2019—2020年度的配额核定工作,2021年12月31日前完成配额的清缴履约工作。

(五)监督检查。省级生态环境主管部门应加强对重点排放单位温室气体排放的日常管理,重点对相关实测数据、台账记录等进行抽查,监督检查结果及时在省级生态环境主管部门官方网站公开。对未能按时报告的重点排放单位,省级生态环境主管部门应书面告知相关单位,并责令其及时报告。

三、保障措施

(一)加强组织领导。各省级生态环境主管部门应高度重视温室气体排放数据报送工作,加强组织领导,建立常态化监督检查机制,切实抓好本行政区域内重点排放单位温室气体排放报告相关工作。我部将对各地方温室气体排放报告、核查、配额核定和清缴履约等相关工作的落实情况进行督导,对典型问题进行公开。

(二)落实工作经费保障。各地方应落实重点排放单位温室气体排放报告和核查工作所需经费,争取安排财政专项资金,按期保质保量完成相关工作。

(三)加强能力建设。各省级生态环境主管部门应结合重点排放单位温室气体排放报告和核查工作的实际需要,加强监督管理队伍、技术支撑队伍和重点排放单位的能力建设。

生态环境部办公厅
2021 年 3 月 28 日

7.《企业温室气体排放报告核查指南(试行)》(环办气候函〔2021〕130 号)

企业温室气体排放报告核查指南

(试行)

1. 适用范围

本指南规定了重点排放单位温室气体排放报告的核查原则和依据、核查程序和要点、核查复核以及信息公开等内容。

本指南适用于省级生态环境主管部门组织对重点排放单位报告的温室气体排放量及相关数据的核查。

对重点排放单位以外的其他企业或经济组织的温室气体排放报告核查,碳排放权交易试点的温室气体排放报告核查,基于科研等其他目的的温室气体排放报告核查工作可参考本指南执行。

2. 术语和定义

2.1　重点排放单位

全国碳排放权交易市场覆盖行业内年度温室气体排放量达到 2.6 万吨二氧化碳当量及以上的企业或者其他经济组织。

2.2　温室气体排放报告

重点排放单位根据生态环境部制定的温室气体排放核算方法与报告指南及相关技术规范编制的载明重点排放单位温室气体排放量、排放设施、排放源、核算边界、核算方法、活动数据、排放因子等信息，并附有原始记录和台账等内容的报告。

2.3　数据质量控制计划

重点排放单位为确保数据质量，对温室气体排放量和相关信息的核算与报告做出的具体安排与规划，包括重点排放单位和排放设施基本信息、核算边界、核算方法、活动数据、排放因子及其他相关信息的确定和获取方式，以及内部质量控制和质量保证相关规定等。

2.4　核查

根据行业温室气体排放核算方法与报告指南以及相关技术规范，对重点排放单位报告的温室气体排放量和相关信息进行全面核实、查证的过程。

2.5　不符合项

核查发现的重点排放单位温室气体排放量、相关信息、数据质量控制计划、支撑材料等不符合温室气体核算方法与报告指南以及相关技术规范的情况。

3. 核查原则和依据

重点排放单位温室气体排放报告的核查应遵循客观独立、诚实守信、公平公正、专业严谨的原则，依据以下文件规定开展：

—《碳排放权交易管理办法(试行)》；

—生态环境部发布的工作通知；

—生态环境部制定的温室气体排放核算方法与报告指南；

—相关标准和技术规范。

4. 核查程序和要点

4.1　核查程序

核查程序包括核查安排、建立核查技术工作组、文件评审、建立现场核查组、实施现场核查、出具《核查结论》、告知核查结果、保存核查记录八个步骤，核查工作流程图见附件1。

4.1.1 核查安排

省级生态环境主管部门应综合考虑核查任务、进度安排及所需资源组织开展核查工作。

通过政府购买服务的方式委托技术服务机构开展的，应要求技术服务机构建立有效的风险防范机制、完善的内部质量管理体系和适当的公正性保证措施，确保核查工作公平公正、客观独立开展。技术服务机构不应开展以下活动：

—向重点排放单位提供碳排放配额计算、咨询或管理服务；

—接受任何对核查活动的客观公正性产生影响的资助、合同或其他形式的服务或产品；

—参与碳资产管理、碳交易的活动，或与从事碳咨询和交易的单位存在资产和管理方面的利益关系，如隶属于同一个上级机构等；

—与被核查的重点排放单位存在资产和管理方面的利益关系，如隶属于同一个上级机构等；

—为被核查的重点排放单位提供有关温室气体排放和减排、监测、测量、报告和校准的咨询服务；

—与被核查的重点排放单位共享管理人员，或者在3年之内曾在彼此机构内相互受聘过管理人员；

—使用具有利益冲突的核查人员，如3年之内与被核查重点排放单位存在雇佣关系或为被核查的重点排放单位提供过温室气体排放或碳交易的咨询服务等；

—宣称或暗示如果使用指定的咨询或培训服务，对重点排放单位的排放报告的核查将更为简单、容易等。

4.1.2 建立核查技术工作组

省级生态环境主管部门应根据核查任务和进度安排，建立一个或多个核查技术工作组（以下简称技术工作组）开展如下工作：

—实施文件评审；

—完成《文件评审表》(见附件 2)，提出《现场核查清单》(见附件 3)的现场核查要求；

—提出《不符合项清单》(见附件 4)，交给重点排放单位整改，验证整改是否完成；

—出具《核查结论》；

—对未提交排放报告的重点排放单位，按照保守性原则对其排放量及相关数据进行测算。

技术工作组的工作可由省级生态环境主管部门及其直属机构承担，也可通过政府购买服务的方式委托技术服务机构承担。

技术工作组至少由 2 名成员组成，其中 1 名为负责人，至少 1 名成员具备被核查的重点排放单位所在行业的专业知识和工作经验。技术工作组负责人应充分考虑重点排放单位所在的行业领域、工艺流程、设施数量、规模与场所、排放特点、核查人员的专业背景和实践经验等方面的因素，确定成员的任务分工。

4.1.3　文件评审

技术工作组应根据相应行业的温室气体排放核算方法与报告指南(以下简称核算指南)、相关技术规范，对重点排放单位提交的排放报告及数据质量控制计划等支撑材料进行文件评审，初步确认重点排放单位的温室气体排放量和相关信息的符合情况，识别现场核查重点，提出现场核查时间，需访问的人员，需观察的设施、设备或操作以及需查阅的支撑文件等现场核查要求，并按附件 2 和附件 3 的格式分别填写完成《文件评审表》和《现场核查清单》提交省级生态环境主管部门。

技术工作组可根据核查工作需要，调阅重点排放单位提交的相关支撑材料如组织机构图、厂区分布图、工艺流程图、设施台账、生产日志、监测设备和计量器具台账、支撑报送数据的原始凭证，以及数据内部质量控制和质量保证相关文件和记录等。

技术工作组应将重点排放单位存在的如下情况作为文件评审重点：

—投诉举报企业温室气体排放量和相关信息存在的问题；

—日常数据监测发现企业温室气体排放量和相关信息存在的异常情况；

—上级生态环境主管部门转办交办的其他有关温室气体排放的事项。

4.1.4 建立现场核查组

省级生态环境主管部门应根据核查任务和进度安排，建立一个或多个现场核查组开展如下工作：

—根据《现场核查清单》，对重点排放单位实施现场核查，收集相关证据和支撑材料。

—详细填写《现场核查清单》的核查记录并报送技术工作组。现场核查组的工作可由省级生态环境主管部门及其直属机构承担，也可通过政府购买服务的方式委托技术服务机构承担。

现场核查组应至少由 2 人组成。为了确保核查工作的连续性，现场核查组成员原则上应为核查技术工作组的成员。对于核查人员调配存在困难等情况，现场核查组的成员可以与核查技术工作组成员不同。

对于核查年度之前连续 2 年未发现任何不符合项的重点排放单位，且当年文件评审中未发现存在疑问的信息或需要现场重点关注的内容，经省级生态环境主管部门同意后，可不实施现场核查。

4.1.5 实施现场核查

现场核查的目的是根据《现场核查清单》收集相关证据和支撑材料。

4.1.5.1 核查准备

现场核查组应按照《现场核查清单》做好准备工作，明确核查任务重点、组内人员分工、核查范围和路线，准备核查所需要的装备，如现场核查清单、记录本、交通工具、通信器材、录音录像器材、现场采样器材等。

现场核查组应于现场核查前 2 个工作日通知重点排放单位做好准备。

4.1.5.2 现场核查

现场核查组可采用以下查、问、看、验等方法开展工作。

—查:查阅相关文件和信息,包括原始凭证、台账、报表、图纸、会计账册、专业技术资料、科技文献等;保存证据时可保存文件和信息的原件,如保存原件有困难,可保存复印件、扫描件、打印件、照片或视频录像等,必要时,可附文字说明。

—问:询问现场工作人员,应多采用开放式提问,获取更多关于核算边界、排放源、数据监测以及核算过程等信息。

—看:查看现场排放设施和监测设备的运行,包括现场观察核算边界、排放设施的位置和数量、排放源的种类以及监测设备的安装、校准和维护情况等。

—验:通过重复计算验证计算结果的准确性,或通过抽取样本、重复测试确认测试结果的准确性等。

现场核查组应验证现场收集的证据的真实性,确保其能够满足核查的需要。现场核查组应在现场核查工作结束后 2 个工作日内,向技术工作组提交填写完成的《现场核查清单》。

4.1.5.3　不符合项

技术工作组应在收到《现场核查清单》后 2 个工作日内,对《现场核查清单》中未取得有效证据、不符合核算指南要求以及未按数据质量控制计划执行等情况,在《不符合项清单》(见附件 4)中“不符合项描述”一栏如实记录,并要求重点排放单位采取整改措施。

重点排放单位应在收到《不符合项清单》后的 5 个工作日内,填写完成《不符合项清单》中“整改措施及相关证据”一栏,连同相关证据材料一并提交技术工作组。技术工作组应对不符合项的整改进行书面验证,必要时可采取现场验证的方式。

4.1.6　出具《核查结论》

技术工作组应根据如下要求出具《核查结论》(见附件 5)并提交省级生态环境主管部门。

—对于未提出不符合项的,技术工作组应在现场核查结束后 5 个工作日内填写完成《核查结论》。

—对于提出不符合项的，技术工作组应在收到重点排放单位提交的《不符合项清单》“整改措施及相关证据”一栏内容后的5个工作日内填写完成《核查结论》。如果重点排放单位未在规定时间内完成对不符合项的整改，或整改措施不符合要求，技术工作组应根据核算指南与生态环境部公布的缺省值，按照保守原则测算排放量及相关数据，并填写完成《核查结论》。

—对于经省级生态环境主管部门同意不实施现场核查的，技术工作组应在省级生态环境主管部门做出不实施现场核查决定后5个工作日内，填写完成《核查结论》。

4.1.7　告知核查结果

省级生态环境主管部门应将《核查结论》告知重点排放单位。如省级生态环境主管部门认为有必要进一步提高数据质量，可在告知核查结果之前，采用复查的方式对核查过程和核查结论进行书面或现场评审。

4.1.8　保存核查记录

省级生态环境主管部门应以安全和保密的方式保管核查的全部书面(含电子)文件至少5年。

技术服务机构应将核查过程的所有记录、支撑材料、内部技术评审记录等进行归档保存至少10年。

4.2　核查要点

4.2.1　文件评审要点

4.2.1.1　重点排放单位基本情况

技术工作组应通过查阅重点排放单位的营业执照、组织机构代码证、机构简介、组织结构图、工艺流程说明、排污许可证、能源统计报表、原始凭证等文件的方式确认以下信息的真实性、准确性以及与数据质量控制计划的符合性：

—重点排放单位名称、单位性质、所属国民经济行业类别、统一社会信用代码、法定代表人、地理位置、排放报告联系人、排污许可证编号等基本信息；

—重点排放单位内部组织结构、主要产品或服务、生产工艺流程、使用的能源品种及年度能源统计报告等情况。

4.2.1.2　核算边界

技术工作组应查阅组织机构图、厂区平面图、标记排放源输入与输出的工艺流程图及工艺流程描述、固定资产管理台账、主要用能设备清单并查阅可行性研究报告及批复、相关环境影响评价报告及批复、排污许可证、承包合同、租赁协议等，确认以下信息的符合性：

—核算边界是否与相应行业的核算指南以及数据质量控制计划一致；

—纳入核算和报告边界的排放设施和排放源是否完整；

—与上一年度相比，核算边界是否存在变更等。

4.2.1.3　核算方法

技术工作组应确认重点排放单位在报告中使用的核算方法是否符合相应行业的核算指南的要求，对任何偏离指南的核算方法都应判断其合理性，并在《文件评审表》和《核查结论》中说明。

4.2.1.4　核算数据

技术工作组应重点查证核实以下四类数据的真实性、准确性和可靠性。

4.2.1.4.1　活动数据

技术工作组应依据核算指南，对重点排放单位排放报告中的每一个活动数据的来源及数值进行核查。核查的内容应包括活动数据的单位、数据来源、监测方法、监测频次、记录频次、数据缺失处理等。对支撑数据样本较多需采用抽样方法进行验证的，应考虑抽样方法、抽样数量以及样本的代表性。

如果活动数据的获取使用了监测设备，技术工作组应确认监测设备是否得到了维护和校准，维护和校准是否符合核算指南和数据质量控制计划的要求。技术工作组应确认因设备校准延迟而导致的误差是否根据设备的精度或不确定度进行了处理，以及处理的方式是否会低估排放量或过量发放配额。

针对核算指南中规定的可以自行检测或委托外部实验室检测的关键参数，技术工作组应确认重点排放单位是否具备测试条件，是否依据核算指南建立内部质量保证体系并按规定留存样品。如果不具备自行测试条件，委托的外部实验室是否有计量认证（CMA）资质认定或中国合格评定国家认可委员会（CNAS）的认可。

技术工作组应将每一个活动数据与其他数据来源进行交叉核对，其他数据来源可包括燃料购买合同、能源台账、月度生产报表、购售电发票、供热协议及报告、化学分析报告、能源审计报告等。

4.2.1.4.2 排放因子

技术工作组应依据核算指南和数据质量控制计划对重点排放单位排放报告中的每一个排放因子的来源及数值进行核查。

对采用缺省值的排放因子，技术工作组应确认与核算指南中的缺省值一致。

对采用实测方法获取的排放因子，技术工作组至少应对排放因子的单位、数据来源、监测方法、监测频次、记录频次、数据缺失处理（如适用）等内容进行核查，对支撑数据样本较多需采用抽样进行验证的，应考虑抽样方法、抽样数量以及样本的代表性。对于通过监测设备获取的排放因子数据，以及按照核算指南由重点排放单位自行检测或委托外部实验室检测的关键参数，技术工作组应采取与活动数据同样的核查方法。在核查过程中，技术工作组应将每一个排放因子数据与其他数据来源进行交叉核对，其他的数据来源可包括化学分析报告、政府间气候变化专门委员会（IPCC）缺省值、省级温室气体清单编制指南中的缺省值等。

4.2.1.4.3 排放量

技术工作组应对排放报告中排放量的核算结果进行核查，通过验证排放量计算公式是否正确、排放量的累加是否正确、排放量的计算是否可再现等方式确认排放量的计算结果是否正确。通过对比以前年份的排放报告,通过分析生产数据和排放数据的变化和波动情况确认排放量是否合理等。

4.2.1.4.4　生产数据

技术工作组依据核算指南和数据质量控制计划对每一个生产数据进行核查,并与数据质量控制计划规定之外的数据源进行交叉验证。核查内容应包括数据的单位、数据来源、监测方法、监测频次、记录频次、数据缺失处理等。对生产数据样本较多需采用抽样方法进行验证的,应考虑抽样方法、抽样数量以及样本的代表性。

4.2.1.5　质量保证和文件存档

技术工作组应对重点排放单位的质量保障和文件存档执行情况进行核查:

—是否建立了温室气体排放核算和报告的规章制度,包括负责机构和人员、工作流程和内容、工作周期和时间节点等;是否指定了专职人员负责温室气体排放核算和报告工作。

—是否定期对计量器具、监测设备进行维护管理;维护管理记录是否已存档。

—是否建立健全温室气体数据记录管理体系,包括数据来源、数据获取时间以及相关责任人等信息的记录管理;是否形成碳排放数据管理台账记录并定期报告,确保排放数据可追溯。

—是否建立温室气体排放报告内部审核制度,定期对温室气体排放数据进行交叉校验,对可能产生的数据误差风险进行识别,并提出相应的解决方案。

4.2.1.6　数据质量控制计划及执行

4.2.1.6.1　数据质量控制计划

技术工作组应从以下几个方面确认数据质量控制计划是否符合核算指南的要求:

a. 版本及修订

技术工作组应确认数据质量控制计划的版本和发布时间与实际情况

是否一致。如有修订，应确认修订满足下述情况之一或相关核算指南规定。

—因排放设施发生变化或使用新燃料、物料产生了新排放；

—采用新的测量仪器和测量方法，提高了数据的准确度；

—发现按照原数据质量控制计划的监测方法核算的数据不正确；

—发现修订数据质量控制计划可提高报告数据的准确度；

—发现数据质量控制计划不符合核算指南要求。

b. 重点排放单位情况

技术工作组可通过查阅其他平台或相关文件中的信息源（如国家企业信用信息公示系统、能源审计报告、可行性研究报告、环境影响评价报告、环境管理体系评估报告、年度能源和水统计报表、年度工业统计报表以及年度财务审计报告）等方式确认数据质量控制计划中重点排放单位的基本信息、主营产品、生产设施信息、组织机构图、厂区平面分布图、工艺流程图等相关信息的真实性和完整性。

c. 核算边界和主要排放设施描述

技术工作组可采用查阅对比文件（如企业设备台账）等方式确认排放设施的真实性、完整性以及核算边界是否符合相关要求。

d. 数据的确定方式

技术工作组应对核算所需要的各项活动数据、排放因子和生产数据的计算方法、单位、数据获取方式、相关监测测量设备信息、数据缺失时的处理方式等内容进行核查，并确认：

—是否对参与核算所需要的各项数据都确定了获取方式，各项数据的单位是否符合核算指南要求；

—各项数据的计算方法和获取方式是否合理且符合核算指南的要求；

—数据获取过程中涉及的测量设备的型号、位置是否属实；

—监测活动涉及的监测方法、监测频次、监测设备的精度和校准频次等是否符合核算指南及相应的监测标准的要求；

—数据缺失时的处理方式是否按照保守性原则确保不会低估排放量或过量发放配额。

e. 数据内部质量控制和质量保证相关规定

技术工作组应通过查阅支持材料和如下管理制度文件，对重点排放单位内部质量控制和质量保证相关规定进行核查，确认相关制度安排合理、可操作并符合核算指南要求。

—数据内部质量控制和质量保证相关规定；

—数据质量控制计划的制订、修订、内部审批以及数据质量控制计划执行等方面的管理规定；

—人员的指定情况，内部评估以及审批规定；

—数据文件的归档管理规定等。

4.2.1.6.2　数据质量控制计划执行

技术工作组应结合上述 4.2.1.1～4.2.1.5 的核查，从以下方面核查数据质量控制计划的执行情况。

—重点排放单位基本情况是否与数据质量控制计划中的报告主体描述一致；

—年度报告的核算边界和主要排放设施是否与数据质量控制计划中的核算边界和主要排放设施一致；

—所有活动数据、排放因子及相关数据是否按照数据质量控制计划实施监测；

—监测设备是否得到了有效的维护和校准，维护和校准是否符合国家、地区计量法规或标准的要求，是否符合数据质量控制计划、核算指南或设备制造商的要求；

—监测结果是否按照数据质量控制计划中规定的频次记录；

—数据缺失时的处理方式是否与数据质量控制计划一致；

—数据内部质量控制和质量保证程序是否有效实施。

对不符合核算指南要求的数据质量控制计划，应开具不符合项要求重点排放单位进行整改。

对于未按数据质量控制计划获取的活动数据、排放因子、生产数据，技术工作组应结合现场核查组的现场核查情况开具不符合项，要求重点排放单位按照保守性原则测算数据，确保不会低估排放量或过量发放配额。

4.2.1.7 其他内容

除上述内容外，技术工作组在文件评审中还应重点关注如下内容：

一投诉举报企业温室气体排放量和相关信息存在的问题；

一各级生态环境主管部门转办交办的事项；

一日常数据监测发现企业温室气体排放量和相关信息存在异常的情况；

一排放报告和数据质量控制计划中出现错误风险较高的数据以及重点排放单位是如何控制这些风险的；

一重点排放单位以往年份不符合项的整改完成情况，以及是否得到持续有效管理等。

4.2.2 现场核查要点

现场核查组应按《现场核查清单》开展核查工作，并重点关注如下内容：

一投诉举报企业温室气体排放量和相关信息存在的问题；

一各级生态环境主管部门转办交办的事项；

一日常数据监测发现企业温室气体排放量和相关信息存在异常的情况；

一重点排放单位基本情况与数据质量控制计划或其他信息源不一致的情况；

一核算边界与核算指南不符，或与数据质量控制计划不一致的情况；

一排放报告中采用的核算方法与核算指南不一致的情况；

一活动数据、排放因子、排放量、生产数据等不完整、不合理或不符合数据质量控制计划的情况；

一重点排放单位是否有效地实施了内部数据质量控制措施的情况；

—重点排放单位是否有效地执行了数据质量控制计划的情况；

—数据质量控制计划中报告主体基本情况、核算边界和主要排放设施、数据的确定方式、数据内部质量控制和质量保证相关规定等与实际情况的一致性；

—确认数据质量控制计划修订的原因，比如排放设施发生变化、使用新燃料或物料、采用新的测量仪器和测量方法等情况。

现场核查组应按《现场核查清单》收集客观证据，详细填写核查记录，并将证据文件一并提交技术工作组。相关证据材料应能证实所需要核实、确认的信息符合要求。

5. 核查复核

重点排放单位对核查结果有异议的，可在被告知核查结论之日起 7 个工作日内，向省级生态环境主管部门申请复核。复核结论应在接到复核申请之日起 10 个工作日内做出。

6. 信息公开

核查工作结束后，省级生态环境主管部门应将所有重点排放单位的《核查结论》在官方网站向社会公开，并报生态环境部汇总。如有核查复核的，应公开复核结论。

核查工作结束后，省级生态环境主管部门应对技术服务机构提供的核查服务按附件 6《技术服务机构信息公开表》的格式进行评价，在官方网站向社会公开《技术服务机构信息公开表》。评价过程应结合技术服务机构与省级生态环境主管部门的日常沟通、技术评审、复查以及核查复核等环节开展。

省级生态环境主管部门应加强信息公开管理，发现有违法违规行为的，应当依法予以公开。

附件 1：检查工作流程图（略）

附件 2：文件评审表（略）

附件 3：现场核查清单（略）

附件 4：不符合项清单（略）

附件 5：核查结论(略)

附件 6：技术服务机构信息公开表(略)

四、国家层面碳排放权交易配额总量设定与分配相关制度

8.《2019—2020 年全国碳排放权交易配额总量设定与分配实施方案(发电行业)》

2019—2020 年全国碳排放权交易配额总量设定与分配实施方案
(发电行业)

一、纳入配额管理的重点排放单位名单

根据发电行业(含其他行业自备电厂)2013—2019 年任一年排放达到 2.6 万吨二氧化碳当量(综合能源消费量约 1 万吨标准煤)及以上的企业或者其他经济组织的碳排放核查结果，筛选确定纳入 2019—2020 年全国碳市场配额管理的重点排放单位名单，并实行名录管理。

碳排放配额是指重点排放单位拥有的发电机组产生的二氧化碳排放限额，包括化石燃料消费产生的直接二氧化碳排放和净购入电力所产生的间接二氧化碳排放。对不同类别机组所规定的单位供电(热)量的碳排放限值，简称为碳排放基准值。

二、纳入配额管理的机组类别

本方案中的机组包括纯凝发电机组和热电联产机组，自备电厂参照执行，不具备发电能力的纯供热设施不在本方案范围之内。纳入 2019—2020 年配额管理的发电机组包括 300MW 等级以上常规燃煤机组，300MW 等级及以下常规燃煤机组，燃煤矸石、煤泥、水煤浆等非常规燃煤机组(含燃煤循环流化床机组)和燃气机组四个类别。对于使用非自产可

燃性气体等燃料(包括完整履约年度内混烧自产二次能源热量占比不超过10%的情况)生产电力(包括热电联产)的机组、完整履约年度内掺烧生物质(含垃圾、污泥等)热量年均占比不超过10%的生产电力(包括热电联产)机组,其机组类别按照主要燃料确定。对于纯生物质发电机组、特殊燃料发电机组、仅使用自产资源发电机组、满足本方案要求的掺烧发电机组以及其他特殊发电机组暂不纳入2019—2020年配额管理。各类机组的判定标准详见附件1。本方案对不同类别的机组设定相应碳排放基准值,按机组类别进行配额分配。

三、配额总量

省级生态环境主管部门根据本行政区域内重点排放单位2019—2020年的实际产出量以及本方案确定的配额分配方法及碳排放基准值,核定各重点排放单位的配额数量;将核定后的本行政区域内各重点排放单位配额数量进行加总,形成省级行政区域配额总量。将各省级行政区域配额总量加总,最终确定全国配额总量。

四、配额分配方法

对2019—2020年配额实行全部免费分配,并采用基准法核算重点排放单位所拥有机组的配额量。重点排放单位的配额量为其所拥有各类机组配额量的总和。

(一)配额核算采用基准法核算机组配额总量的公式为:

机组配额总量=供电基准值×实际供电量×修正系数+供热基准值×实际供热量

各类机组详细的配额计算方法见配额分配技术指南(见附件2、3)。

(二)修正系数

考虑到机组固有的技术特性等因素,通过引入修正系数进一步提高同一类别机组配额分配的公平性。各类别机组配额分配的修正系数见配额分配技术指南(见附件2、3)。本方案暂不设地区修正系数。

（三）碳排放基准值及确定原则

考虑到经济增长预期、实现控制温室气体排放行动目标、疫情对经济社会发展的影响等因素，2019—2020 年各类别机组的碳排放基准值按照附件 4 设定。

五、配额发放

省级生态环境主管部门根据配额计算方法及预分配流程，按机组 2018 年度供电（热）量的 70％，通过全国碳排放权注册登记结算系统（以下简称注登系统）向本行政区域内的重点排放单位预分配 2019—2020 年的配额。在完成 2019 和 2020 年度碳排放数据核查后，按机组 2019 和 2020 年实际供电（热）量对配额进行最终核定。核定的最终配额量与预分配的配额量不一致的，以最终核定的配额量为准，通过注登系统实行多退少补。配额计算方法、预分配流程及核定流程详见附件 2、3。

六、配额清缴

为降低配额缺口较大的重点排放单位所面临的履约负担，在配额清缴相关工作中设定配额履约缺口上限，其值为重点排放单位经核查排放量的 20％，即当重点排放单位配额缺口量占其经核查排放量比例超过 20％时，其配额清缴义务最高为其获得的免费配额量加 20％的经核查排放量。

为鼓励燃气机组发展，在燃气机组配额清缴工作中，当燃气机组经核查排放量不低于核定的免费配额量时，其配额清缴义务为已获得的全部免费配额量；当燃气机组经核查排放量低于核定的免费配额量时，其配额清缴义务为与燃气机组经核查排放量等量的配额量。

除上述情况外，纳入配额管理的重点排放单位应在规定期限内通过注登系统向其生产经营场所所在地省级生态环境主管部门清缴不少于经核查排放量的配额量，履行配额清缴义务，相关工作的具体要求另行通知。

七、重点排放单位合并、分立与关停情况的处理

纳入全国碳市场配额管理的重点排放单位发生合并、分立、关停或迁出其生产经营场所所在省级行政区域的，应在做出决议之日起30日内报其生产经营场所所在地省级生态环境主管部门核定。省级生态环境主管部门应根据实际情况，对其已获得的免费配额进行调整，向生态环境部报告并向社会公布相关情况。配额变更的申请条件和核定方法如下。

（一）重点排放单位合并

重点排放单位之间合并的，由合并后存续或新设的重点排放单位承继配额，并履行清缴义务。合并后的碳排放边界为重点排放单位在合并前各自碳排放边界之和。

重点排放单位和未纳入配额管理的经济组织合并的，由合并后存续或新设的重点排放单位承继配额，并履行清缴义务。2019—2020年的碳排放边界仍以重点排放单位合并前的碳排放边界为准，2020年后对碳排放边界重新核定。

（二）重点排放单位分立

重点排放单位分立的，应当明确分立后各重点排放单位的碳排放边界及配额量，并报其生产经营场所所在地省级生态环境主管部门确定。分立后的重点排放单位按照本方案获得相应配额，并履行各自清缴义务。

（三）重点排放单位关停或搬迁

重点排放单位关停或迁出原所在省级行政区域的，应在做出决议之日起30日内报告迁出地及迁入地省级生态环境主管部门。关停或迁出前一年度产生的二氧化碳排放，由关停单位所在地或迁出地省级生态环境主管部门开展核查、配额分配、交易及履约管理工作。

如重点排放单位关停或迁出后不再存续，2019—2020年剩余配额由其生产经营场所所在地省级生态环境主管部门收回，2020年后不再对其发放配额。

八、其他说明

(一)地方碳市场重点排放单位

对已参加地方碳市场2019年度配额分配但未参加2020年度配额分配的重点排放单位,暂不要求参加全国碳市场2019年度的配额分配和清缴。对已参加地方碳市场2019年度和2020年度配额分配的重点排放单位,暂不要求其参加全国碳市场2019年度和2020年度的配额分配和清缴。本方案印发后,地方碳市场不再向纳入全国碳市场的重点排放单位发放配额。

(二)不予发放及收回免费配额情形

重点排放单位的机组有以下情形之一的不予发放配额,已经发放配额的重点排放单位经核查后有以下情形之一的,则按规定收回相关配额。

1. 违反国家和所在省(区、市)有关规定建设的;

2. 根据国家和所在省(区、市)有关文件要求应关未关的;

3. 未依法申领排污许可证,或者未如期提交排污许可证执行报告的。

附件:

1. 各类机组判定标准(略)

2. 2019—2020年燃煤机组配额分配技术指南(略)

3. 2019—2020年燃气机组配额分配技术指南(略)

4. 纳入2019—2020年全国碳排放权交易配额管理的重点排放单位名单(略)

5. ××省(区、市)2019—2020年发电行业重点排放单位配额预分配相关数据填报表(略)

五、国家层面碳金融相关制度

9.《关于促进应对气候变化投融资的指导意见》(环气候〔2020〕57号)

关于促进应对气候变化投融资的指导意见

各省、自治区、直辖市生态环境厅(局)、发展改革委,新疆生产建设兵团生态环境局、发展改革委;中国人民银行上海总部,各分行、营业管理部,各省会(首府)城市中心支行,各副省级城市中心支行;各银保监局;各证监局;各政策性银行、大型银行、股份制银行:

为全面贯彻落实党中央、国务院关于积极应对气候变化的一系列重大决策部署,更好发挥投融资对应对气候变化的支撑作用,对落实国家自主贡献目标的促进作用,对绿色低碳发展的助推作用,现提出如下意见。

一、总体要求

(一)指导思想

以习近平新时代中国特色社会主义思想为指导,全面贯彻党的十九大和十九届二中、三中、四中全会精神,深入贯彻习近平生态文明思想和全国生态环境保护大会精神,坚持新发展理念,统筹推进"五位一体"总体布局和协调推进"四个全面"战略布局,坚定不移实施积极应对气候变化国家战略。以实现国家自主贡献目标和低碳发展目标为导向,以政策标准体系为支撑,以模式创新和地方实践为路径,大力推进应对气候变化投融资(以下简称气候投融资)发展,引导和撬动更多社会资金进入应对气候变化领域,进一步激发潜力、开拓市场,推动形成减缓和适应气候变化的能源结构、产业结构、生产方式和生活方式。

(二)基本原则

坚持目标引领。紧扣国家自主贡献目标和低碳发展目标,促进投融资活动更好地为碳排放强度下降、碳排放达峰、提高非化石能源占比、增加森林蓄积量等目标、政策和行动服务。

坚持市场导向。充分发挥市场在气候投融资中的决定性作用,更好发挥政府引导作用,有效发挥金融机构和企业在模式、机制、金融工具等方面的创新主体作用。

坚持分类施策。充分考虑地方实际情况,实施差异化的气候投融资发展路径和模式。积极营造有利于气候投融资发展的政策环境,推动形成可复制、可推广的气候投融资的先进经验和最佳实践。

坚持开放合作。以开放促发展、以合作促协同,推动气候投融资积极融入"一带一路"建设,积极参与气候投融资国际标准的制订和修订,推动中国标准在境外投资建设中的应用。

(三)主要目标

到2022年,营造有利于气候投融资发展的政策环境,气候投融资相关标准建设有序推进,气候投融资地方试点启动并初见成效,气候投融资专业研究机构不断壮大,对外合作务实深入,资金、人才、技术等各类要素资源向气候投融资领域初步聚集。

到2025年,促进应对气候变化政策与投资、金融、产业、能源和环境等各领域政策协同高效推进,气候投融资政策和标准体系逐步完善,基本形成气候投融资地方试点、综合示范、项目开发、机构响应、广泛参与的系统布局,引领构建具有国际影响力的气候投融资合作平台,投入应对气候变化领域的资金规模明显增加。

(四)定义和支持范围

气候投融资是指为实现国家自主贡献目标和低碳发展目标,引导和促进更多资金投向应对气候变化领域的投资和融资活动,是绿色金融的重要组成部分。支持范围包括减缓和适应两个方面。

1. 减缓气候变化。包括调整产业结构,积极发展战略性新兴产业;优化能源结构,大力发展非化石能源;开展碳捕集、利用与封存试点示范;

控制工业、农业、废弃物处理等非能源活动温室气体排放；增加森林、草原及其他碳汇等。

2. 适应气候变化。包括提高农业、水资源、林业和生态系统、海洋、气象、防灾减灾救灾等重点领域适应能力；加强适应基础能力建设，加快基础设施建设、提高科技能力等。

二、加快构建气候投融资政策体系

（一）强化环境经济政策引导

推动形成积极应对气候变化的环境经济政策框架体系，充分发挥环境经济政策对于应对气候变化工作的引导作用。加快建立国家气候投融资项目库，挖掘高质量的低碳项目。推动建立低碳项目资金需求方和供给方的对接平台，加强低碳领域的产融合作。研究制定符合低碳发展要求的产品和服务需求标准指引，推动低碳采购和消费，不断培育市场和扩大需求。

（二）强化金融政策支持

完善金融监管政策，推动金融市场发展，支持和激励各类金融机构开发气候友好型的绿色金融产品。鼓励金融机构结合自身职能定位、发展战略、风险偏好等因素，在风险可控、商业可持续的前提下，对重大气候项目提供有效的金融支持。支持符合条件的气候友好型企业通过资本市场进行融资和再融资。鼓励通过市场化方式推动小微企业和社会公众参与应对气候变化行动。有效防范和化解气候投融资风险。

（三）强化各类政策协同

明确主管部门责权，完善部门协调机制，将气候变化因素纳入宏观和行业部门产业政策制定中，形成政策合力。加快推动气候投融资相关政策与实现国家应对气候变化和低碳发展中长期战略目标及国家自主贡献间的系统性响应，加强气候投融资与绿色金融的政策协调配合。

三、逐步完善气候投融资标准体系

（一）统筹推进标准体系建设

充分发挥标准对气候投融资活动的预期引导和倒逼促进作用，加快构建需求引领、创新驱动、统筹协调、注重实效的气候投融资标准体系。气候投融资标准与绿色金融标准要协调一致，便利标准使用与推广。推动气候投融资标准国际化。

（二）制订气候项目标准

以应对气候变化效益为衡量指标，与现有相关技术标准体系和《绿色产业指导目录（2019 年版）》等相衔接，研究探索通过制订气候项目技术标准、发布重点支持气候项目目录等方式支持气候项目投融资。推动建立气候项目界定的第三方认证体系，鼓励对相关金融产品和服务开展第三方认证。

（三）完善气候信息披露标准

加快制订气候投融资项目、主体和资金的信息披露标准，推动建立企业公开承诺、信息依法公示、社会广泛监督的气候信息披露制度。明确气候投融资相关政策边界，推动气候投融资统计指标研究，鼓励建立气候投融资统计监测平台，集中管理和使用相关信息。

（四）建立气候绩效评价标准

鼓励信用评级机构将环境、社会和治理等因素纳入评级方法，以引导资本流向应对气候变化等可持续发展领域。鼓励对金融机构、企业和各地区的应对气候变化表现进行科学评价和社会监督。

四、鼓励和引导民间投资与外资进入气候投融资领域

（一）激发社会资本的动力和活力

强化对撬动市场资金投向气候领域的引导机制和模式设计，支持在

气候投融资中通过多种形式有效拉动和撬动社会资本，鼓励"政银担""政银保""银行贷款＋风险保障补偿金""税融通"等合作模式，依法建立损失分担、风险补偿、担保增信等机制，规范推进政府和社会资本合作（PPP）项目。

（二）充分发挥碳排放权交易机制的激励和约束作用

稳步推进碳排放权交易市场机制建设，不断完善碳资产的会计确认和计量，建立健全碳排放权交易市场风险管控机制，逐步扩大交易主体范围，适时增加符合交易规则的投资机构和个人参与碳排放权交易。在风险可控的前提下，支持机构及资本积极开发与碳排放权相关的金融产品和服务，有序探索运营碳期货等衍生产品和业务。探索设立以碳减排量为项目效益量化标准的市场化碳金融投资基金。鼓励企业和机构在投资活动中充分考量未来市场碳价格带来的影响。

（三）引进国际资金和境外投资者

进一步加强与国际金融机构和外资企业在气候投融资领域的务实合作，积极借鉴国际良好实践和金融创新。支持境内符合条件的绿色金融资产跨境转让，支持离岸市场不断丰富人民币绿色金融产品及交易，不断促进气候投融资便利化。支持我国金融机构和企业到境外进行气候融资，积极探索通过主权担保为境外融资增信，支持建立人民币绿色海外投贷基金。支持和引导合格的境外机构投资者参与中国境内的气候投融资活动，鼓励境外机构到境内发行绿色金融债券，鼓励境外投资者更多投资持有境内人民币绿色金融资产，鼓励使用人民币作为相关活动的跨境结算货币。

五、引导和支持气候投融资地方实践

（一）开展气候投融资地方试点

按照国务院关于区域金融改革工作的部署，积极支持绿色金融区域试点工作。选择实施意愿强、基础条件较优、具有带动作用和典型性的地方，开展以投资政策指导、强化金融支持为重点的气候投融资试点。

（二）营造有利的地方政策环境

鼓励地方加强财政投入支持，不断完善气候投融资配套政策。支持地方制定投资负面清单抑制高碳投资，创新激励约束机制推动企业减排，发挥碳排放标准预期引领和倒逼促进作用，指导各地做好气候项目的储备，进一步完善资金安排的联动机制，为利用多种渠道融资提供良好条件，带动低碳产业发展。

（三）鼓励地方开展模式和工具创新

鼓励地方围绕应对气候变化工作目标和重点任务，结合本地实际，探索差异化的投融资模式、组织形式、服务方式和管理制度创新。鼓励银行业金融机构和保险公司设立特色支行（部门），或将气候投融资作为绿色支行（部门）的重要内容。鼓励地方建立区域性气候投融资产业促进中心。支持地方与国际金融机构和外资机构开展气候投融资合作。

六、深化气候投融资国际合作

积极推动双边和多边的气候投融资务实合作，在重点国家和地区开展第三方市场合作。鼓励金融机构支持"一带一路"和"南南合作"的低碳化建设，推动气候减缓和适应项目在境外落地。规范金融机构和企业在境外的投融资活动，推动其积极履行社会责任，有效防范和化解气候风险。积极开展气候投融资标准的研究和国际合作，推动中国标准在境外投资建设中的应用。

七、强化组织实施

各地有关部门要高度重视气候投融资工作，加强沟通协调，形成工作合力。生态环境部会同发展改革委、中国人民银行、银保监会、证监会等部门建立工作协调机制，密切合作、协同推进气候投融资工作。有关部门要依据职责明确分工，进一步细化目标任务和政策措施，确保本意见确定的各项任务及时落地见效。

生态环境部
国家发展和改革委员会
中国人民银行
中国银行保险监督管理委员会
中国证券监督管理委员会
2020年10月20日

（此件社会公开）

生态环境部办公厅2020年10月21日印发。

六、上海试点政策

10.《上海市碳排放管理试行办法》（沪府令10号）

上海市碳排放管理试行办法

（2013年11月18日上海市人民政府令第10号公布）

第一章　总　则

第一条（目的和依据）

为了推动企业履行碳排放控制责任，实现本市碳排放控制目标，规范本市碳排放相关管理活动，推进本市碳排放交易市场健康发展，根据国务院《“十二五”控制温室气体排放工作方案》等有关规定，结合本市实际，制定本办法。

第二条（适用范围）

本办法适用于本市行政区域内碳排放配额的分配、清缴、交易以及碳排放监测、报告、核查、审定等相关管理活动。

第三条（管理部门）

市发展改革部门是本市碳排放管理工作的主管部门，负责对本市碳排放管理工作进行综合协调、组织实施和监督保障。

本市经济信息化、建设交通、商务、交通港口、旅游、金融、统计、质量技监、财政、国资等部门按照各自职责，协同实施本办法。

本办法规定的行政处罚职责，由市发展改革部门委托上海市节能监察中心履行。

第四条（宣传培训）

市发展改革部门及相关部门应当加强碳排放管理的宣传、培训，鼓励企事业单位和社会组织参与碳排放控制活动。

第二章　配额管理

第五条（配额管理制度）

本市建立碳排放配额管理制度。年度碳排放量达到规定规模的排放单位，纳入配额管理；其他排放单位可以向市发展改革部门申请纳入配额管理。

纳入配额管理的行业范围以及排放单位的碳排放规模的确定和调整，由市发展改革部门会同相关行业主管部门拟订，并报市政府批准。纳入配额管理的排放单位名单由市发展改革部门公布。

第六条（总量控制）

本市碳排放配额总量根据国家控制温室气体排放的约束性指标，结合本市经济增长目标和合理控制能源消费总量目标予以确定。

纳入配额管理的单位应当根据本单位的碳排放配额，控制自身碳排放总量，并履行碳排放控制、监测、报告和配额清缴责任。

第七条（分配方案）

市发展改革部门应当会同相关部门制定本市碳排放配额分配方案，

明确配额分配的原则、方法以及流程等事项，并报市政府批准。

配额分配方案制定过程中，应当听取纳入配额管理的单位、有关专家及社会组织的意见。

第八条（配额确定）

市发展改革部门应当综合考虑纳入配额管理单位的碳排放历史水平、行业特点以及先期节能减排行动等因素，采取历史排放法、基准线法等方法，确定各单位的碳排放配额。

第九条（配额分配）

市发展改革部门应当根据本市碳排放控制目标以及工作部署，采取免费或者有偿的方式，通过配额登记注册系统，向纳入配额管理的单位分配配额。

第十条（配额承继）

纳入配额管理的单位合并的，其配额及相应的权利义务由合并后存续的单位或者新设的单位承继。

纳入配额管理的单位分立的，应当依据排放设施的归属，制定合理的配额分拆方案，并报市发展改革部门。其配额及相应的权利义务，由分立后拥有排放设施的单位承继。

第三章　碳排放核查与配额清缴

第十一条（监测制度）

纳入配额管理的单位应当于每年 12 月 31 日前，制定下一年度碳排放监测计划，明确监测范围、监测方式、频次、责任人员等内容，并报市发展改革部门。

纳入配额管理的单位应当加强能源计量管理，严格依据监测计划实施监测。监测计划发生重大变更的，应当及时向市发展改革部门报告。

第十二条（报告制度）

纳入配额管理的单位应当于每年 3 月 31 日前，编制本单位上一年度碳排放报告，并报市发展改革部门。

年度碳排放量在1万吨以上但尚未纳入配额管理的排放单位应当于每年3月31日前,向市发展改革部门报送上一年度碳排放报告。

提交碳排放报告的单位应当对所报数据和信息的真实性、完整性负责。

第十三条(碳排放核查制度)

本市建立碳排放核查制度,由第三方机构对纳入配额管理单位提交的碳排放报告进行核查,并于每年4月30日前,向市发展改革部门提交核查报告。市发展改革部门可以委托第三方机构进行核查;根据本市碳排放管理的工作部署,也可以由纳入配额管理的单位委托第三方机构核查。

在核查过程中,纳入配额管理的单位应当配合第三方机构开展工作,如实提供有关文件和资料。第三方机构及其工作人员应当遵守国家和本市相关规定,独立、公正地开展碳排放核查工作。

第三方机构应当对核查报告的规范性、真实性和准确性负责,并对被核查单位的商业秘密和碳排放数据负有保密义务。

第十四条(第三方机构管理)

市发展改革部门应当建立与碳排放核查工作相适应的第三方机构备案管理制度和核查工作规则,建立向社会公开的第三方机构名录,并对第三方机构及其碳排放核查工作加强监督管理。

第十五条(年度碳排放量的审定)

市发展改革部门应当自收到第三方机构出具的核查报告之日起30日内,依据核查报告,结合碳排放报告,审定年度碳排放量,并将审定结果通知纳入配额管理的单位。碳排放报告以及核查、审定情况由市发展改革部门抄送相关部门。

有下列情形之一的,市发展改革部门应当组织对纳入配额管理的单位进行复查并审定年度碳排放量:

(一)年度碳排放报告与核查报告中认定的年度碳排放量相差10%或者10万吨以上;

（二）年度碳排放量与前一年度碳排放量相差20%以上；

（三）纳入配额管理的单位对核查报告有异议，并能提供相关证明材料；

（四）其他有必要进行复查的情况。

第十六条（配额清缴）

纳入配额管理的单位应当于每年6月1日至6月30日期间，依据经市发展改革部门审定的上一年度碳排放量，通过登记系统，足额提交配额，履行清缴义务。纳入配额管理的单位用于清缴的配额，在登记系统内注销。

用于清缴的配额应当为上一年度或者此前年度配额；本单位配额不足以履行清缴义务的，可以通过交易，购买配额用于清缴。配额有结余的，可以在后续年度使用，也可以用于配额交易。

第十七条（抵销机制）

纳入配额管理的单位可以将一定比例的国家核证自愿减排量（CCER）用于配额清缴。用于清缴时，每吨国家核证自愿减排量相当于1吨碳排放配额。国家核证自愿减排量的清缴比例由市发展改革部门确定并向社会公布。

本市纳入配额管理的单位在其排放边界范围内的国家核证自愿减排量不得用于本市的配额清缴。

第十八条（关停和迁出时的清缴）

纳入配额管理的单位解散、注销、停止生产经营或者迁出本市的，应当在15日内，向市发展改革部门报告当年碳排放情况。市发展改革部门接到报告后，由第三方机构对该单位的碳排放情况进行核查，并由市发展改革部门审定当年碳排放量。

纳入配额管理的单位根据市发展改革部门的审定结论完成配额清缴义务。该单位已无偿取得的此后年度配额的50%，由市发展改革部门收回。

第四章　配额交易

第十九条（配额交易制度）

本市实行碳排放交易制度，交易标的为碳排放配额。

本市鼓励探索创新碳排放交易相关产品。

碳排放交易平台设在上海环境能源交易所（以下称“交易所”）。

第二十条（交易规则）

交易所应当制订碳排放交易规则，明确交易参与方的条件、交易参与方的权利义务、交易程序、交易费用、异常情况处理以及纠纷处理等，报经市发展改革部门批准后由交易所公布。

交易所应当根据碳排放交易规则，制定会员管理、信息发布、结算交割以及风险控制等相关业务细则，并提交市发展改革部门备案。

第二十一条（交易参与方）

纳入配额管理的单位以及符合本市碳排放交易规则规定的其他组织和个人，可以参与配额交易活动。

第二十二条（会员交易）

交易所会员分为自营类会员和综合类会员。自营类会员可以进行自营业务；综合类会员可以进行自营业务，也可以接受委托从事代理业务。

纳入配额管理的单位作为交易所的自营类会员，并可以申请作为交易所的综合类会员。

第二十三条（交易方式）

配额交易应当采用公开竞价、协议转让以及符合国家和本市规定的其他方式进行。

第二十四条（交易价格）

碳排放配额的交易价格，由交易参与方根据市场供需关系自行确定。任何单位和个人不得采取欺诈、恶意串通或者其他方式，操纵碳排放交易价格。

第二十五条（交易信息管理）

交易所应当建立碳排放交易信息管理制度，公布交易行情、成交量、成交金额等交易信息，并及时披露可能影响市场重大变动的相关信息。

第二十六条（资金结算和配额交割）

碳排放交易资金的划付，应当通过交易所指定结算银行开设的专用账户办理。结算银行应当按照碳排放交易规则的规定，进行交易资金的管理和划付。

碳排放交易应当通过登记注册系统，实现配额交割。

第二十七条（交易费用）

交易参与方开展交易活动应当缴纳交易手续费。交易手续费标准由市价格主管部门制定。

第二十八条（风险管理）

市发展改革部门根据经济社会发展情况、碳排放控制形势等，会同有关部门采取相应调控措施，维护碳排放交易市场的稳定。

交易所应当加强碳排放交易风险管理，并建立下列风险管理制度：

（一）涨跌幅限制制度；

（二）配额最大持有量限制制度以及大户报告制度；

（三）风险警示制度；

（四）风险准备金制度；

（五）市发展改革部门明确的其他风险管理制度。

第二十九条（异常情况处理）

当交易市场出现异常情况时，交易所可以采取调整涨跌幅限制、调整交易参与方的配额最大持有量限额、暂时停止交易等紧急措施，并应当立即报告市发展改革部门。异常情况消失后，交易所应当及时取消紧急措施。

前款所称异常情况，是指在交易中发生操纵交易价格的行为或者发生不可抗拒的突发事件以及市发展改革部门明确的其他情形。

第三十条（区域交易）

本市探索建立跨区域碳排放交易市场，鼓励其他区域企业参与本市碳排放交易。

第五章　监督与保障

第三十一条（监督管理）

市发展改革部门应当对下列活动加强监督管理：

（一）纳入配额管理单位的碳排放监测、报告以及配额清缴等活动；

（二）第三方机构开展碳排放核查工作的活动；

（三）交易所开展碳排放交易、资金结算、配额交割等活动；

（四）与碳排放配额管理以及碳排放交易有关的其他活动。

市发展改革部门实施监督管理时，可以采取下列措施：

（一）对纳入配额管理单位、交易所、第三方机构等进行现场检查；

（二）询问当事人及与被调查事件有关的单位和个人；

（三）查阅、复制当事人及与被调查事件有关的单位和个人的碳排放交易记录、财务会计资料以及其他相关文件和资料。

第三十二条（登记系统）

本市建立碳排放配额登记注册系统，对碳排放配额实行统一登记。

配额的取得、转让、变更、清缴、注销等应当依法登记，并自登记日起生效。

第三十三条（交易所）

交易所应当配备专业人员，建立健全各项规章制度，加强对交易活动的风险控制和内部监督管理，并履行下列职责：

（一）为碳排放交易提供交易场所、系统设施和交易服务；

（二）组织并监督交易、结算和交割；

（三）对会员及其客户等交易参与方进行监督管理；

（四）市发展改革部门明确的其他职责。

交易所及其工作人员应当自觉遵守相关法律、法规、规章的规定，执行交易规则的各项制度，定期向市发展改革部门报告交易情况，接受市发展改革部门的指导和监督。

第三十四条(金融支持)

鼓励银行等金融机构优先为纳入配额管理的单位提供与节能减碳项目相关的融资支持,并探索碳排放配额担保融资等新型金融服务。

第三十五条(财政支持)

本市在节能减排专项资金中安排资金,支持本市碳排放管理相关能力建设活动。

第三十六条(政策支持)

纳入配额管理的单位开展节能改造、淘汰落后产能、开发利用可再生能源等,可以继续享受本市规定的节能减排专项资金支持政策。

本市支持纳入配额管理的单位优先申报国家节能减排相关扶持政策和预算内投资的资金支持项目。本市节能减排相关扶持政策,优先支持纳入配额管理的单位所申报的项目。

第六章　法律责任

第三十七条(未履行报告义务的处罚)

纳入配额管理的单位违反本办法第十二条的规定,虚报、瞒报或者拒绝履行报告义务的,由市发展改革部门责令限期改正;逾期未改正的,处以 1 万元以上 3 万元以下的罚款。

第三十八条(未按规定接受核查的处罚)

纳入配额管理的单位违反本办法第十三条第二款的规定,在第三方机构开展核查工作时提供虚假、不实的文件资料,或者隐瞒重要信息的,由市发展改革部门责令限期改正;逾期未改正的,处以 1 万元以上 3 万元以下的罚款;无理抗拒、阻碍第三方机构开展核查工作的,由市发展改革部门责令限期改正,处以 3 万元以上 5 万元以下的罚款。

第三十九条(未履行配额清缴义务的处罚)

纳入配额管理的单位未按照本办法第十六条的规定履行配额清缴义务的,由市发展改革部门责令履行配额清缴义务,并可处以 5 万元以上 10 万元以下的罚款。

第四十条(行政处理措施)

纳入配额管理的单位违反本办法第十二条、第十三条第二款、第十六条的规定,除适用本办法第三十七条、第三十八条、第三十九条的规定外,市发展改革部门还可以采取以下措施:

(一)将其违法行为按照有关规定,记入该单位的信用信息记录,向工商、税务、金融等部门通报有关情况,并通过政府网站或者媒体向社会公布;

(二)取消其享受当年度及下一年度本市节能减排专项资金支持政策的资格,以及 3 年内参与本市节能减排先进集体和个人评比的资格;

(三)将其违法行为告知本市相关项目审批部门,并由项目审批部门对其下一年度新建固定资产投资项目节能评估报告表或者节能评估报告书不予受理。

第四十一条(第三方机构责任)

第三方机构违反本办法第十三条第三款规定,有下列情形之一的,由市发展改革部门责令限期改正,处以 3 万元以上 10 万元以下罚款:

(一)出具虚假、不实核查报告的;

(二)核查报告存在重大错误的;

(三)未经许可擅自使用或者发布被核查单位的商业秘密和碳排放信息的。

第四十二条(交易所责任)

交易所有下列行为之一的,由市发展改革部门责令限期改正,处以 1 万元以上 5 万元以下罚款:

(一)未按照规定公布交易信息的;

(二)违反规定收取交易手续费的;

(三)未建立并执行风险管理制度的;

(四)未按照规定向市发展改革部门报送有关文件、资料的。

第四十三条(行政责任)

市发展改革部门和其他有关部门的工作人员有下列行为之一的,依法给予警告、记过或者记大过处分；情节严重的，给予降级、撤职或者开除处分；构成犯罪的，依法追究刑事责任：

（一）在配额分配、碳排放核查、碳排放量审定、第三方机构管理等工作中，徇私舞弊或者谋取不正当利益的；

（二）对发现的违法行为不依法纠正、查处的；

（三）违规泄露与碳排放交易相关的保密信息，造成严重影响的；

（四）其他未依法履行监督管理职责的情形。

第七章　附　则

第四十四条（名词解释）

本办法下列用语的含义：

（一）碳排放，是指二氧化碳等温室气体的直接排放和间接排放。

直接排放，是指煤炭、天然气、石油等化石能源燃烧活动和工业生产过程等产生的温室气体排放。

间接排放，是指因使用外购的电力和热力等所导致的温室气体排放。

（二）碳排放配额是指企业等在生产经营过程中排放二氧化碳等温室气体的额度，1 吨碳排放配额（简称 SHEA）等于 1 吨二氧化碳当量（$1tCO_2$）。

（三）历史排放法，是指以纳入配额管理的单位在过去一定年度的碳排放数据为主要依据，确定其未来年度碳排放配额的方法。

基准线法，是指以纳入配额管理单位的碳排放效率基准为主要依据，确定其未来年度碳排放配额的方法。

（四）排放设施，是指具备相对独立功能的，直接或者间接排放温室气体的生产运营系统，包括生产设备、建筑物、构筑物等。

（五）排放边界，是指《上海市温室气体排放核算与报告指南》及相关行业方法规定的温室气体排放核算范围。

（六）国家核证自愿减排量，是指根据国家发展改革部门《温室气体自愿减排交易管理暂行办法》的规定，经其备案并在国家登记系统登记的自愿减排项目减排量。

本办法所称“以上”“以下”，包括本数。

第四十五条（实施日期）

本办法自2013年11月20日起施行。

11.《上海市人民政府关于本市开展碳排放交易试点工作的实施意见》(沪府发〔2012〕64号)

上海市人民政府关于本市开展碳排放交易试点工作的实施意见

（沪府发〔2012〕64号）

各区、县人民政府，市政府各委、办、局，各有关单位：

为贯彻落实国家“十二五”规划纲要中关于逐步建立国内碳排放交易市场的要求，推动运用市场机制以较低成本实现本市节能低碳发展目标，促进本市“创新驱动、转型发展”，根据国务院印发的《“十二五”控制温室气体排放工作方案》以及《国家发展改革委办公厅关于开展碳排放权交易试点工作的通知》的要求，现就本市开展碳排放交易试点工作（以下简称“试点工作”）提出以下实施意见：

一、指导思想和基本原则

（一）指导思想

建立政府指导下的市场化碳排放交易机制，引导企业实现较低成本的主动减排，推动本市碳排放强度的持续下降和节能低碳发展目标的实现，促进本市“碳服务”关联产业的发展和专业人才队伍、机构能力建设，为本市进一步发展创新型碳金融市场、建设全国性碳排放交易市场和交易平台、推动“四个中心”建设进行探索和实践。

（二）基本原则

一是政府指导，市场运作。加强政府对试点工作的总体部署和对试点中出现的新情况、新问题的统筹协调，充分发挥市场机制作用，有效降低区域减排成本。

二是控制强度，相对减排。以降低碳排放强度为目标，在推动企业转型发展的基础上，合理确定企业排放配额，促进企业碳减排目标的实现。

三是聚焦重点，区别对待。以碳排放规模大、强度高或增长快的行业为重点，对鼓励行业与非鼓励行业、现有企业和新增企业区别对待。

二、主要目标

建立本市重点碳排放企业碳排放报告和核查制度、企业碳排放配额分配制度，建立碳排放登记注册、交易和监管等基础支撑体系。到2015年，初步建成具有一定兼容性、开放性和示范效应的区域碳排放交易市场，为碳排放交易的全面推行和全国碳交易市场的建设先试先行。

三、主要安排

（一）试点范围

本市行政区域内钢铁、石化、化工、有色、电力、建材、纺织、造纸、橡胶、化纤等工业行业2010—2011年中任何一年二氧化碳排放量两万吨及以上（包括直接排放和间接排放，下同）的重点排放企业，以及航空、港口、机场、铁路、商业、宾馆、金融等非工业行业2010—2011年中任何一年二氧化碳排放量一万吨及以上的重点排放企业，应当纳入试点范围（这些企业以下简称“试点企业”）。试点企业应按规定实行碳排放报告制度，获得碳排放配额并进行管理，接受碳排放核查并按规定履行碳排放控制责任。

目前及2012—2015年中二氧化碳年排放量一万吨及以上的其他企业，在试点期间实行碳排放报告制度（这些企业以下简称“报告企业”），为下一阶段扩大试点范围做好准备。

试点期间，可根据实际情况，在本市重点用能和排放企业范围内适当扩大试点范围。

（二）试点时间

2013 年至 2015 年。

（三）交易参与方

交易参与方以试点企业为主，符合条件的其他主体也可参与交易。研究并适时引入投资机构参与交易。

（四）交易标的

以二氧化碳排放配额为主，经国家或本市核证的基于项目的温室气体减排量为补充。积极探索碳排放交易相关产品创新。

（五）配额分配

原则上，基于 2009—2011 年试点企业二氧化碳排放水平，兼顾行业发展阶段，适度考虑合理增长和企业先期节能减排行动，按各行业配额分配方法，一次性分配试点企业 2013—2015 年各年度碳排放配额。对部分有条件的行业，按行业基准线法则进行配额分配。试点期间，碳排放初始配额实行免费发放。适时推行拍卖等有偿方式。

（六）登记注册

建立登记注册系统，对碳排放配额的发放、持有、转移、注销等实行统一登记管理。

（七）交易及履约

碳排放配额交易在本市交易平台上进行。试点企业通过交易平台购买或出售持有的配额，并在每年度规定时间内，上缴与上一年度实际碳排放量相当的配额，履行碳排放控制责任？试点期间，试点企业碳排放配额不可预借，可跨年度储存使用。

（八）碳排放报告和第三方核查

建立企业碳排放监测、报告和第三方核查制度。试点企业与报告企业应于规定时间内提交上一年度企业碳排放报告；第三方核查机构对试点企业提交的碳排放报告进行核查。

（九）交易平台

依托上海环境能源交易所，建立本市碳排放交易平台，建设交易系统，组织开展交易。

（十）监督管理

建立碳排放交易监管体系，明确监管责任，对交易参与方、第三方核查机构、交易平台等进行监督管理。

四、主要任务

（一）制定本市碳排放试点交易管理办法。明确碳排放交易市场体系规则，规范、有效地推进各项试点工作。同时，开展相关地方立法前期研究。

（二）确定企业名单。在本实施意见所确定的试点范围基础上，明确试点企业和报告企业名单，组织开展碳排放交易试点各项工作。

（三）制定核算方法，科学核定企业碳排放。根据本市的实际情况，制定企业碳排放核算指南，并针对试点企业所属行业特点，界定行业碳排放报告边界和核算方法，开展企业碳排放初始盘查。

（四）制定分配方法，开展配额分配。根据本市节能减排工作要求和碳强度下降目标，测算并确定试点企业碳排放控制目标。研究制定分行业配额分配方法，对试点企业进行配额分配。

（五）建设登记注册系统。建设登记注册系统，对碳排放配额进行统一管理；明确登记注册系统管理职责，加强系统的运行、维护、管理。

（六）建设培育交易平台。研究制定交易相关各项规则，明确交易平台工作职责；建设交易系统，完善交易平台各项功能；支持交易平台做大做强，为建设全国性交易平台做好准备。

（七）培育市场，适度调控。政府可持有部分配额，用于市场调控，适度引入补充机制、退出机制等手段，促进减排成本合理下降，引导碳排放交易市场良性发展，促进相关金融、服务产业的形成。

（八）构建碳排放交易基础管理制度。建立企业年度碳排放报告制度，明确企业碳排放报告规则等；建立第三方核查制度，完善核查机构管理体系等;建立相关监管体系,加强对试点各参与方的监管。

五、工作进度

(一)2012 年,完成各项试点前期准备工作和基础支撑体系建设。包括科学设定试点碳排放总量控制目标,确定试点企业名单、配额分配方法和企业碳排放核算指南,完成试点企业碳排放初始盘查和配额分配;建立配额登记注册系统和交易结算系统;制定和颁布相关试点规范性文件;明确监管措施和监管职责。

(二)2013—2015 年,启动并正式开展试点交易,维护并确保交易体系的正常运行。试点企业在本市交易平台上开展场内交易,政府相关管理部门加强对交易体系运行情况的适时跟踪分析、评价和完善。

2015 年以后,对试点工作进行整体分析评估,根据国家统一部署推进碳排放交易工作。

六、保障措施

(一)加强组织领导。成立市碳排放交易试点工作领导小组,负责试点工作的总体指导和协调。由分管市领导任组长,市发展改革委、市经济信息化委、市商务委、市财政局、市建设交通委、市国资委、市统计局、市旅游局、市交通港口局、市质量技监局、市政府法制办、市金融办等部门相关负责人为成员。

领导小组下设办公室,设在市发展改革委,具体负责试点工作推进落实,依托相关专业机构负责试点日常工作,落实各项试点任务。市发展改革委负责人担任办公室主任。

组建本市碳排放交易专家委员会,邀请国内及本市低碳和应对气候变化等领域及相关行业专家组成,提供专业指导、技术支持和决策咨询。

市发展改革委及各相关部门要加强协调,根据各自职责分工,做好试点相关工作(部门和单位具体分工附后)。

(二)强化企业责任。试点企业要明确相关责任人,落实责任部门,配备相应人员，加强本企业碳排放相关的监测、计量、统计体系建设；主动、及时、真实提交本企业碳排放数据，配合做好企业盘查和核查等工作；遵守各项交易制度，积极参与交易试点，履行碳排放控制责任。报告企业要加强本企业碳排放报告基础工作，按照企业碳排放报告制度要求履行报告义务。

（三）研究建立相关激励与约束机制。研究相关财政和金融等支持政策，制定相关行政、经济、法律等措施，鼓励试点企业和相关机构积极参与碳排放交易，规范交易参与方的交易活动，约束试点企业的碳排放行为。

（四）加大资金支持力度。安排市级财政资金，支持企业碳排放监测报告能力和开展碳排放交易相关能力建设，支持试点政策及制度研究、试点方案设计、开展碳排放初始盘查和第三方核查，支持建立温室气体排放统计监测体系，支持登记注册系统、交易平台等基础支撑体系的建设和运行。

（五）加强能力建设。加强试点企业和相关机构的专业人才队伍建设。组织开展培训，全面提高试点企业碳排放监测报告和管理能力、第三方机构核查能力、交易平台运行能力和管理机构监管能力等。加强与国际国内相关机构的合作交流。支持碳排放交易相关机构的发展。

（六）加强舆论宣传。加强对试点工作重要意义和政策措施的宣传，增强试点企业社会责任意识，为本市开展试点工作营造良好的氛围。

上海市人民政府

二〇一二年七月三日

12.《上海市温室气体排放核算与报告指南(试行)》(沪发改环资〔2012〕180号)

上海市温室气体排放核算与报告指南(试行)

2012年12月11日发布

2013年1月1日实施

上海市发展和改革委员会发布

前　言

气候变化是全球共同面临的重大挑战,关系到人类的生存和发展。从我国现阶段发展来看,能源结构仍旧以煤为主,经济结构性矛盾十分突出,随着能源消耗的不断增长,控制温室气体排放面临巨大压力。因此,控制温室气体排放,积极应对气候变化,切实推动低碳发展,已成为我国落实科学发展观、加快转变经济发展方式的重要抓手。

2011年10月,国家发展和改革委员会印发了《国家发展改革委办公厅关于开展碳排放权交易试点工作的通知》(发改办气候〔2011〕2601号),要求在上海等七个省市开展区域碳排放交易试点。2012年7月,上海市人民政府印发了《上海市人民政府关于本市开展碳排放交易试点工作的实施意见》(沪府发〔2012〕64号),要求制定出台上海市温室气体排放核算指南和分行业的核算方法等。

温室气体排放核算和报告是开展碳排放交易的一项基础工作。为指导和规范本市排放主体的温室气体核算、监测和报告行为,上海市发展和改革委员会组织了上海环境能源交易所、上海市信息中心、上海市节能减排中心等单位开展了本指南和相关行业方法的研究和制定工作。制定过程中,参考了国际和国内相关技术标准、指南和文献资料,听取了相关行业协会和国内外专家意见,通过对各行业企业的大量调研,结合上海实际，制定本指南。本指南旨在加强上海市温室气体排放核算与报告的科学性、规范性和可操作性，指导排放主体开展温室气体排放监测、核算，并编制“方法科学、数据透明、格式一致、结果可比”的排放报告。同时，本指南也是本市制定相关行业温室气体排放核算和报告方法的重要依据。

鉴于此类指南在国内是首次发布，本指南可能还存在不足之处，希望在使用过程中能够及时得到相关反馈意见。今后将根据使用情况和实际需要，做进一步的修订和完善。

本指南由上海市发展和改革委员会提出并负责解释和修订。本指南起草单位：上海环境能源交易所。

本指南参与单位：上海市信息中心、上海市节能减排中心、上海市统计局、上海市经济和信息化委员会、上海市商务委员会、上海市城乡建设和交通委员会、上海市旅游局、上海市金融服务办公室、上海市交通和港口管理局、上海市质量和技术监督局。

本指南主要起草人：顾庆平、王延松、臧奥乾、宾晖、陆冰清、唐玮、李瑾、李青青。本指南主要参与人：凌云、刘佳、朱君奕、齐康、鞠学泉、余星、蒋文闻、张东海、臧玲、罗鸿斌、彭鹓、潘洲、金韬、蒲军军。

本指南咨询专家：孙翠华、郑爽、林翎、康艳兵、王庶、唐人虎、朱松丽、胡晓强、朱静蕾、孙富敬、马蔚纯、沈猛。

0. 引言

本指南主要包括三大部分：核算、监测和报告。核算部分规定了温室气体排放的量化方法；监测部分规定了监测计划和实施要求；报告部分规定了报告的具体内容和数据质量控制要求。

本指南中，温室气体排放是指二氧化碳气体的排放，其他温室气体排放暂不纳入。上海市温室气体排放核算和报告基本流程如下：

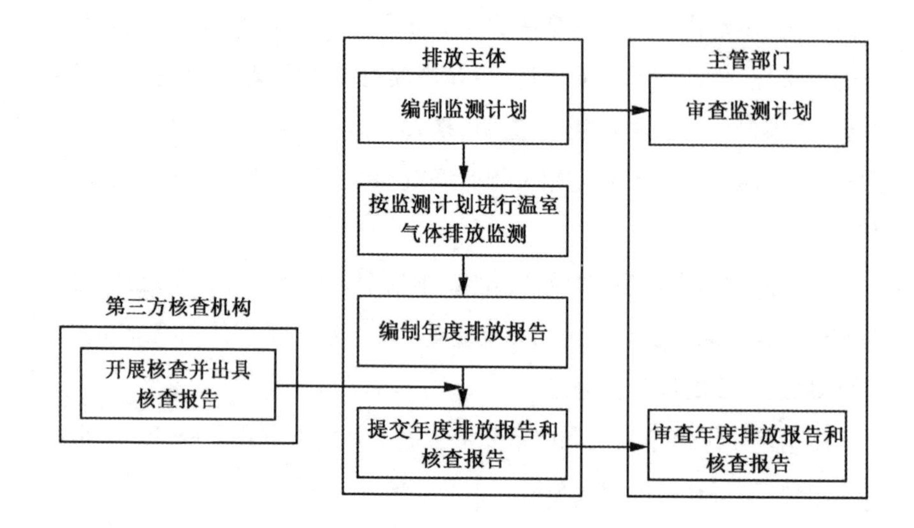

1. 范围

本指南适用于本市排放主体的温室气体排放核算和报告，并指导相关行业核算和报告方法(以下简称“行业方法”)的制定。排放主体在开展核算和报告工作时，优先选用行业方法，如无行业方法或行业方法中无相关规定，适用本指南。

2. 引用文件和参考文献

《省级温室气体清单编制指南》(国家发展和改革委员会应对气候变化司，2011)

《中国温室气体清单研究》(国家气候变化对策协调小组办公室、国家发展和改革委员会能源研究所，2007)

《IPCC 国家温室气体清单指南》(政府间气候变化专门委员会，2006)

ISO14064-1 温室气体第一部分组织层次上对温室气体排放和清除的量化和报告的规范及指南

《温室气体议定书——企业核算与报告准则》(世界工商理事会、世界资源研究所，2004)

2007/589/EC 欧盟温室气体排放监测与报告指南

GB/T2589-2008 综合能耗计算通则

GB/T17167-2006 用能单位能源计量器具配备和管理通则

3. 术语和定义

下列术语和定义适用于本指南及相关行业方法。

3.1　温室气体(greenhouse gas)

指大气中吸收和重新放出红外辐射的自然的和人为的气态成分，包括水汽、二氧化碳、甲烷、氧化亚氮等。《京都议定书》中规定了六种主要温室气体，分别为二氧化碳(CO_2)、甲烷(CH_4)、氧化亚氮(N_2O)、氢氟碳化物(HFCs)、全氟化碳(PFCs)和六氟化硫(SF_6)。本指南中的温室气体指二氧化碳(CO_2)，其他温室气体暂不纳入。

3.2　排放主体(emission entity)

指具有温室气体排放行为并能独立承担民事责任的企业或其他组织。

3.3　报告期(reporting period)

指进行温室气体排放核算和报告的周期，一个周期为一年，与自然年一致。

3.4　监测计划(monitoring plan)

指由排放主体所制定的适用于下一报告期内监测、核算和报告工作的计划性文件，文件包括温室气体排放的边界确定、核算方法选择及数据获取等内容。

3.5　直接排放(direct greenhouse gas emissions)

指排放主体拥有或控制的温室气体排放源所产生的温室气体排放，一般包括燃烧排放、过程排放、散逸排放和其他排放。本指南中直接排放仅指燃烧排放和过程排放。燃烧排放指有氧燃烧放热反应中产生的温室气体排放；过程排放指工业生产中除燃烧排放以外的、由化学反应或物理变化而产生的温室气体排放。

3.6　间接排放(indirect greenhouse gas emission)

指排放主体因使用外购的电力和热力等所导致的温室气体排放，该部分排放源于上述电力和热力的生产。

3.7 CO_2(清除 carbon dioxide removal)

指由排放主体产生的但被直接作为原材料(或产品)使用或未排入大气中的二氧化碳。

3.8 活动水平数据(activity data)

主要包括能源活动中能源的消耗量和工业生产过程中原材料消耗量、产品或半成品产出量等。

3.9 排放连续监测(continuous emission monitoring)

指一系列以获取某一时间段内的量值为目标的实时性测量操作。

4. 原则

温室气体排放的核算和报告应遵循以下原则:

完整性。排放主体的核算和报告应涵盖与该主体相关的直接和间接排放。

一致性。同一报告期内,核算方法应与监测计划保持一致。若发生更改,则应与本指南的相关规定保持一致。

透明性。排放主体应采用主管部门及第三方核查机构可以验证的方式对核算和报告过程中所使用的数据进行记录、整理和分析。

真实性。排放主体所提供的数据应真实、完整;报告内容应能够真实反映实际排放情况。

经济性。选择核算方法时应保持精确度的提高与其额外费用的增加相平衡。在技术可行且成本合理的情况下,应提高排放量核算和报告的准确度达到最高。

5. 边界确定

排放主体原则上为独立法人,其边界与本市能源统计报表制度中规定的统计边界基本一致。排放主体的温室气体排放核算边界包括与其生产经营活动相关的直接排放和间接排放。其中,直接排放包括燃烧(生物质燃料燃烧除外)和工业生产过程产生的温室气体排放;间接排放包括因使用外购的电力和热力等所导致的温室气体排放。

企业的具体核算边界按照其所在行业的温室气体排放核算与报告方法确定。

6. 核算方法

温室气体排放的核算可采用基于计算的方法或基于测量的方法。基于计算的方法是指通过活动水平数据和相关参数之间的计算得到温室气体排放量的方法；基于测量的方法是指通过相关仪器设备对温室气体的浓度或体积等进行连续测量得到温室气体排放量的方法。

同一排放主体可以选用基于计算或基于测量的方法，如采用基于测量的方法，应通过基于计算的方法对其结果进行验证。

6.1　基于计算的方法

基于计算的方法主要包括排放因子法和物料平衡法。

6.1.1　排放因子法

排放因子法一般是指通过活动水平数据和相关参数之间的计算来获得排放主体温室气体排放量的方法。

6.1.1.1　量化公式

排放主体的温室气体排放总量按式(1)计算：

$$温室气体排放总量=直接排放量+间接排放量 \tag{1}$$

其中，直接排放包括燃烧排放和过程排放，间接排放主要包括电力和热力排放。对于具体排放示例，排放主体可参考下表示例。

排放类型		排放示例
直接排放	燃烧排放	如：煤、石油、天然气、汽油、煤油及柴油等燃烧排放
	过程排放	如：水泥、石灰、钢铁和化工产品等生产过程排放
间接排放		电力和热力产生的排放

具体燃烧排放、过程排放及电力和热力排放计算如下：

(1)燃烧排放

燃烧排放主要基于分燃料品种的消耗量、低位热值、单位热值含碳量和氧化率计算得到，具体计算按式(2)：

$$排放量=\sum\left(消耗量_{i}\times低位热值_{i}\times单位热值含碳量_{i}\times氧化率_{i}\times\frac{44}{12}\right) \quad (2)$$

式中：

i——不同燃料类型；

消耗量——吨(t)或立方米(m^3)；

低位热值——十亿千焦/吨(TJ/t)或十亿千焦/立方米(TJ/ m^3)；

单位热值含碳量——吨碳/十亿千焦(t－C/TJ)；

氧化率——以分数形式表示，%。

在燃烧排放中，消耗量指各种燃料的实物消耗量，如煤、天然气、汽油和其他燃料等；低位热值是指单位燃料消耗量的低位发热量；单位热值含碳量是单位热值燃料所含碳元素的质量；氧化率是燃料中的碳在燃烧中被氧化的比例。低位热值和单位热值含碳量的缺省值见附录A表A－1；氧化率的缺省值为100%。上述参数在具体行业中的取值和检测方法见行业方法中的相关规定。

(2)过程排放

过程排放是指排放主体在生产产品或半成品过程中，由化学反应或物理变化而产生的温室气体排放。过程排放中，活动水平数据主要指原材料使用量，或产品、半成品的产量。具体过程排放计算按式(3)：

$$过程排放量=\sum(活动水平数据_{j}\times过程排放因子_{j}) \quad (3)$$

式中：

j——不同种类的原材料、产品或半成品；

活动水平数据——吨(t)或立方米(m^3)；

过程排放因子——吨二氧化碳/吨(tCO_2/t)或吨二氧化碳/立方米(tCO_2/m^3)。

考虑到只有部分行业存在过程排放，因此本指南暂不提供过程排放因子，具体见行业方法。

(3)电力和热力排放

电力和热力排放是指排放主体因使用外购的电力和热力等所导致的温室气体排放,该部分排放源于上述电力和热力的生产。电力和热力排放中,活动水平数据指电力和热力等的消耗量。具体电力和热力排放量计算按式(4):

$$排放量=\sum(活动水平数据_k\times排放因子) \tag{4}$$

式中:

k——电力和热力等;

活动水平数据——万千瓦时(10^4kWh)或百万千焦 (GJ);

排放因子——吨二氧化碳/万千瓦时($tCO_2/10^4$kWh)或吨二氧化碳/百万千焦(tCO_2/GJ)。电力和热力排放因子的缺省值见附录 A 表 A—2。

6.1.1.2　数据获取

(1)活动水平数据获取

活动水平数据包含能源消耗量、原材料消耗量、产品或半成品产出量等。对于活动水平数据的获取,排放主体可通过以下方法:

a. 外购的燃气、电力和热力等消耗量数据可通过相关结算凭证获取;

b. 燃料(如煤、柴油和汽油等)和原材料的消耗量数据,可通过报告期内存储量的变化获取,具体计算按式(5):

$$消耗量=购买量+(期初存储量-期末存储量)-其他用量 \tag{5}$$

c. 产品产出量数据可通过存储量的变化获取,具体计算按式(6):

$$产出量=销售量+(期末存储量-期初存储量)+其他用量 \tag{6}$$

d. 半成品产出量数据可通过存储量的变化获取,具体计算按式(7):

$$产出量=销售量-购买量+(期末存储量-期初存储量)+其他用量 \tag{7}$$

(2)相关参数获取

相关参数包括低位热值、单位热值含碳量、氧化率、过程排放因子和电力/热力排放因子等，获取方式主要有以下两种：

a. 检测值：检测值的来源包括排放主体自主检测、委托机构检测及其他相关方提供的数值。自主检测及委托机构检测应遵循标准方法（如国家标准、行业标准和地方标准等）中对各项内容（如试验室条件、试剂、材料、仪器设备、测定步骤和结果计算等）的规定，并保留检测数据；使用其他相关方提供的数值时，应保留相应凭证。

b. 缺省值：本指南和行业方法中所提供的数值。

本指南鼓励排放主体对相关参数进行检测，检测方法和结果经主管部门认可后，可直接作为相关参数的数据值。在缺乏检测值的情况下，排放主体采用本指南或行业方法中的缺省值。

6.1.2　物料平衡法

在温室气体排放计算中，物料平衡法是根据质量守恒定律，对排放主体的投入量和产出量中的含碳量进行平衡计算的方法，计算按式(8)：

$$\text{排放量}=[\sum(\text{投入物量}_i\times\text{投入物含碳量}_i)-\sum(\text{输出物量}_i\times\text{输出物含碳量}_i)]\times\frac{44}{12} \quad (8)$$

式中：

排放量——吨(t)；

投入物量——吨(t)；

投入物含碳量——吨碳/吨(t-C/t)；

输出物量——吨(t)；

输出物含碳量——吨碳/吨(t-C/t)；

i，j——不同投入和输出的物质。

6.2　基于测量的方法

基于测量的方法，指通过连续测量排放主体直接排放的气体中温室气体的浓度或体积等得到温室气体排放量。排放主体可以通过排放连续监测系统(Continuous Emissions Monitoring Systems，简称“CEMS”)对温室气体排放进行实时测量。排放连续监测系统的技术性能、安装位置和运行管理等应符合相关规定,以减少测量偏差,降低不确定性。

通过基于测量的方法得到的温室气体排放量,排放主体应通过基于计算的方法进行验证。

6.3　不确定性

在获取活动水平数据和相关参数时可能存在不确定性。排放主体应对活动水平数据和相关参数的不确定性以及降低不确定性的相关措施进行说明。

不确定性产生的原因一般包括以下几方面:

(1)缺乏完整性:由于排放机理未被识别,无法获得监测结果及其他相关数据;

(2)数据缺失:在现有条件下无法获得或者难以获得相关数据,因而使用替代数据或其他估算、经验数据;

(3)数据缺乏代表性:例如已有的排放数据是在发电机组满负荷运行时获得的,而缺少机组启动和负荷变化时的数据;

(4)测量误差:如测量仪器、仪器校准或测量标准不精确等。

排放主体应对核算中使用的每项数据是否存在因上述原因导致的不确定性进行识别和说明,同时说明降低不确定性的措施。

具体不确定性量化方法参考附录D。

7. 监测

监测是指排放主体为获取与自身温室气体排放相关的数据所开展的一系列活动,包括监测计划的制定和监测的实施等。

7.1　监测计划

排放主体在报告期开始前应制定并向主管部门提交监测计划。

监测计划应包含以下内容:

(1)排放主体的基本信息,包括排放主体名称、报告年度、行业代码、组织机构代码、法定代表人、经营地址、通信地址和联系人等。

(2)排放主体的边界。

(3)核算方法的选择和相关说明。

选择基于计算的方法时，若采用排放因子法，应对活动水平数据的获取和相关参数的选择及获取方式进行说明，采用检测值的参数，应提供检测说明；若采用物料平衡法，应对方法内容做相关说明；

选择基于测量的方法时，应对测量实施操作进行说明，包括仪器选取、技术性能、安装位置和运行管理等。

(4)可能存在的不确定性及拟采取的措施。

监测计划在同一报告期内原则上不得更改，若发生更改，应上报主管部门。排放主体应对监测计划的更改进行完整的记录。

7.2　监测实施要求

排放主体应根据核算方法的不同，对活动水平数据、相关参数和测量参数等进行监测。若采用基于计算的方法，排放主体应对活动水平数据和相关参数进行监测。活动水平数据的监测主要指对能源消耗量、原材料消耗量、产品或半成品产出量的监测，如烟煤、汽油、电力和热力的消耗量等，具体可采用结算凭证或存储量记录等方式；相关参数的监测主要指对低位热值、单位热值含碳量、氧化率和过程排放因子等的监测。若排放主体选择检测的方式对相关参数进行监测，则应遵循标准方法。若采用基于测量的方法，排放主体应对温室气体排放的浓度或体积进行监测，可采用实时监测或其他方式。

8. 报告

年度排放报告由排放主体编制，经第三方核查机构核查，由排放主体提交主管部门。

8.1　报告编制

年度排放报告应包括下列信息：

(1)排放主体的基本信息，如排放主体名称、报告年度、组织机构代码、法定代表人、注册地址、经营地址、通信地址和联系人等。

(2)排放主体的排放边界。

(3)排放主体与温室气体排放相关的工艺流程(如有)。

(4)监测情况说明，包括监测计划的制定与更改情况、实际监测与监测计划的一致性、温室气体排放类型和核算方法选择等。

（5）温室气体排放核算。

（6）采用基于计算的方法时，应报告以下内容：

a. 若选用排放因子法，应报告燃烧排放中分燃料品种的消耗量，对应的相关参数的量值及来源；过程排放中分原材料（成品或半成品）类型的消耗量（产出量）和排放因子的量值及来源；电力和热力排放中外购的电力和热力的消耗量。

若选用物料平衡法，应报告输入实物量、输出实物量、燃料或物料含碳量等的量值及来源相关信息。

b. 采用基于测量的方法时，应报告：排放源的测量值、连续测量时间及相关操作说明等内容。

（7）不确定性产生的原因及降低不确定性的方法说明。

（8）其他应说明的情况（如 CO_2 清除等）。

（9）真实性声明。

具体年度排放报告格式见附录 C。

8.2　数据质量控制

为使年度排放报告准确可信，排放主体可通过以下措施对数据的获取与处理进行质量控制。

（1）排放主体应对数据进行复查和验证。

数据复查可采用纵向方法和横向方法。纵向方法即对不同年度的数据进行比较，包括年度排放数据的比较、生产活动变化的比较和工艺过程变化的比较等。横向方法即对不同来源的数据进行比较，包括采购数据、库存数据（基于报告期内的库存信息）、消耗数据间的比较，不同来源（如排放主体检测、行业方法和文献等）相关参数间的比较和不同核算方法间结果的比较等。

（2）排放主体应定期对测量仪器进行校准、调整。

当仪器不满足监测要求时，排放主体应当及时采取必要的调整，对该测量仪器进行设计、测试、控制、维护和记录，以确保数据处理过程准确可靠。

8.3 信息管理

排放主体应记录并保存下列资料，保存时间不少于5年：

(1)核算方法相关信息。

选择基于计算的方法时，应保存以下内容：

a. 获取活动水平数据和参数的相关资料(如活动水平数据的原始凭证、检测数据等相关凭证)；

b. 不确定性及如何降低不确定性的相关说明。

选择基于测量的方法时，应保存以下内容：

a. 有关职能部门出具的测量仪器证明文件；

b. 连续测量的所有原始数据(包括历次的更改、测试、校准、使用和维护的记录数据)；

c. 不确定性及如何降低不确定性的相关说明；

d. 验证计算，应保留所有基于计算的保存内容。

(2)与温室气体排放监测相关的管理材料。

(3)数据质量控制相关记录文件。

(4)年度排放报告。

附录 A、B、C、D(略)